CONSTELLATIONS

CONSTELLATIONS

Antonín Rükl

Adaptation française de Paloma Cabeza-Orcel

Gründ

Adaptation française : Paloma Cabeza-Orcel
Texte original : Antonín Rükl
Secrétariat d'édition : Claire Forgeot

Première édition française 1998 par Librairie Gründ, Paris

ISBN 2-7000-1836-2
Dépôt légal : avril 1998

Édition originale 1996 par Aventinum nakladatelství,
sous le titre original : *Souhvězdí*

PAO : Liani Copyright, Paris
Imprimé en République tchèque
3/15/39/53-01

SOMMAIRE

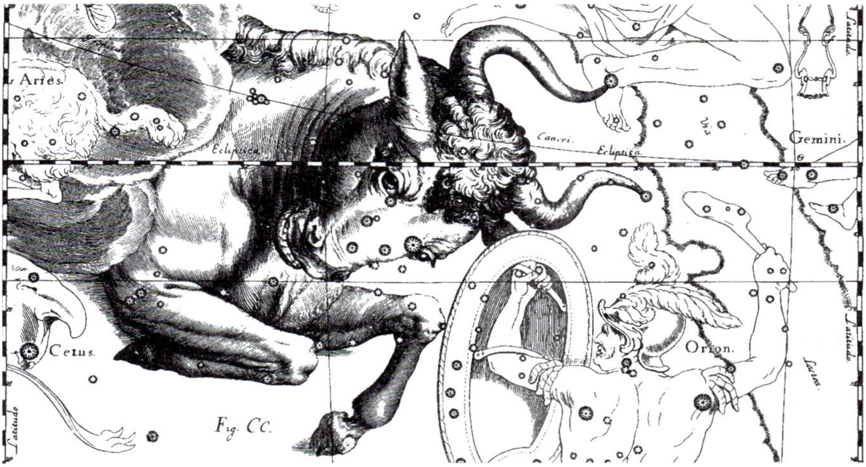

1. La constellation du Taureau (*Taurus*) dans l'atlas de J. Hevelius de 1690.

INTRODUCTION

Ce livre se veut un guide à travers un musée inhabituel – un musée ouvert tous les jours et dont l'entrée est gratuite. Il appartient à chacun d'entre nous : c'est notre Univers. Il nous entoure, et la rotation de la Terre offre à l'observateur attentif un spectacle en perpétuel changement. Le plus impressionnant spectacle de l'Univers se déroule la nuit : le ciel empli d'étoiles est comme un livre abondamment illustré que nous apprenons tout juste à lire. L'ABC stellaire commence avec les constellations.

Les plus anciennes constellations relevées sur les cartes contemporaines ont été créées par les anciens Sumériens, Babyloniens et autres habitants de la région comprise entre l'Euphrate et le Tigre – la Mésopotamie. Ces constellations et d'autres venant de l'ancienne Égypte furent adoptées par les Grecs, qui en ajoutèrent encore de nombreuses. Une description poétique des constellations de la mythologie grecque fut présentée au IIIe siècle avant notre ère par Aratus de Soli dans son poème *Phaenomena*. Son contenu forme la base des travaux de l'astronome grec Ptolémée, qui rassembla vers l'an 150 une liste de quarante-huit constellations, elle-même à l'origine du développement ultérieur des cartes célestes jusqu'à aujourd'hui.

Depuis l'Antiquité, les constellations ont été représentées sous différents aspects : animaux, personnages mythologiques, héros, symboles, etc. (figure 1). Ces figures n'étaient pas choisies simplement dans un souci de représentation artistique des cartes ; c'étaient des aides indispensables à leur description explicite et à leur identification. Il était exceptionnel que les constellations fussent décrites

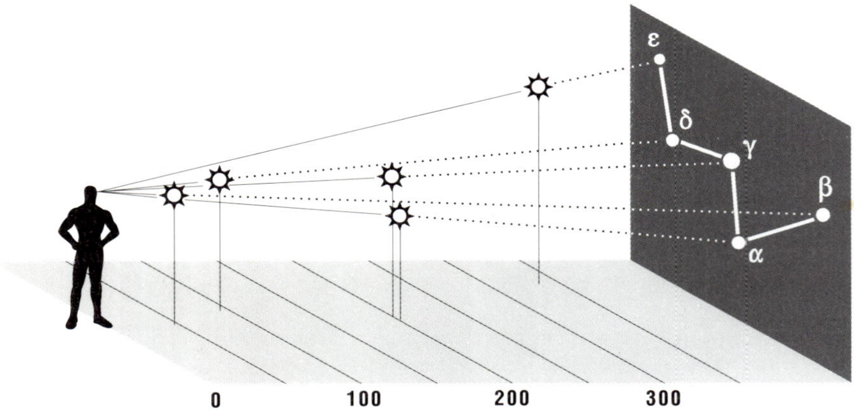

2. L'aspect d'une constellation vue depuis la Terre est dû à la projection de groupes fortuits d'étoiles sur le fond du ciel.

dès l'origine comme des « figures composées d'étoiles ». Leur but principal était la dénomination de certains secteurs du ciel.

Vers la fin du XVIe siècle, deux navigateurs hollandais, Pieter Dirckszoon Keyser et Frederick de Houtman, proposèrent douze nouvelles constellations visibles dans le ciel austral ; elles furent adoptées par l'astronome allemand Johann Bayer (1572-1625) et incluses dans son atlas céleste *Uranometria* en 1603, premier atlas jamais imprimé. D'autres constellations furent introduites par Johannes Hevelius (1611-1687), un astronome de Dantzig (aujourd'hui Gdansk), et surtout par un astronome français, l'abbé Nicolas Louis de Lacaille (1713-1762), qui ajouta quatorze nouvelles constellations dont les noms trouvent principalement leur origine dans l'univers des instruments scientifiques et des beaux-arts. Jusqu'au XVIe siècle, tout cartographe pouvait améliorer – ou détériorer – le contenu du musée stellaire.

La sectorisation définitive du ciel en quatre-vingt-huit constellations a été arrêtée en 1930 par l'Union astronomique internationale. Depuis lors, les constellations sont des secteurs fixes du ciel délimités avec précision par les parallèles et méridiens célestes. Les noms latins des constellations répertoriées dans ce livre et leurs abréviations sont leurs dénominations standard internationales.

Les constellations aident efficacement à se repérer rapidement dans le ciel, bien qu'elles aient été créées par la fantaisie de gens qui n'imaginaient absolument pas que les groupes d'étoiles qu'ils voyaient étaient les projections fortuites d'étoiles sur le fond du ciel – des étoiles situées à des distances différentes de la Terre et se déplaçant dans des directions également différentes (figure 2). En l'espace de quelques dizaines de milliers d'années, les constellations changent d'aspect ; elles finissent par devenir méconnaissables. Nous espérons toutefois que cela ne diminuera pas l'intérêt du lecteur curieux pour le ciel étoilé contemporain.

Où, quand et comment observer les constellations ?

Comment débuter ? De préférence avec l'aide de quelqu'un qui vous montrera directement dans le ciel les constellations les plus connues : la Grande Ourse (*Ursa Major*, abrév. UMa) ; Cassiopée (*Cassiopeia*, abrév. Cas) ; Orion, le Scorpion (*Scorpius*, abrév. Sco), etc. En partant de ces repères et muni d'une carte céleste, il est relativement facile d'identifier d'autres groupes d'étoiles. Pour reconnaître les constellations individuelles, il est aussi très utile d'aller au planétarium, qui projette les étoiles sur un dôme où est recréé un ciel artificiel. La véritable voûte céleste est très similaire : nous avons l'impression d'être au centre d'une énorme sphère creuse tournant lentement autour de nous. Les étoiles semblent fixées à cette sphère fictive – la **sphère céleste** – où leur position relative ne change pas. Cette rotation apparente de la sphère céleste est due à celle de la Terre. Nous pouvons donc améliorer notre modèle de la façon suivante : au centre d'une sphère céleste de diamètre infini (que nous avons considérablement réduite dans la figure 3), une boule minuscule – la Terre – est en rotation selon un axe nord-sud (dans la figure 3, la Terre est évidemment beaucoup grossie par rapport à la sphère céleste). Quelque part sur la Terre, un petit homme curieux se tient debout et regarde le ciel. Sous ses pieds, la Terre est si grosse qu'elle cache à sa vue la moitié de la sphère céleste. Que voit donc cet observateur dans la demi-sphère céleste restante, au-dessus de l'horizon ?

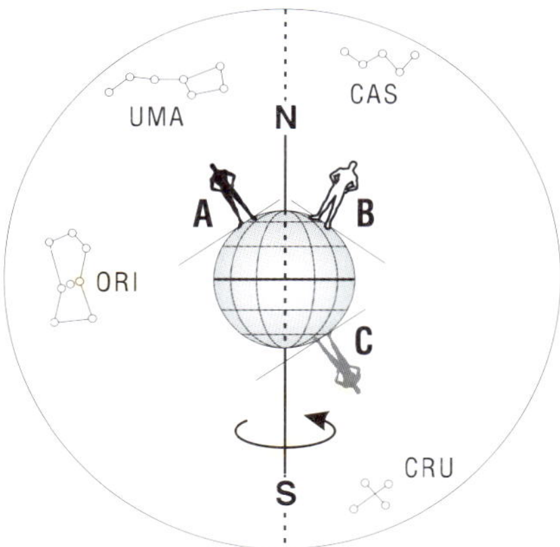

3. La sphère céleste.

La Terre est ronde. De ce fait, chaque observateur en surface a des étoiles différentes au-dessus de la tête (au zénith). Ainsi M. A, qui vit dans l'hémisphère nord, voit la Grande Ourse (UMa) au-dessus de lui. M. C, quant à lui, vit dans l'hémisphère sud où brille la Croix du Sud (*Crux*, Cru), mais il ne pourra jamais observer la Grande Ourse. M. B, avec Cassiopée (Cas) au zénith, vit à la même latitude géographique (sur le même parallèle) que M. A, mais sur un méridien opposé ; il verra donc la Grande Ourse douze heures plus tard, quand la Terre aura tourné. De temps en temps, chacun de ces trois messieurs – A, B et C – pourra contempler Orion (Ori), située au-dessus de l'équateur.

Le choix des constellations que nous pouvons observer successivement sur la sphère céleste en rotation dépend de la latitude géographique de notre site d'observation. Afin de pouvoir décrire plus précisément les positions des étoiles sur la sphère céleste, nous devons projeter sur celle-ci une grille de parallèles et de méridiens à partir du centre de la Terre. La figure 4 montre la projection de l'équa-

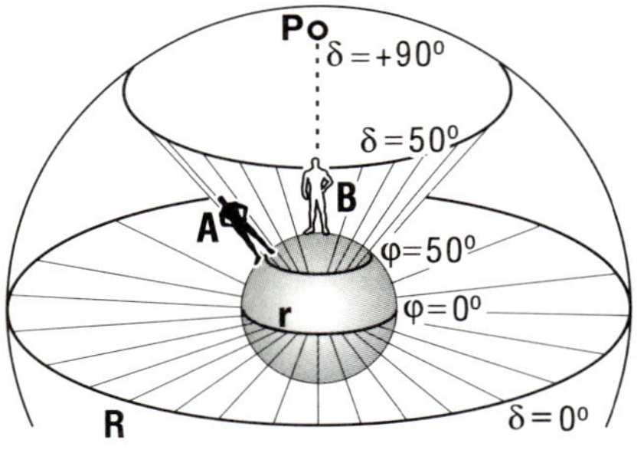

4. Latitude géographique et déclinaison.

teur terrestre **r** sur la sphère céleste, afin d'obtenir l'**équateur céleste R** qui divise la sphère céleste en deux hémisphères célestes : boréal (nord) et austral (sud). La figure montre aussi la projection du 50ᵉ parallèle de latitude nord (où se tient M. A) sur la sphère céleste – noté δ = + 50°. C'est assez simple : à la latitude géographique sur Terre correspond la **déclinaison** δ sur la sphère céleste. À l'équateur céleste, la déclinaison vaut zéro. Au nord de l'équateur, la déclinaison est positive ; au sud de l'équateur, elle est négative. Au-dessus de M. B, qui se tient sur le pôle Nord terrestre, se trouve le **pôle Nord céleste P**, dont la déclinaison vaut δ = + 90°. La déclinaison, exprimée en degrés, minutes et secondes d'arc (°, ', "), est généralement indiquée sur les cartes célestes.

Essayons de déterminer, d'après la figure 5, quelle partie de la sphère céleste peut voir M. A en se tenant sur le 50ᵉ parallèle de latitude nord. Son **zénith Z** est situé sur le 50ᵉ parallèle de déclinaison nord δ = + 50°, ce qui signifie que l'équateur céleste se trouve à 50° du zénith de M. A. Nous avons aussi projeté sur l'hémisphère céleste l'**horizon** de M. A (cercle **H**). Le zénith est toujours à 90° au-dessus de l'horizon, ce qui signifie que l'arc de cercle sous-tendu par le zénith et l'horizon (en grisé sur la figure) fait exactement 90°, soit un quart de la circonférence du cercle complet.

Dans notre cas, par conséquent, l'équateur céleste s'élève au-dessus de l'horizon à 90° – 50° = 40°. M. A peut donc voir tout l'hémisphère boréal de l'équateur **R** au pôle P. En outre, durant la rotation de la Terre, il pourra observer successivement une partie de l'hémisphère austral jusqu'au 40ᵉ parallèle de déclinaison sud. Autre règle importante : l'altitude du pôle céleste **P** au-dessus de l'horizon est toujours égale à la latitude géographique φ du point d'observation (sur la figure 5, φ = 50°). Les étoiles dont la distance angulaire par rapport au pôle est inférieure à l'angle φ sont appelées **étoiles circumpolaires** ; elles ne se couchent jamais derrière l'horizon.

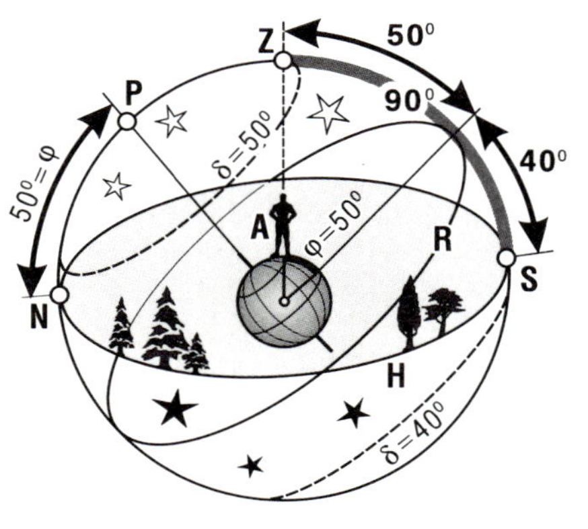

5. Quelle partie de la sphère céleste voyons-nous ?

La meilleure vue du ciel se fait depuis l'équateur, où il est possible de tout observer, du pôle Nord jusqu'au pôle Sud. À mesure que les constellations se lèvent puis se couchent, nous pouvons voir par étapes l'entière sphère

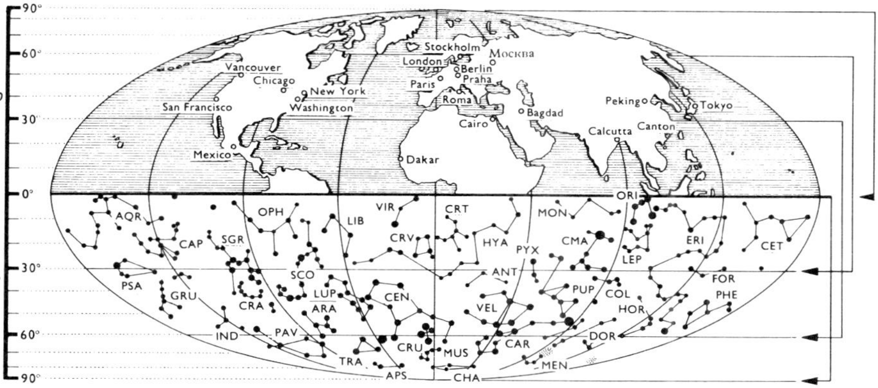

6. Jusqu'où, vers le sud et au-delà de l'équateur céleste, un habitant de l'hémisphère nord peut-il voir ? Depuis une latitude géographique donnée (ou parallèle), avancez de 90° vers le sud : vous déterminerez ainsi la déclinaison maximale des constellations les plus australes que vous pouvez

céleste. En revanche, du pôle terrestre Nord ou du pôle Sud, il n'est possible d'observer qu'un seul hémisphère céleste, respectivement nord ou sud ; aux pôles, les étoiles ne se lèvent ni ne se couchent, mais tournent en permanence à la même altitude au-dessus de l'horizon.

En dehors des inhospitaliers sites polaires, il est impossible d'apercevoir simultanément toutes les constellations visibles d'un point d'observation donné. Ailleurs, nous ne pouvons que laisser la Terre nous emporter dans sa ronde et observer successivement les constellations, apparemment attachées à la sphère céleste en rotation autour de nous, se lever et se coucher. Nous devons donc savoir,

7. Un habitant de l'hémisphère sud peut voir tout l'hémisphère céleste austral ainsi qu'une partie de l'hémisphère boréal – soit 90° vers le nord au-delà de son propre parallèle (ou latitude géographique). Du Cap, il est ainsi possible d'observer les constellations du Lion (Leo), des Gémeaux (Gem), du Cocher (Aur), mais seulement une partie de la Grande Ourse (UMa).

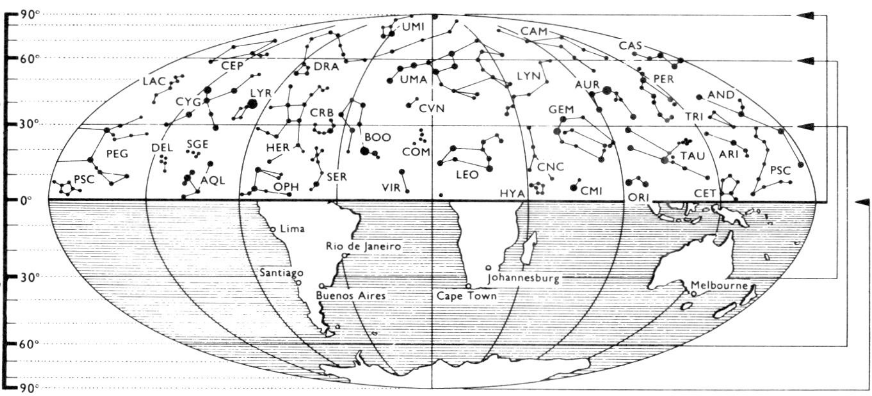

ou être capables de prévoir, le mouvement de la sphère céleste telle qu'elle se présente depuis notre lieu d'observation.

En premier lieu, familiarisons-nous avec la notion de **méridien**. Il ne s'agit pas du méridien géographique passant du nord au sud par notre point d'observation, mais du **méridien céleste m**, qui passe le long de la sphère céleste juste au-dessus du méridien terrestre. Le méridien est un cercle céleste, très important et utile, qui va du point nord **N** sur l'horizon au point sud **S** en passant par le pôle céleste **P** et le zénith **Z** (voir figure 8). Le Soleil passe au méridien à midi. La direction du méridien (nord-sud) se détermine à l'aide d'un compas ou encore d'une montre à aiguilles : alignez la petite aiguille sur le Soleil et divisez l'angle entre celle-ci et le chiffre 12 de la montre par deux ; l'axe associé à ce demi-angle pointe droit sur le méridien **m** (figure 8).

C'est au méridien que l'altitude du Soleil au-dessus de l'horizon est maximale. Les constellations sont aussi au plus haut au méridien – nous dirons qu'elles y culminent. Les constellations équatoriales comme Orion croisent le méridien six heures après s'être levées et six heures avant de se coucher (figure 9). Avec l'équateur céleste, le méridien forme une horloge sidérale très précise qui nous aide à déterminer l'orientation de la sphère céleste par rapport à nous. Pour visualiser le cadran de cette horloge céleste, divisez l'équateur céleste en vingt-quatre secteurs identiques (ou heures), d'ouest en est, à partir d'un point particulier défini avec précision (dont nous reparlerons pages 17 et 58) : le **point vernal**, noté ♈, situé dans la constellation du Bélier (*Aries*). La figure 10 montre que non seulement l'équateur R mais toute la sphère céleste est divisée en vingt-quatre heures au moyen de cercles passant par les pôles, comme les quartiers d'une orange. Ces cercles, appelés **cercles horaires**, sont l'analogue des méridiens géographiques.

Le **temps sidéral** est donné par le méridien m. que nous pouvons imaginer comme le bord d'un éventail géant déployé, passant à travers notre méridien géographique (local) et s'étendant jusqu'au ciel (figure 10). À la façon de l'aiguille

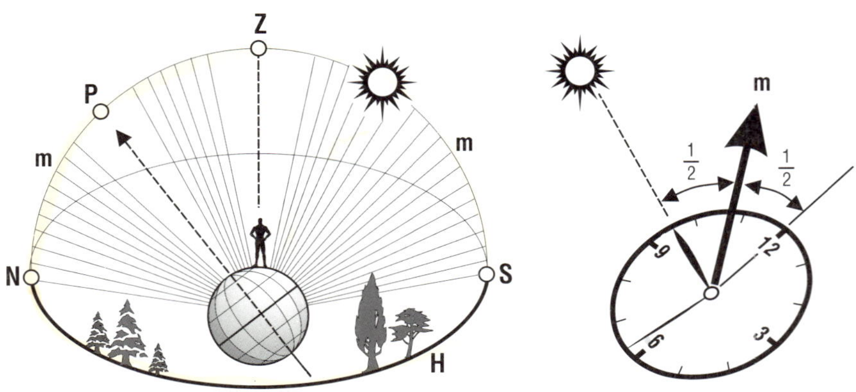

8. Le méridien.

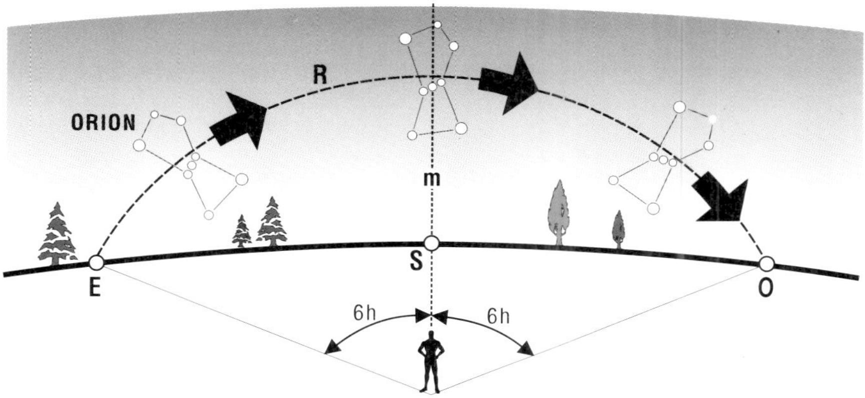

9. Les étoiles culminent au méridien.

d'une montre, le méridien indique le temps sidéral sur l'équateur R et les cercles horaires. Naturellement, à un instant donné, chaque méridien terrestre a un temps sidéral différent. Au méridien de M. A, il est 2 heures en temps sidéral ; toute étoile passant au méridien céleste à cet instant a alors une **ascension droite** de 2 heures. L'ascension droite sur la sphère céleste est l'analogue de la longitude géographique sur Terre, comme la déclinaison (page 10) est l'analogue de la latitude géographique.

Nous venons donc d'étudier le principal système de coordonnées utilisé dans les cartes célestes. C'est un système de **coordonnées équatoriales** où la position de chaque étoile est explicitement définie par deux coordonnées : son ascension droite, notée α (alpha), mesurée dans le sens direct à partir du point vernal ♈, comprise entre 0 et 24 heures, et sa déclinaison, notée δ (delta), mesurée depuis l'équateur vers les pôles et comprise entre 0 et 90° de part et d'autre de l'équateur (figure 11). Tout cela fournit une horloge précise du ciel : chaque étoile a son ascension droite égale au temps sidéral à l'instant où l'étoile passe au méridien. Et si nous connaissons le temps sidéral, nous savons aussi de quel angle la voûte étoilée est tournée vers nous. À 6 heures en temps sidéral, Orion sera toujours proche du méridien m (figure 12).
Comment pouvons-nous connaître le temps sidéral ? Dans les observatoires, le temps sidéral est donné par des horloges spéciales. Toutefois, il

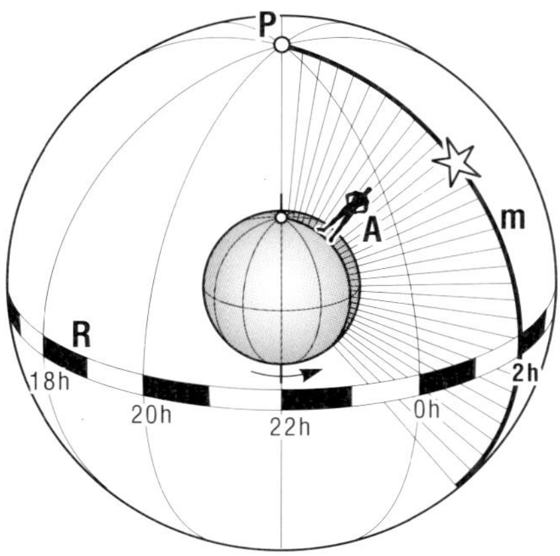

10. Le temps sidéral et l'ascension droite.

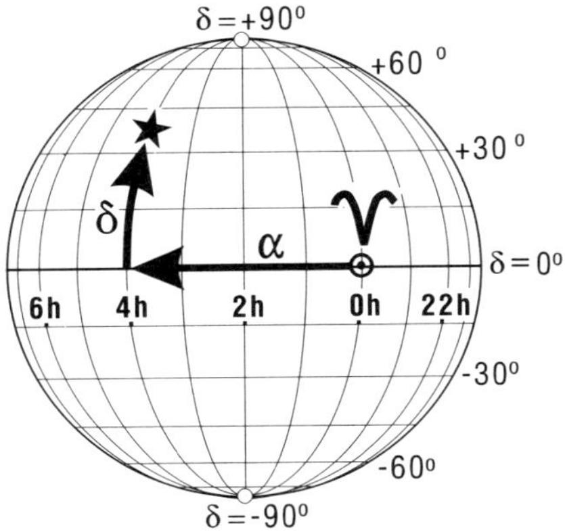

11. Les coordonnées équatoriales des étoiles.

nous suffit d'utiliser le diagramme de la figure 13 qui contient trois données : horizontalement, la date ; verticalement, le temps local (celui indiqué par votre montre – mais attention : en été, vous devez lui déduire une heure) et sur les diagonales, le temps sidéral. Procédez comme suit : sélectionnez la date d'observation sur l'échelle horizontale (par exemple le 1er mai) et prolongez-la verticalement ; puis prenez l'instant d'observation (par exemple 20 heures, soit 8 heures du soir) et prolongez-le horizontalement. Le point d'intersection des lignes verticale et horizontale est situé entre deux lignes diagonales adjacentes ; ce qui correspond à 22 h 30 environ. Le temps sidéral nous indique quelles constellations passent au méridien. Ce sont les constellations dont les étoiles ont une ascension droite proche du temps sidéral. L'ascension droite est indiquée en heures sur toutes les cartes de ce livre.

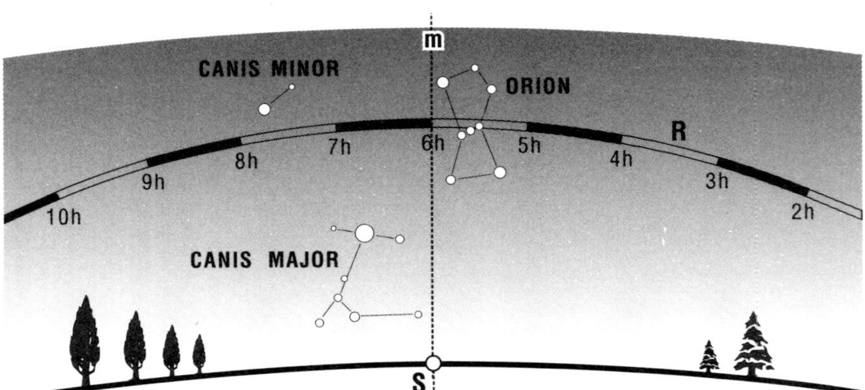

12. La visibilité des constellations s'évalue avec le temps sidéral.

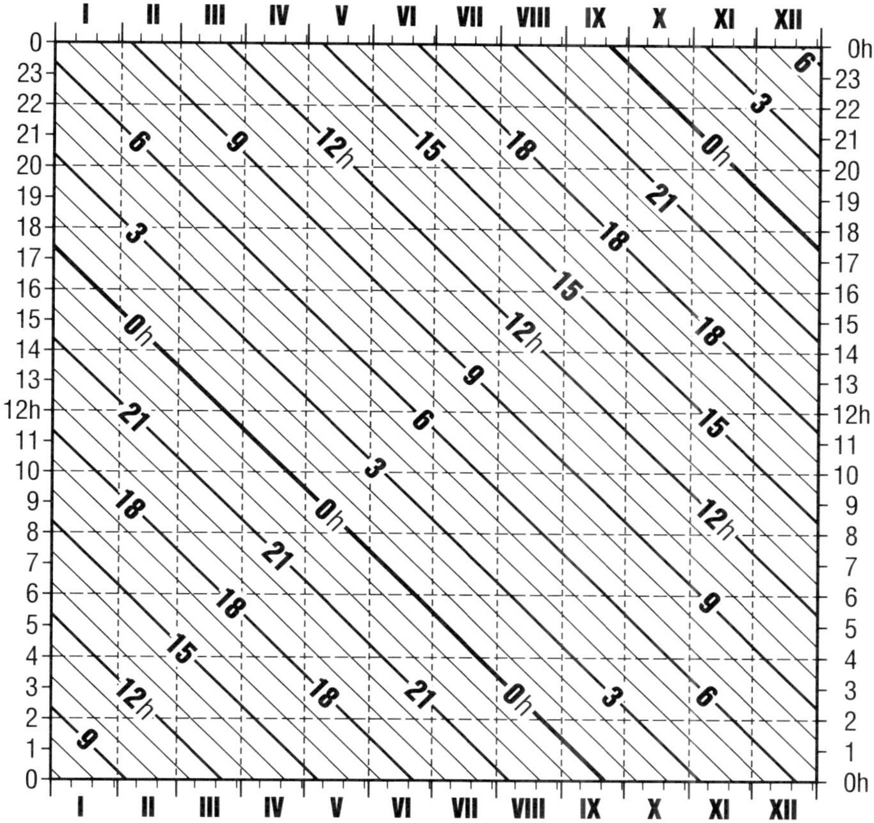

13. Diagramme donnant une valeur approchée du temps sidéral en fonction de la date (mois en abscisse) et de l'heure locale (en ordonnée).

Le zodiaque et les planètes

L'aspect du ciel et la visibilité des constellations dépendent aussi de la saison ou, en d'autres termes, de la position du Soleil parmi les étoiles. La direction du Soleil au début du mois de mai (figure 14) est celle du Bélier (*Aries*) ; mais le Bélier et les constellations voisines ne peuvent être observés à ce moment, car elles ne surplombent l'horizon que durant le jour. Un mois plus tard, vers le 1er juin, nous regardons depuis un autre point de l'orbite de la Terre, et la direction du Soleil indique celle du Taureau (*Taurus*). Le Soleil « voyage » donc apparemment dans le ciel d'une constellation à l'autre en suivant un trajet appelé l'**écliptique** (**e**).

L'écliptique passe à travers douze constellations du **zodiaque** qui comptent parmi les plus anciennes constellations de l'histoire. Ce sont le Bélier (*Aries*), le Taureau (*Taurus*), les Gémeaux (*Gemini*), le Cancer, le Lion (*Leo*), la Vierge (*Virgo*), la Balance (*Libra*), le Scorpion (*Scorpio*), le Sagittaire (*Sagittarius*), le Capricorne (*Capricornus*), le Verseau (*Aquarius*) et les Poissons (*Pisces*). Définie en Mésopotamie, l'origine des constellations remonte probablement au sixième millénaire avant notre ère ; c'étaient alors des groupements d'étoiles signalant simplement les moments importants de l'année : équinoxes et solstices. C'est notamment évident dans le cas de la Balance qui, il y a trois ou quatre mille ans, symbolisait l'équilibre entre le jour et la nuit à l'équinoxe d'automne. Il peut sembler étrange que parmi les douze constellations du zodiaque, seules sept aient un caractère « zoologique ». Cependant, il y a d'autres inconsistances : en réalité, le zodiaque traverse treize constellations ! La treizième est *Ophiucus* (orthographiée aussi *Ophiuchus*), dont la portion située sur l'écliptique est pourtant deux fois plus longue que le Scorpion, adjacent (voir les cartes de ces constellations, respectivement pages 159 et 185) ; malgré cela, Ophiucus ne fait pas, et n'a jamais fait, partie du zodiaque. L'écoulement du temps et le mouvement de la Terre offrent aux étudiants en astronomie un autre puzzle : **les signes du zodiaque**.

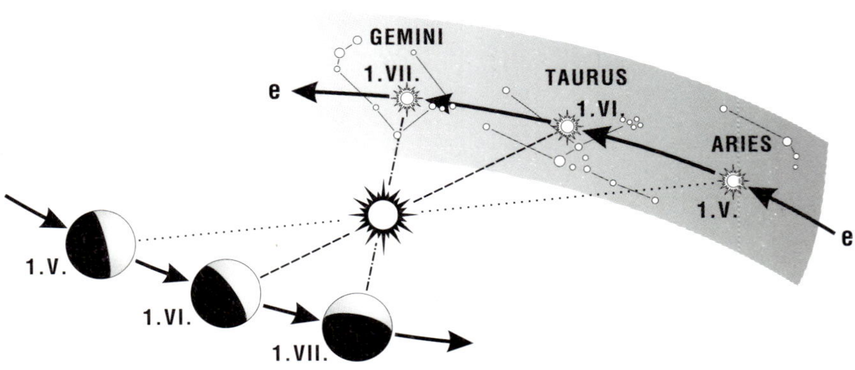

14. Les constellations zodiacales et l'écliptique (**e**).

♈	*Aries* (Bélier)	♎	*Libra* (Balance)
♉	*Taurus* (Taureau)	♏	*Scorpio* (Scorpion)
♊	*Gemini* (Gémeaux)	♐	*Sagittarius* (Sagittaire)
♋	*Cancer*	♑	*Capricornus* (Capricorne)
♌	*Leo* (Lion)	♒	*Aquarius* (Verseau)
♍	*Virgo* (Vierge)	♓	*Pisces* (Poissons)

Le Soleil n'est pas seul à traverser les constellations du zodiaque. La Lune et les planètes aussi, dont les premiers astrologues interprétaient les déplacements pour tenter de prévoir la destinée des hommes et le cours des événements. Pour mieux déterminer la position des planètes, ils divisèrent, entre 2000 et 1000 avant notre ère, l'écliptique en douze parties égales de 30° chacune (12 × 30° = 360°) ; les douze « signes » du zodiaque. Le premier signe, c'est-à-dire le premier douzième de l'écliptique, commence au point d'intersection de l'écliptique et de l'équateur céleste, lieu où se trouve le Soleil au 21 mars. Le printemps astronomique commence à cette date dans l'hémisphère nord. C'est pourquoi ce point d'intersection est appelé **point vernal** (vernal signifie « du printemps ») ou équinoxe de printemps ; c'est le début du signe du Bélier. Le point vernal et le signe du Bélier sont désignés par le même symbole, ♈, inspiré des cornes de l'animal. Le symbole astrologique de chaque signe du zodiaque est indiqué dans la table ci-dessus.

Au début de notre ère, les signes astrologiques étaient situés dans les constellations du même nom. Mais du fait de la précession de l'axe de la Terre, le point vernal et tous les signes du zodiaque se déplacent lentement le long de l'écliptique. La période de ce mouvement est de vingt-six mille ans. La carte page 59 montre qu'à présent, le point vernal et le signe du Bélier se trouvent dans la constellation des Poissons. La différence entre les signes zodiacaux et les constellations du zodiaque est particulièrement flagrante avec le signe du Sagittaire qui interfère actuellement avec trois constellations : le Scorpion, Ophiucus et le Sagittaire.

Laissons donc les signes du zodiaque aux historiens et astrologues, et concentrons-nous sur les constellations zodiacales. Vous apprendrez à les reconnaître dans le ciel grâce aux cartes des pages 37 à 43 vous indiquant leur position sur l'écliptique. Dans certaines constellations, vous observerez souvent une « étoile » excessivement brillante et absente des cartes. Il s'agit en fait de l'une des quatre planètes les plus visibles : Vénus, Mars, Jupiter ou Saturne. La lumière des planètes est stable, tandis que celle des étoiles semble vaciller. Ces fluctuations rapides de la luminosité stellaire, dues aux mouvements de l'air, sont appelées la **scintillation**.

Un autre moyen de différencier les planètes est leur couleur et leur luminosité. Leur identification sera facilitée par un petit guide d'astronomie et, bien sûr, par l'utilisation d'une lunette ou d'un télescope ; néanmoins, une bonne paire de jumelles suffit déjà.

Vénus, d'un blanc éclatant, est toujours l'astre le plus brillant du ciel ; son éclat fluctue entre – 3,5 et – 4,5 mag (mag = magnitude, voir page 20). Elle n'est jamais située très loin du Soleil : c'est la fameuse « étoile du matin », visible avant que le Soleil se lève, et « étoile du soir », qui apparaît peu après son coucher. On l'appelle encore l'étoile du Berger. Ses phases – croissant, premier quartier, etc. – sont observables à l'aide d'un petit télescope.

Mars est de couleur rouge orangé. Son éclat varie beaucoup selon sa distance à la Terre : entre + 1,5 et – 2,8 mag.

Jupiter brille d'une lumière blanche. Son éclat est toujours plus faible que celui de Vénus, mais plus fort que Sirius, l'étoile la plus brillante du ciel. Sa magnitude apparente varie entre – 1,6 et – 2,3 mag. Vous pouvez voir ses quatre plus grosses lunes avec une paire de jumelles.

Saturne est jaunâtre et un peu moins brillante ; son éclat variant entre + 0,9 et – 0,1 mag. Ses célèbres anneaux peuvent être observés avec un télescope.

De temps en temps, même sans jumelles, nous pouvons observer une autre planète : Mercure. Elle se trouve tout près du Soleil et on peut la voir dans la demi-obscurité : juste avant le lever du Soleil ou juste après son coucher. Les informations sur la visibilité de Mercure sont fournies par les almanachs astronomiques, dans lesquels vous pourrez aussi trouver les données nécessaires à l'observation des autres planètes – Uranus, Neptune et Pluton, visibles seulement avec un gros télescope. Des revues de vulgarisation scientifique comme *Ciel & Espace*, *Eurêka* ou *Sciences & Avenir*, fournissent aussi, chaque mois, des informations sur la position des planètes et les événements notables du ciel.

Les planètes se déplacent près de l'écliptique. Leur mouvement apparent suit des courbes complexes, car nous observons des objets qui orbitent autour du Soleil depuis la Terre tandis qu'elle-même bouge aussi. Les éléments du Système solaire plus éloignés de nous, les planétoïdes (ou astéroïdes) et les comètes, suivent des orbites qui s'écartent considérablement de l'écliptique. On peut donc les rencontrer dans les constellations du zodiaque, mais aussi dans d'autres constellations.

LES SPLENDEURS DU CIEL

LES OBJETS CÉLESTES – 1
Les étoiles

Les étoiles sont des sphères de gaz très chauds (plasma) qui émettent leur propre lumière. Elles ont une masse bien plus importante que les planètes et une source interne d'énergie d'origine thermonucléaire. La comparaison de leurs diamètres, masses, luminosités et autres caractéristiques est souvent établie par rapport au Soleil (symbolisé par ⊙), qui est une étoile moyenne.

Dans le ciel, les étoiles apparaissent comme des points d'éclat varié. L'éclat d'une étoile – sa brillance ou luminosité apparente – est mesuré en termes de **magnitude apparente** (mag). Les étoiles les plus pâles, perceptibles à l'œil nu, sont approximativement de sixième magnitude (+ 6,0 mag). Les étoiles déjà très brillantes, comme Spica, font 1,0 mag. Les étoiles encore plus brillantes, à l'instar de Véga, sont de magnitude zéro. Quant aux étoiles les plus brillantes du ciel, elles ont une magnitude négative, telle Sirius qui fait – 1,4 mag.

Les étoiles se trouvent à des distances incommensurablement différentes de la Terre, ce qui influence naturellement leur éclat. Pour pouvoir comparer la **luminosité** réelle des étoiles, il nous faut convertir cet éclat ou magnitude apparente en **magnitude absolue** (**M**) qu'auraient les étoiles si elles se trouvaient toutes à 32,6 années-lumière de la Terre. **L'année-lumière** est une unité de distance très utilisée dans la littérature populaire ; c'est la distance parcourue par la lumière en un an : soit $9,46 \times 10^{12}$ km (environ 9,5 milliards de kilomètres).

La distance des étoiles proches se détermine au moyen la méthode des parallaxes par rapport à l'arrière-plan des étoiles lointaines (voir ci-dessous). Plus une étoile est distante, plus l'angle de son mouvement apparent lorsqu'on mesure sa position en différents points de l'orbite **o** de la Terre autour du Soleil (**S**) est petit. Toutefois, cette méthode trigonométrique n'est plus applicable pour des distances supérieures au millier d'années-lumière (300 parsecs), selon l'éclat de l'objet. L'éloignement des objets de l'espace profond est déterminé par des méthodes indirectes beaucoup moins précises. Le lecteur ne doit donc pas s'étonner si les distances données pour ce dernier type d'objets varient appréciablement d'un ouvrage à l'autre.

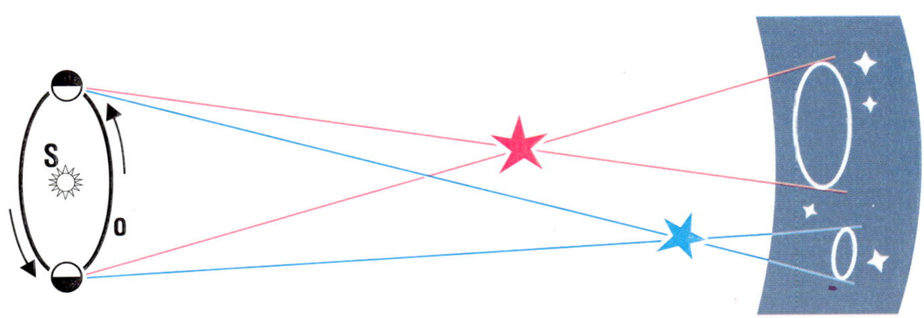

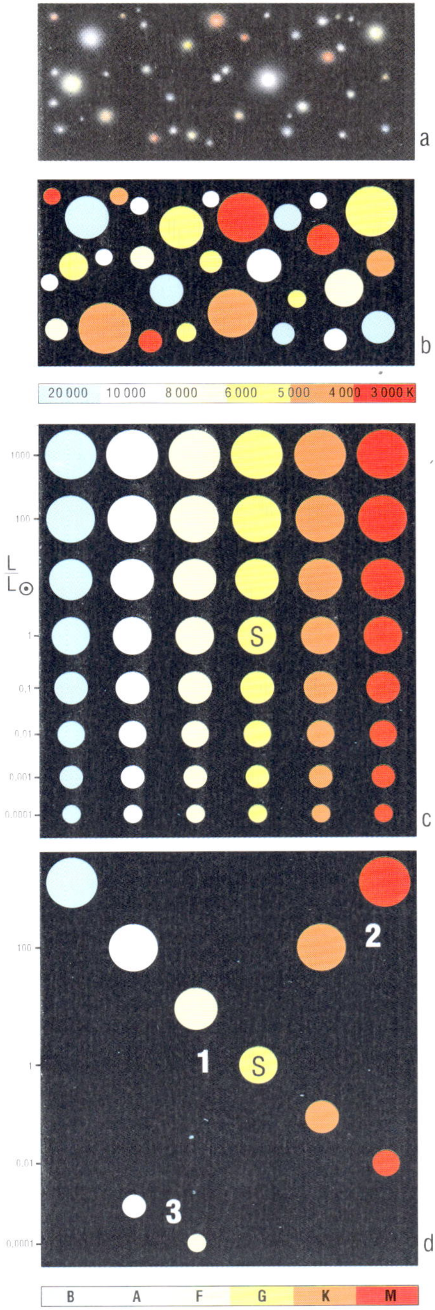

Luminosité et température des étoiles

La luminosité et la température des étoiles individuelles diffèrent. Les plus chaudes, dont la température de surface dépasse 10 000 K (degrés Kelvin), rayonnent principalement dans le bleu, tandis que les plus froides, aux températures d'environ 3 000 K, sont rouges (schéma **a**). Nous avons représenté la luminosité des étoiles sous forme de disques de taille différente (**b**) : plus la luminosité est forte, plus grand est le disque représentant l'étoile. À température égale, une étoile dont la surface est plus importante se révèle plus lumineuse qu'une plus petite. La couleur, comme indiqué sur l'échelle, est liée à la température de surface des étoiles.

Classons maintenant les étoiles en fonction de leur taille (reliée à leur luminosité **L** exprimée en unités de luminosité solaire **L⊙**) et de leur couleur (liée à leur température), en groupant par colonnes les disques de même couleur ; le Soleil est compris dans cette classification, sa température de surface étant de 6 000 K. Nous pourrions penser que, étant donné le nombre énorme d'étoiles qui nous entourent, nous trouverions tout l'éventail possible des tailles (ou luminosités) et des couleurs (ou températures), comme dans le schéma (**c**). En fait, il n'en est rien.

Même en tenant compte du plus grand nombre possible d'étoiles, celles-ci s'accumulent dans certaines régions du diagramme et sont presque totalement absentes d'autres zones (**d**). Cela est une conséquence des lois sous-tendant l'évolution des étoiles. Le **diagramme des températures versus la luminosité** (très simplifié ici), connu sous le nom de diagramme de Hertzsprung-Russel (ou **diagramme H-R**), est extraordinairement important en astronomie.

Étoiles géantes et naines

Dans le diagramme H-R (page 21), la plupart des étoiles, y compris le Soleil **S**, se rangent dans la **séquence principale** (**1**) qui forme une bande continue entre le coin supérieur gauche (très grosses étoiles, très chaudes et très lumineuses) et le coin inférieur droit (petites étoiles, froides et peu lumineuses). Il existe deux autres importantes catégories d'étoiles : les **géantes** et **supergéantes** (**2**), et les **naines blanches** (**3**). Ces noms sont appropriés : une géante rouge doit être gigantesque pour avoir une luminosité des millions de fois supérieure à celle d'une naine rouge de même température.

De nombreuses informations sur la température et d'autres caractéristiques d'une étoile sont tirées de son **spectre** : l'ensemble des rayonnements électromagnétiques (radio, infrarouges visibles, UV, etc.) émis par l'astre. Ce spectre s'obtient en décomposant la lumière de l'étoile en ses rayonnements individuels à l'aide d'un prisme de verre ou d'un réseau de diffraction. Il est caractéristique de la température de chaque étoile, à qui l'on attribue donc un **type spectral**. Les différences établies entre les types spectraux des étoiles ne sont pas dues à leur composition chimique dissemblable, mais à leur différence de température de surface. Toutes les étoiles sont essentiellement composées d'hydrogène et d'hélium ; d'autres éléments chimiques sont présents, mais en bien plus faibles quantités.

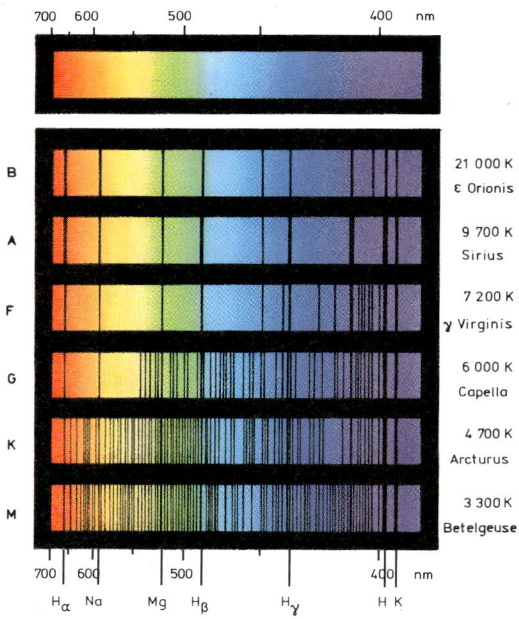

Le spectre d'une étoile présente des raies sombres se détachant sur le fond coloré continu des rayonnements émis ; ces raies spectrales dites d'absorption « signent » la présence d'éléments chimiques qui absorbent la lumière à des longueurs d'onde spécifiques, exprimées en nanomètres (nm). Selon la présence ou non de certaines raies spectrales et leur largeur, les étoiles sont divisées en types spectraux identifiés par les lettres **O**, **B**, **A**, **F**, **G**, **K**, **M**. Chaque type spectral est à son tour divisé en dix sous-classes. Ainsi le type G se subdivise en G0, G1,... G9 ; cette dernière sous-classe étant très proche de la sous-classe K0.

La figure ci-dessus montre plusieurs étoiles géantes et supergéantes dessinées à l'échelle et comparées au Soleil **S** (en bas à droite) dont le diamètre ne fait que 1 mm.

La figure ci-dessous montre une portion du disque solaire **S** (dont le diamètre serait de 110 cm) comparé à quelques naines rouges et blanches et à la Terre (**T**).

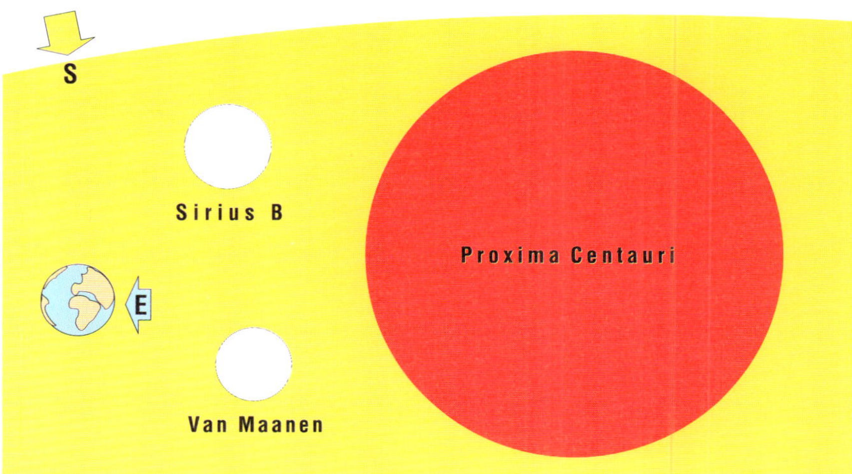

LES OBJETS CÉLESTES – 3
Étoiles doubles et étoiles variables

Les étoiles doubles et multiples, qui sont les systèmes stellaires les plus simples, englobent plus de la moitié des étoiles que nous voyons dans le ciel. Les cartes des constellations n'indiquent que les plus connues. Si les composantes d'une étoile double peuvent être séparées à l'aide d'un télescope, nous parlons de **double visuelle**. Celle-ci peut être physique (deux étoiles, alors appelées **binaire**, orbitent autour d'un centre de gravité commun) ou **optique** (les étoiles, situées à des distances différentes de la Terre, se trouvent projetées par hasard l'une près de l'autre). Les doubles visuelles figurent parmi les objets les plus populaires de l'astronomie amateur et sont un test excellent du pouvoir de résolution d'une lunette ou d'un télescope. Si les composantes sont si rapprochées l'une de l'autre qu'elles ne peuvent être visuellement séparées (ou « résolues ») et que leur caractère binaire ne se révèle que dans leur spectre, le système est appelé **binaire spectroscopique**. Les binaires à éclipses font l'objet d'une attention spéciale ; leurs composantes s'éclipsent, ce qui se manifeste par une variation périodique de leur éclat. Un exemple typique est illustré par Algol, dans Persée. Les **étoiles variables** ont une luminosité qui varie de façon irrégulière ou régulière pour des raisons physiques, par exemple à cause du changement de leur diamètre et de leur température de surface. Nos cartes signalent seulement quelques exemples caractéristiques de leurs divers types. Parmi ces étoiles, les plus communes sont des étoiles variables pulsantes, comme les **céphéides**. La « signature » de chaque étoile variable est sa **courbe de lumière**, c'est-à-dire la représentation graphique des fluctuations de son éclat en fonction du temps.

Certains extraordinaires changements d'éclat sont dus à des processus explosifs qui se mettent en place lors des étapes évolutionnaires finales des étoiles. Suivant les caractéristiques de l'accroissement soudain de leur éclat, ces étoiles sont appelées **novae** (qui signifie « nouvelles » en latin), ou **supernovae** si l'explosion est exceptionnellement énergétique.

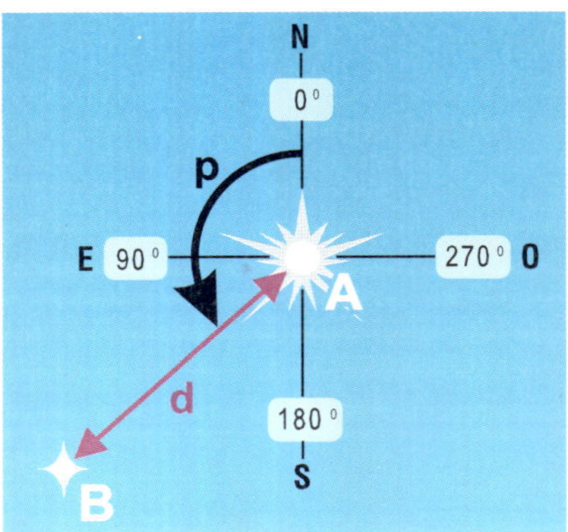

Deux paramètres fondamentaux caractérisent les étoiles doubles. Leur **écart angulaire d**, exprimé habituellement en secondes d'arc, est la distance angulaire apparente entre les composantes de l'étoile double. La **position angulaire p** donne la position de la composante la plus pâle par rapport à la composante la plus lumineuse, mesurée en degrés depuis le nord N (0°). (Voir aussi page 50.)

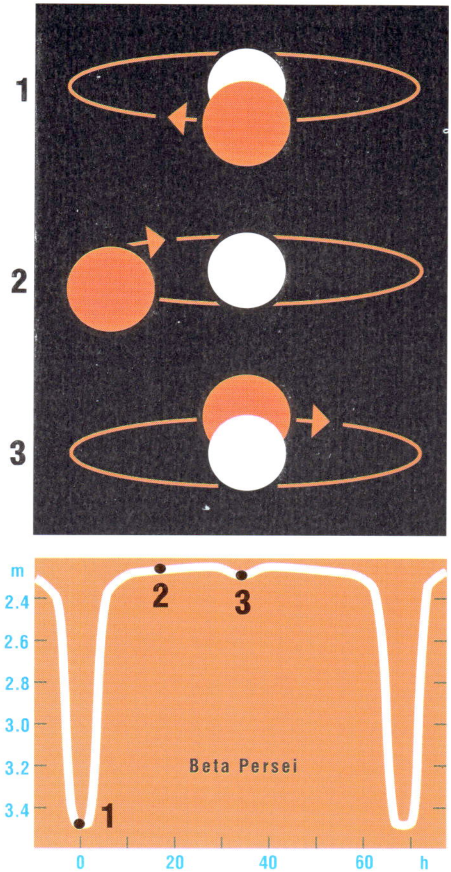

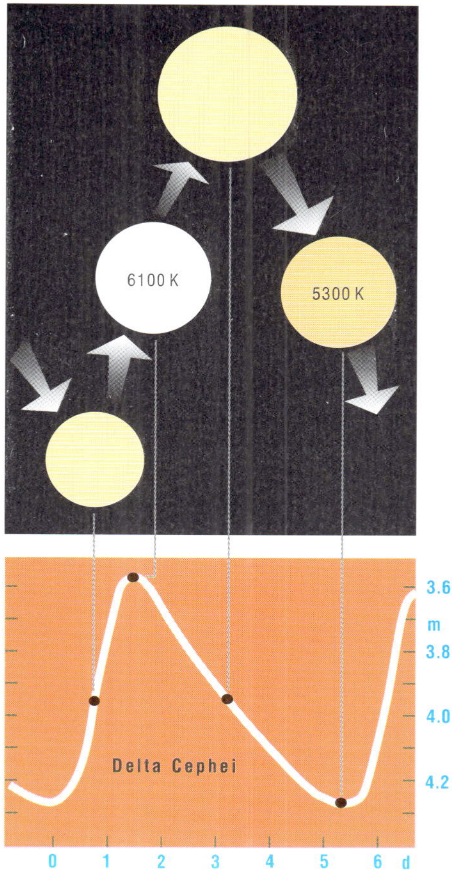

Ci-dessus à gauche : **Algol** (β Persei) est une **binaire à éclipses** typique. Une étoile orange, pâle et peu chaude ayant une température de surface de 4 500 K, au diamètre égal à 3,5 diamètres solaires, éclipse à intervalles réguliers une étoile plus lumineuse et plus chaude ayant une température de surface de 13 000 K et un diamètre de 2,9 diamètres solaires. L'éclat d'Algol fluctue ainsi d'un maximum de 2,25 mag à un minimum de 3,5 mag sur une période de 68,8 heures. Cette variation est illustrée par sa courbe de lumière (au-dessous, à gauche).

Ci-dessus à droite : l'étoile δ de la constellation **de Céphée** est un bel exemple d'étoile variable pulsante appelée **céphéide**. C'est une géante jaune au diamètre égal à 45 diamètres solaires qui pulse, tout en s'enflant et en se contractant successivement. Son diamètre varie ainsi de 5 %, soit environ trois millions de kilomètres (2 diamètres solaires). Sa température fluctue entre 5 300 K et 6 100 K. L'étoile est, à son maximum, 2 900 fois plus brillante que le Soleil. À son minimum, elle l'est 1 300 fois. Sa magnitude m, comme l'illustre sa courbe de lumière, passe de 3,5 à 4,4 sur une période de 5,366341 jours.

La Galaxie (La Voie lactée)

Le Soleil et toutes les étoiles que nous voyons ne forment seulement qu'une partie infinitésimale d'une énorme île stellaire appelée la **Galaxie**. La distance du Soleil au centre de la Galaxie, situé dans la direction du Sagittaire, est de moins de 30 000 années-lumière. La Galaxie est une formation sphérique, mais la plupart de ses étoiles sont concentrées à l'intérieur d'un disque plat à la structure spirale ; cette concentration stellaire se manifeste par la bande lumineuse diffuse que nous appelons la **Voie lactée**. La partie centrale renflée du disque – le **bulbe** – présente un diamètre de quelque 100 000 années-lumière et contient plusieurs centaines de milliards d'étoiles. Des nuages de poussières et de gaz interstellaires se concentrent dans le plan du disque. Si nous pouvions voir de loin notre galaxie par la tranche, ces nuages apparaîtraient comme une bande sombre barrant le disque, ainsi que le montre schématiquement la figure page ci-contre.

Nous pouvons observer ici et là la matière interstellaire sous forme de **nébuleuses** sombres ou lumineuses. Près du plan du disque se trouvent des **amas ouverts d'étoiles**, dits aussi « amas galactiques ». Le disque est entouré d'un halo sphérique dont le diamètre est égal à 100 000 années-lumière, qui contient de vieilles étoiles et des **amas globulaires d'étoiles** (points bleus dans la figure ci-contre). Au-delà encore se trouve la couronne galactique, qui se manifeste par son effet gravitationnel sur la rotation de la Galaxie.

Si nous regardons dans la direction du plan du disque galactique, la multitude d'étoiles qui nous entourent et les bras spiraux de la Galaxie se trouvent projetés sur la sphère céleste sous la forme d'une bande brumeuse argentée : la Voie lactée. C'est seulement à l'écart du plan galactique que s'ouvrent des « fenêtres d'observation » sur l'univers des galaxies distantes. (Le Soleil est en S.)

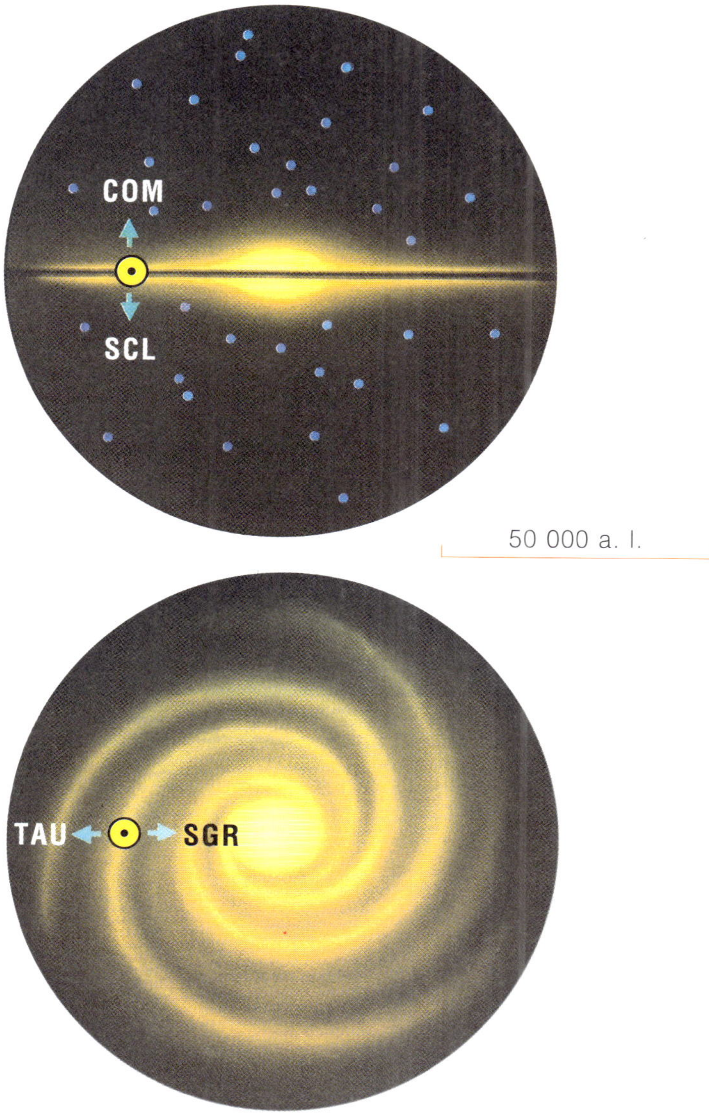

La figure supérieure montre une vue latérale schématique de notre galaxie ; la figure au-dessous, une vue « du dessus ». Le symbole ⊙ indique la position du Soleil. Com, Scl, Tau et Sgr indiquent respectivement les constellations de la Chevelure de Bérénice, de l'Atelier du Sculpteur, du Taureau et du Sagittaire.

LES OBJETS CÉLESTES – 5
Amas et nébuleuses

Les amas et les nébuleuses font partie des objets d'observation favoris pour les astronomes amateurs. Certains apparaissent à l'œil nu, à l'aide de jumelles ou d'un instrument de faible puissance, comme des taches brumeuses aux contours flous. Vous en trouverez une sélection dans les cartes des constellations. Cependant, seuls les grands télescopes en révèlent toute la beauté. Les techniques modernes électroniques et photographiques d'observation, en particulier, permettent d'enregistrer leurs rayonnements les plus faibles, invisibles à l'œil nu. Les objets de l'espace profond sont fascinants ; non seulement pour ce que nous en voyons, mais aussi et principalement pour ce que nous en apprenons grâce aux moyens et méthodes de recherche de l'astronomie moderne.

Les amas ouverts (ou amas galactiques) sont principalement constitués d'étoiles jeunes et chaudes issues d'une nébuleuse commune, ayant eu une évolution commune et mutuellement liées par la gravitation. Ils contiennent des douzaines à des centaines d'étoiles et leur diamètre actuel est compris entre 5 et 50 années-lumière. Tous situés à proximité du plan de la Galaxie, nous en connaissons plus d'un millier.

Les amas globulaires, quant à eux, contiennent toujours des dizaines à des centaines de milliers d'étoiles, voire pour certains des millions – des étoiles beaucoup plus âgées que celles qui constituent les amas ouverts. Ils forment une sphère régulière ; la densité d'étoiles augmentant vers le centre. Leur diamètre actuel est compris entre 50 et 300 années-lumière. Ce sont parmi les plus anciennes structures de la Galaxie et nous en connaissons pour l'instant environ cent cinquante.

Les nébuleuses planétaires se forment autour de certains types d'étoiles vieillissantes qui éjectent les couches externes de leur atmosphère stellaire. Les étoiles centrales de ces nébuleuses sont extraordinairement chaudes (30 000 à 150 000 K) et induisent donc le rayonnement des gaz voisins. De nombreuses nébuleuses planétaires apparaissent à l'observateur comme de petits disques semblables à des planètes – d'où leur qualificatif.

Les nébuleuses sont des nuages de matière interstellaire – gaz et poussières. À proximité d'étoiles très chaudes, les nuages de gaz (hydrogène) sont ionisés et émettent une lumière rouge caractéristique ; ils se manifestent alors sous la forme de **nébuleuses diffuses à émission** (syn. **régions H-II**). La luminosité des **nébuleuses par réflexion**, à dominante bleue, est due à la diffusion de la lumière d'étoiles plus froides sur la poussière interstellaire.

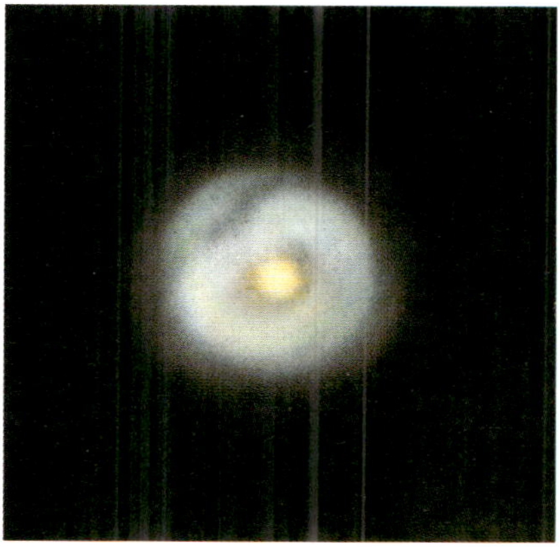

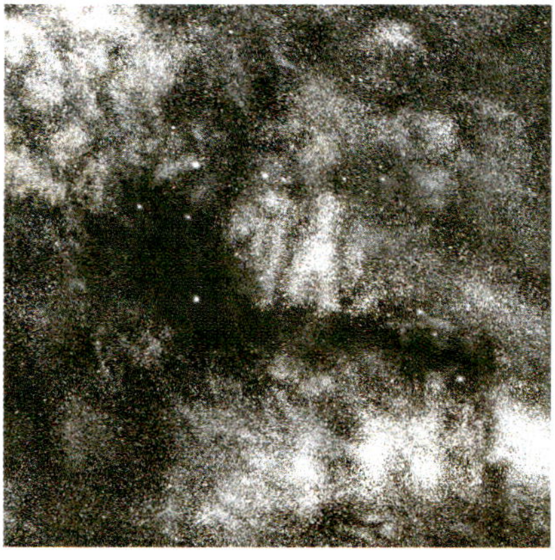

Les nébuleuses obscures sont aussi des nuages de poussières interstellaires et de gaz qui, étant davantage éloignés d'étoiles brillantes, ne sont donc pas lumineux. Elles se détachent bien, néanmoins, sur l'arrière-plan de la Voie lactée. Associées à des nébuleuses lumineuses, elles forment souvent des motifs fantasmagoriques. Les nébuleuses diffuses et obscures constituent la matière première pour la formation de nouvelles étoiles.

LES OBJETS CÉLESTES – 6

Les galaxies

Les galaxies représentent les unités structurelles de base de l'Univers. Ce sont des groupements stellaires contenant des centaines de millions à des centaines de milliards d'étoiles ainsi, bien sûr, que des quantités considérables de matière interstellaire. Certaines ressemblent à notre galaxie, d'autres en diffèrent tant par la masse que par la structure. Une lunette ou un petit télescope permet de voir uniquement les galaxies les plus proches et les plus lumineuses ; mais la plupart n'y apparaîtront que comme des nuages brumeux indistincts. En revanche, les grands télescopes permettent de photographier jusqu'aux étoiles, amas et nébuleuses individuels au sein des galaxies les plus proches. Sur les photographies en couleurs, les bras spiraux des galaxies semblent bleutés du fait du rayonnement des étoiles jeunes et chaudes qui y naissent. Les galaxies s'assemblent en groupes de tailles variées. Notre galaxie fait partie de ce qu'on appelle le **Groupe local**, qui comprend une trentaine de galaxies dont la fameuse galaxie d'Andromède (M31, voir aussi page 46).

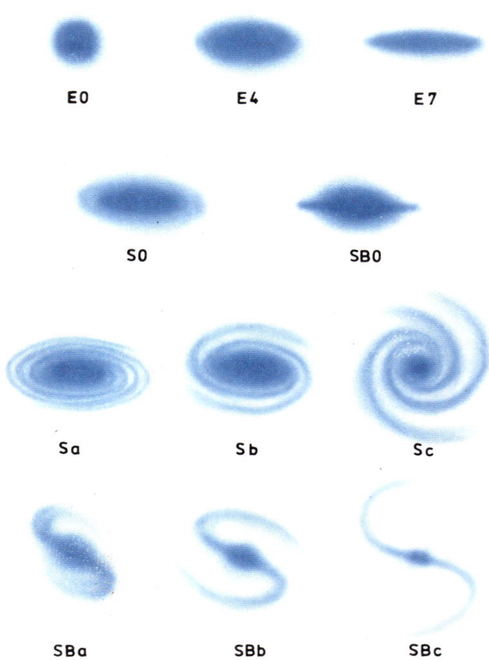

La classification des galaxies par Hubble. Suivant leur apparence, les galaxies sont classées en **elliptiques** (E), **spirales** (S) et **spirales barrées** (SB). Les galaxies spirales sont subdivisées en classes – a, b, c – suivant le développement de leurs bras spiraux et la taille relative de leur bulbe. Les bras spiraux des galaxies SB se rejoignent grâce à une barre issue de leur bulbe. Les galaxies de forme **irrégulière** sont notées Irr.

Les galaxies ont des orientations diverses dans l'espace par rapport à la Terre. La vue de certaines d'entre elles nous permet d'imaginer, à distance, à quoi peut ressembler notre galaxie. La figure du haut montre la galaxie M101 dans la constellation de la Grande Ourse vue « du dessus ». La figure au-dessous montre la galaxie NGC891, dans la constellation d'Andromède, vue « par la tranche » (latéralement).

Les grands groupes de galaxies – ou amas de galaxies – contiennent des centaines à des milliers de galaxies ; les superamas, des centaines de milliers. L'observation des galaxies a occasionné la découverte de **l'expansion de l'Univers**. On s'est aperçu que les distances entre les galaxies s'accroissaient constamment ; la vitesse d'expansion augmentant avec l'éloignement des galaxies. Cette vitesse d'expansion se manifeste dans le spectre des rayonnements émis par les galaxies au travers du déplacement des raies d'émission vers les grandes longueurs d'onde : c'est le fameux « décalage vers le rouge » de la lumière. Ce phénomène est exploité pour déterminer à quelle distance de la Terre se trouve une galaxie.

LES CARTES CÉLESTES

Cette section descriptive contient deux ensembles de cartes célestes : les cartes générales du ciel entier (pages 33 à 45) et les cartes des constellations individuelles (pages 46 à 215). Les **cartes générales** sont destinées à s'orienter dans le ciel et à identifier les constellations individuelles. Les anciennes figures représentant les constellations ont disparu ; seuls demeurent leurs noms, leurs frontières complexes et les noms de leurs plus brillantes étoiles (qui précisaient les positions stellaires au sein de la constellation) ; les étoiles brillantes d'une même constellation sont reliées par des lignes droites composant un motif facile à reconnaître.

Les cartes des constellations passent en revue chaque constellation par ordre alphabétique de leur nom latin. Elles signalent les objets cosmiques (nom, position, etc.) intéressants ; d'autres informations sont fournies dans le texte et les illustrations associées. Toutes les cartes sont établies à la même échelle. Pour donner une idée de la taille de la constellation dans le ciel, chaque carte est comparée à la constellation de la Grande Ourse reproduite à l'échelle. Les abréviations des noms de constellations (voir page 216) sont différenciées par des couleurs : rouge pour les constellations de l'hémisphère nord, orange pour celles situées sur l'équateur céleste, et jaune pour les constellations australes. Les frontières entre constellations sont indiquées par des lignes pointillées bleu pâle. Les étoiles brillantes sont désignées par leur nom vernaculaire traditionnel ou selon la convention instaurée par Johann Bayer : une lettre de l'alphabet grec suivie du génitif du nom latin de la constellation (ou des trois lettres de son abréviation). L'étoile la plus brillante est souvent notée α, la seconde en éclat, β, etc. ; ainsi β Leonis (ou β Leo) est la seconde étoile par l'éclat de la constellation du Lion. Sinon, les étoiles sont désignées selon la convention numérique de l'astronome anglais John Flamsteed (1646-1719) : 70 Ophiuci. D'autres systèmes de désignation des étoiles et des autres objets célestes utilisent un numéro précédé des lettres désignant le catalogue astronomique associé. Ainsi, les amas d'étoiles, nébuleuses et galaxies les plus brillants sont mieux connus par leur numéro dans le catalogue Messier ou par leur nom vernaculaire – comme M20, la nébuleuse Trifide (page 183). Ces objets sont aussi souvent désignés par leurs numéros dans les catalogues NGC (pour *New General Catalogue*) ou IC (*Index Catalogue*). Nos cartes mentionnent toutes les étoiles d'éclat supérieur à 5,2 mag et une sélection d'objets cosmiques intéressants (même très pâles), la plupart à la portée de l'observation amateur.

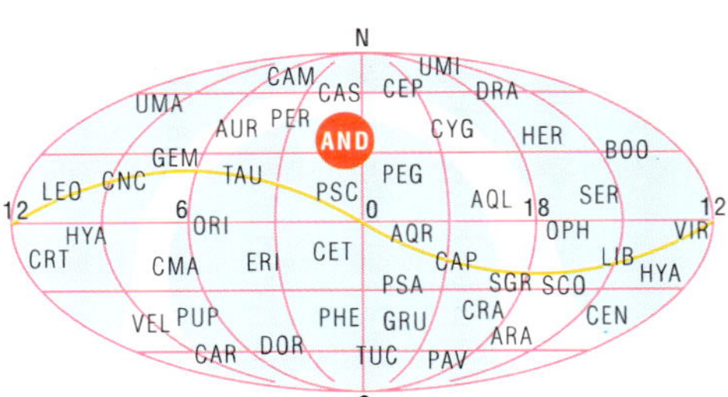

Les cartes d'orientation donnent la position de la constellation étudiée (indiquée par un disque rouge – ici, Andromède) sur la sphère céleste. L'écliptique est en jaune et la bande de la Voie lactée est représentée schématiquement en blanc.

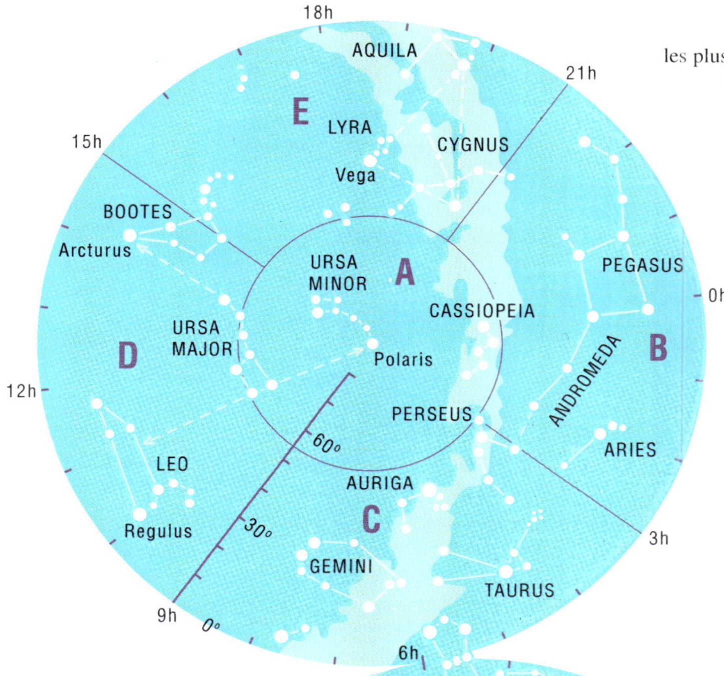

Constellations
les plus remarquables
du ciel boréal.

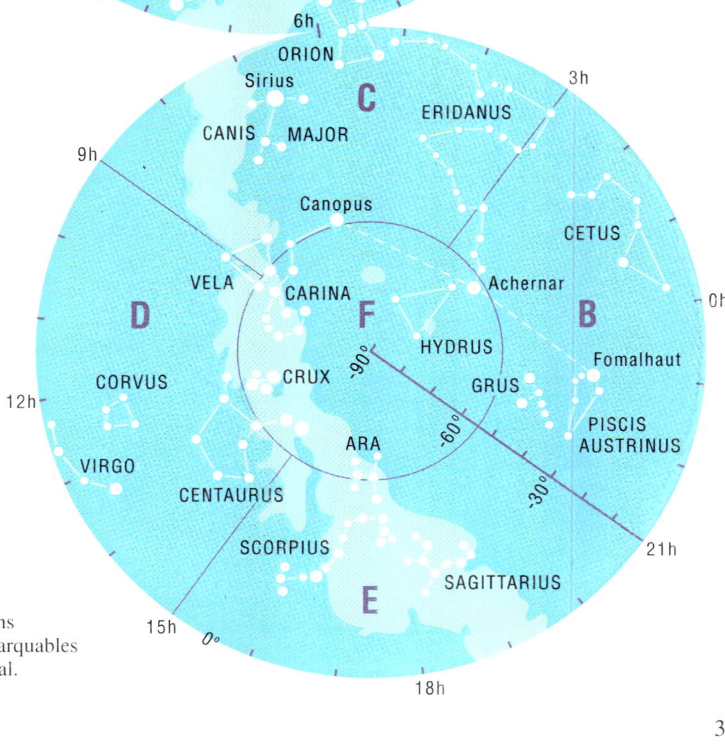

Constellations
les plus remarquables
du ciel austral.

Les constellations de la région du pôle Nord céleste

La page ci-contre représente la première des six cartes couvrant l'ensemble du ciel des hémisphères nord et sud. Ces cartes montrent la disposition générale et les frontières des constellations, qui sont détaillées dans les pages 46 à 215. Les coordonnées équatoriales – ascension droite et déclinaison, indiquées sur toutes les cartes célestes de ce guide – sont valables pour les années 2000 (voir pages 58 et 59 l'influence de la précession de la Terre).

La constellation la plus remarquable de la région du pôle Nord est la **Grande Ourse** (*Ursa Major*), dont les sept étoiles les plus brillantes forment un astérisme si caractéristique – une sorte de « casserole » – dénommé le Grand Chariot ou la Charrue en Grande-Bretagne, ou encore la Grande Louche par les Indiens d'Amérique du Nord. C'est la constellation la plus connue de l'hémisphère nord, et quiconque commence à s'intéresser au ciel doit débuter par elle. La ligne qui relie les étoiles Dubhé et Merak pointe vers l'Étoile polaire (Polaris) dans la constellation de la **Petite Ourse** (*Ursa Minor*). L'Étoile polaire est située à moins de 1° du pôle Nord (au centre de la carte). La constellation du **Dragon** (*Draco*), avec sa tête quadrangulaire, serpente entre les deux ourses.

Si nous prolongeons la Grande Ourse au-delà de l'Étoile polaire, nous trouvons, à distance égale du pôle, les cinq étoiles les plus brillantes de **Cassiopée** (*Cassiopeia*), qui forment un W caractéristique, bien connu dans le ciel boréal. À proximité, nous trouvons l'amas double χ + h Persei, qui apparaît à l'œil nu comme une tache brumeuse. Entre Cassiopée et le Dragon se trouve la constellation peu remarquable de **Céphée** (*Cepheus*). L'emplacement de la **Girafe** (*Camelopardalis*) et du **Lynx** est décrit par les astronomes amateurs comme « l'endroit où vous ne pouvez rien voir », car ces constellations ne comprennent que des étoiles pâles, visibles seulement lorsque les conditions atmosphériques locales sont très bonnes. La carte indique aussi le 50ᵉ parallèle de déclinaison nord. Toutes les constellations à l'intérieur de ce cercle, dites circumpolaires, tournent autour du pôle sans jamais se coucher pour l'observateur situé à 40° de latitude nord (géographique). Plus généralement, les étoiles circumpolaires ont une position angulaire, mesurée à partir du pôle Nord, inférieure à la latitude géographique du site d'observation, comme l'illustre la figure 5 de la page 10.

A
LACERTA
ANDROMEDA
M31
CYGNUS
Deneb
CEPHEUS
PERSEUS
χ, h Per
CASSIOPEIA
ega
LYRA
Etamin
DRACO
Polaris
URSA MINOR
CAMELOPARDALIS
Capella
AURIGA
LYNX
BOOTES
Alcor
Mizar
Dubhe
Merak
CANES VENATICI
URSA MAJOR
0h
1h
2h
3h
4h
5h
6h
7h
8h
9h
10h
11h
12h
13h
14h
15h
16h
17h
18h
19h
20h
21h
22h
23h
20°
30°
40°
50°
60°
70°
80°
90°
5 4 3 2 1 0 mag

Les constellations d'automne

Les quatre cartes suivantes (pages 37, 39, 41, 43) montrent les constellations observables pendant la majeure partie de la nuit au cours, et successivement, des quatre saisons de l'hémisphère nord.

Le ciel d'automne est dominé par le **Carré de Pégase**, défini par les étoiles α, β et γ de la constellation de **Pégase** (*Pegasus*) et l'étoile Sirrah de la constellation d'**Andromède** (*Andromeda*) voisine. Si nous ajoutons à ce « carré » les étoiles Mirach et Alamak d'Andromède et Algol de Persée, nous obtenons une figure rappelant l'astérisme agrandi de la « casserole » de la Grande Ourse. C'est la figure d'orientation principale à la base de nos observations. Au-dessus d'elle se trouve le W caractéristique de **Cassiopée** ; au-dessous, se situent deux constellations mineures appelées le **Triangle** (*Triangulum*) et le **Bélier** (*Aries*).

Le coin sud-est du carré de Pégase pointe vers le grand V ouvert des **Poissons** (*Pisces*). Cette constellation est assez peu notable, tout comme sa voisine le **Verseau** (*Aquarius*), qui se repère néanmoins plus facilement grâce au groupe d'étoiles situées sur l'équateur qui forment, sur les anciennes cartes, la « cruche » tenue par le personnage du Verseau d'où coule la source de vie. Plus discernable, le **Capricorne** (*Capricornus*) est situé sur l'écliptique (**e**) au sud-ouest de la « tête » triangulaire de Pégase. Le V des Poissons pointe, telle une énorme flèche, vers le centre de la constellation de la **Baleine** (*Cetus*).

Dans l'hémisphère sud, tâchez de repérer les étoiles les plus brillantes : Fomalhaut, dans la constellation du **Poisson austral** (*Piscis Austrinus*), et Achernar, dans la forme étirée d'**Éridan** (*Eridanus*), le fleuve des Enfers de la mythologie grecque. Avec Canopus, de la **Carène** (*Carina*), ces étoiles forment un trio notable situé grosso modo sur une même ligne (visualisée par des tirets sur la carte de la page 33), qui vous aidera à vous orienter. Au sud de Fomalhaut se trouve la **Grue** (*Grus*), et près d'Achernar, le **Phénix** (*Phœnix*). Les étoiles pâles du **Fourneau** (*Fornax*), du **Sculpteur** (*Sculptor*) et du **Microscope** (*Microscopium*) ne se voient que si les conditions d'observation sont très bonnes et seulement depuis les lieux où ces parties du ciel s'élèvent suffisamment au-dessus de l'horizon.

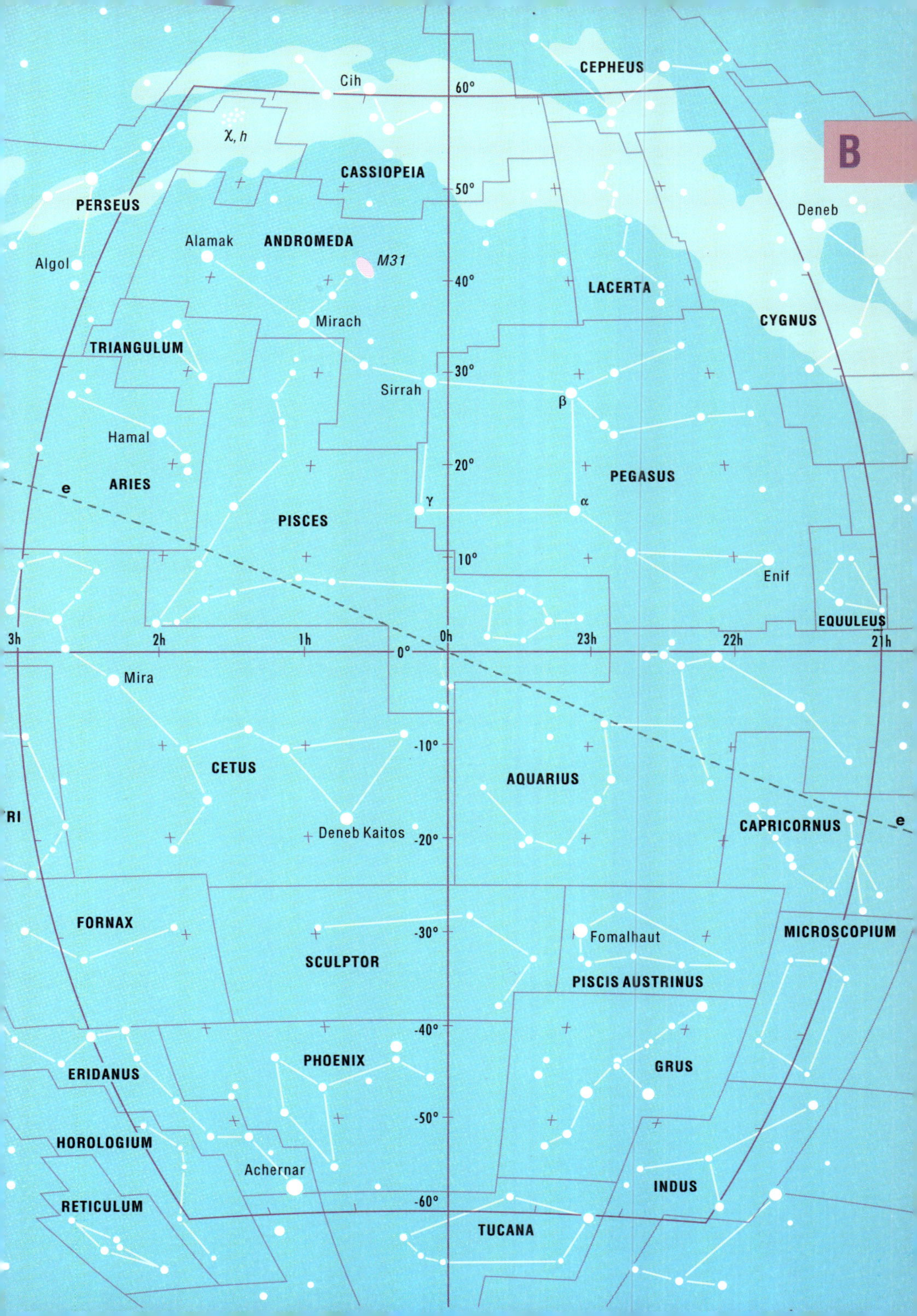
B
CEPHEUS
Cih
CASSIOPEIA
χ, h
PERSEUS
Algol
Alamak
ANDROMEDA
M31
Mirach
LACERTA
Deneb
CYGNUS
TRIANGULUM
Sirrah
β
Hamal
ARIES
PISCES
γ
α
PEGASUS
Enif
EQUULEUS
e
60°
50°
40°
30°
20°
10°
0°
-10°
-20°
-30°
-40°
-50°
-60°
3h
2h
1h
0h
23h
22h
21h
Mira
CETUS
AQUARIUS
Deneb Kaitos
RI
CAPRICORNUS
FORNAX
SCULPTOR
Fomalhaut
PISCIS AUSTRINUS
MICROSCOPIUM
PHOENIX
ERIDANUS
GRUS
HOROLOGIUM
Achernar
INDUS
RETICULUM
TUCANA

Les constellations d'hiver

Le ciel d'hiver est riche d'étoiles brillantes, et s'y orienter est facile, même pour le débutant. La constellation dominante est **Orion**, dont les étoiles les plus brillantes composent un rectangle déformé renfermant en son milieu trois étoiles alignées et rapprochées ; l'ensemble rappelle les ailes ouvertes d'un papillon. Sur les anciennes cartes, Orion le Chasseur portait une ceinture – le baudrier d'Orion – que figurent les trois étoiles, et dont l'étoile située la plus au nord se trouve très près de l'équateur. En prolongeant vers le nord la ligne du baudrier d'Orion, nous trouvons l'étoile Aldébaran à l'éclat orangé, dans le **Taureau** (*Taurus*). Plus loin encore, sur cette droite, nous rencontrons le groupe stellaire remarquable des Pléiades. Entre les Pléiades et Cassiopée se trouve un « pont » formé par l'arc des étoiles de **Persée** (*Perseus*). L'étoile Capella de la constellation du **Cocher** (*Auriga*) n'en est pas très loin ; c'est l'une des étoiles les plus brillantes du ciel. La droite reliant Rigel et Bételgeuse, dans Orion, pointe vers les **Gémeaux** (*Gemini*), repérable par sa paire d'étoiles assez brillantes : Castor et Pollux. À proximité se trouve la constellation discrète du **Cancer**.

Selon la légende, le chasseur Orion était accompagné de deux chiens : l'un petit et l'autre grand. La constellation du **Grand Chien** (*Canis Major*) est dans le prolongement de la ceinture d'Orion. L'étoile la plus brillante du Grand Chien – Sirius – est aussi l'étoile la plus brillante du ciel. Le **Petit Chien** (*Canis Minor*) est situé entre Sirius et les Gémeaux, où brille l'étoile Procyon.

L'orientation dans le ciel d'hiver est facilitée par la figure appelée l'**Hexagone d'hiver**, dont les sommets sont les étoiles Capella, Aldébaran, Rigel, Sirius, Procyon, ainsi que Castor et Pollux. Moins populaire mais tout aussi pratique pour s'orienter, le **Triangle d'hiver** est formé par Procyon, Bételgeuse et Sirius.

En partant de Sirius vers le sud, le long de la Voie lactée, nous trouvons les constellations des **Voiles** (*Vela*) et de la **Carène** (*Carina*). Canopus (α Carinae) est la seconde étoile du ciel par son éclat après Sirius, et elle était souvent utilisée pour la navigation aérienne lors des vols de nuit. Depuis Rigel, dans Orion, nous pouvons observer les méandres de la constellation Éridan jusqu'à la brillante Achernar.

C
CASSIOPEIA
URSA MAJOR
CAMELOPARDALIS
LYNX
Capella
PERSEUS
AURIGA
Castor
Pollux
GEMINI
TAURUS
Pleiades
M35
Praesepe
CANCER
Aldebaran
Hyades
ORION
ARIES
Betelgeuse
Bellatrix
CETUS
Procyon
HYDRA
CANIS MINOR
MONOCEROS
M42
Rigel
ERIDANUS
Sirius
PYXIS
LEPUS
CANIS MAJOR
FORNAX
PUPPIS
COLUMBA
CAELUM
VELA
Canopus
PICTOR
HOROLOGIUM
CARINA
RETICULUM
Achernar
DORADO
VOLANS
LMC
60°
50°
40°
30°
20°
10°
0°
-10°
-20°
-30°
-40°
-50°
-60°
9h
8h
7h
6h
5h
4h
3h
e
e

Les constellations du printemps

Dans cette partie du ciel, la différence est grande entre les hémisphères nord et sud. Alors qu'autour et au nord de l'équateur céleste les étoiles brillantes sont rares, le sud offre le spectacle d'une des plus riches régions du ciel. La pauvreté de la partie boréale du ciel n'est toutefois qu'apparente : c'est dans cette région, à l'écart de la Voie lactée, que s'ouvrent des fenêtres d'observation sur les profondeurs les plus reculées de l'Univers, peuplées de galaxies étrangères et d'amas de galaxies.

Nous utiliserons les sept étoiles caractéristiques de la **Grande Ourse** (*Ursa Major*) comme repère dans l'hémisphère nord. La droite reliant les étoiles Dubhé et Merak et prolongée vers le sud pointe vers la constellation du **Lion** (*Leo*). Celle-ci se reconnaît facilement au groupe d'étoiles dessinant une faucille ou un point d'interrogation inversé, qui figuraient la crinière du lion dans les anciennes cartes. L'étoile la plus brillante du Lion, Régulus, est située sur l'écliptique (**e**). Si nous prolongeons la « queue » de la Grande Ourse par un arc jusqu'à l'équateur, nous trouvons l'étoile orangée Arcturus dans la constellation du **Bouvier** (*Bootes*), puis en continuant, la brillante Spica (l'Épi) dans la constellation de la **Vierge** (*Virgo*). Les trois étoiles – Régulus, Arcturus et Spica – forment le **Triangle de printemps**, bien utile pour s'orienter. Sous le triangle, se situe la constellation allongée de l'**Hydre femelle** (Hydra), dont la « tête » remonte jusqu'au-dessous du Cancer. Entre l'Hydre et la Vierge se trouve la petite mais belle constellation du **Corbeau** (*Corvus*) et, juste à côté, la **Coupe** (*Crater*), qui est moins remarquable.

Au sud de l'Hydre femelle, on rencontre une belle région de la Voie lactée, très lumineuse, où sont situées les deux constellations les mieux connues de l'hémisphère austral, la **Croix du Sud** (*Crux*) et le **Centaure** (*Centaurus*). Nous n'avons pas besoin de voyager jusque dans l'hémisphère sud pour les admirer. La Croix du Sud est visible, bas sur l'horizon, depuis le tropique du Cancer (à 23,5° de latitude géographique nord). Sans aller si loin, vous pouvez aller la voir dans le ciel artificiel du planétarium le plus proche. Attention, ne la confondez pas avec la Fausse croix (traits blancs), située entre les Voiles et la Carène ! La véritable Croix du Sud est au voisinage des brillantes étoiles Toliman et Agena, respectivement α et β Centauri.

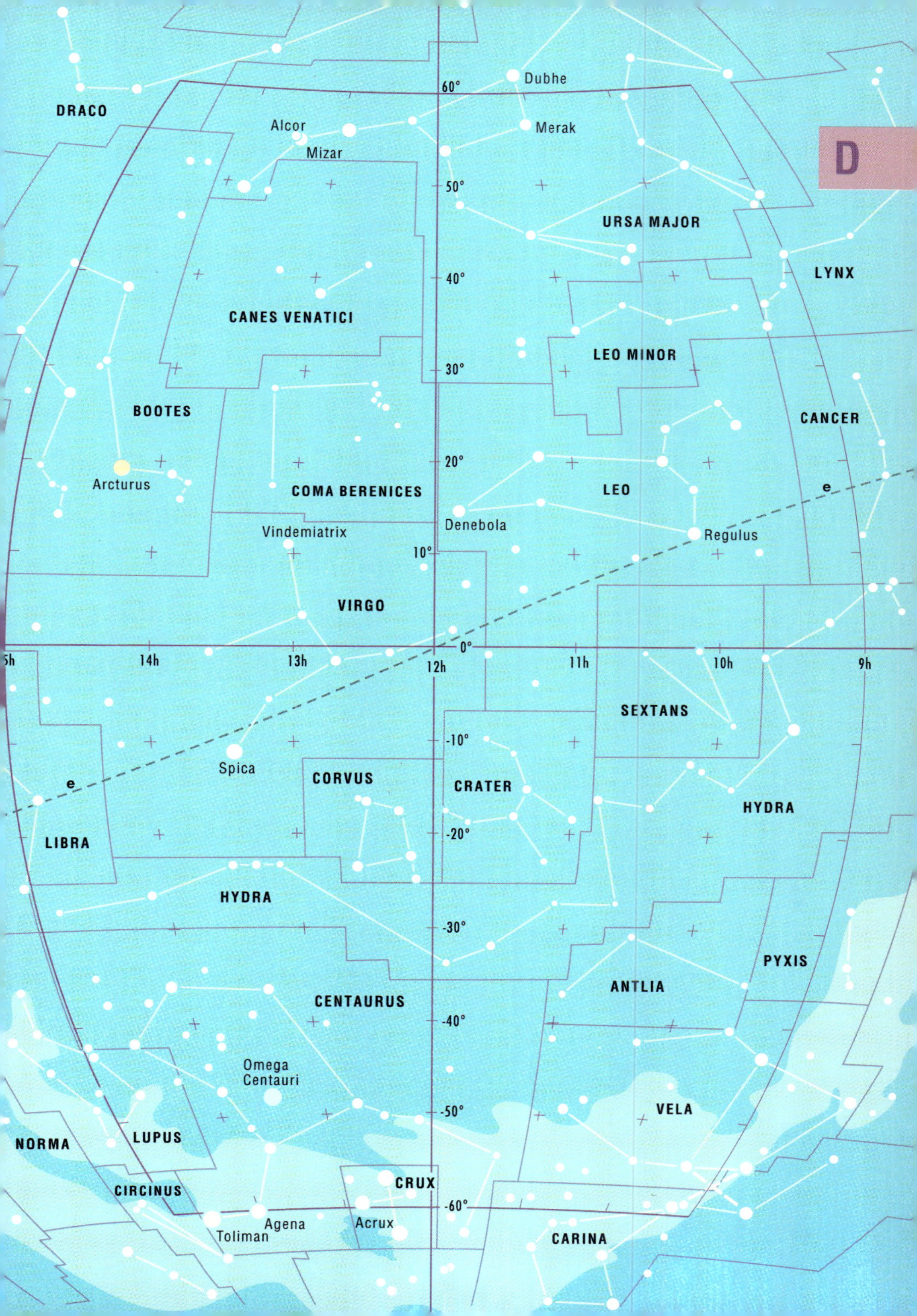
D
DRACO
Alcor
Mizar
Dubhe
Merak
URSA MAJOR
LYNX
CANES VENATICI
LEO MINOR
BOOTES
CANCER
Arcturus
COMA BERENICES
LEO
e
Denebola
Vindemiatrix
Regulus
VIRGO
60°
50°
40°
30°
20°
10°
0°
14h
13h
12h
11h
10h
9h
SEXTANS
-10°
Spica
e
CORVUS
CRATER
HYDRA
LIBRA
-20°
HYDRA
-30°
PYXIS
ANTLIA
CENTAURUS
-40°
Omega
Centauri
-50°
VELA
NORMA
LUPUS
CIRCINUS
CRUX
-60°
Agena
Toliman
Acrux
CARINA

Les constellations d'été

Quand les conditions d'observation sont favorables, le ruban argenté de la Voie lactée est un guide fiable pour repérer les constellations. La figure d'orientation la plus importante est le **Triangle d'été**, dont les sommets sont les très brillantes étoiles Véga, Deneb et Altaïr. Véga, d'un blanc bleuté, dans la constellation de la **Lyre** (*Lyra*), est l'une des plus brillantes étoiles du ciel estival. Deneb, quant à elle, est située dans la queue du **Cygne** (*Cygnus*), qui vole, les ailes déployées, vers le sud, le long de la Voie lactée ; dans le Cygne, la Voie lactée se divise en deux bras. Altaïr, dans la constellation de l'**Aigle** (*Aquila*), est flanquée de deux étoiles plus pâles dont la disposition rappelle un peu la ceinture d'Orion. Le Triangle d'été peut aussi s'observer en automne, dans la première moitié de la nuit. À cette période, le ciel nocturne, plus sombre qu'en été, révèle toute la beauté de la Voie lactée. Au nord d'Altaïr se trouvent deux des plus petites constellations : la **Flèche** (*Sagitta*) et le **Dauphin** (*Delphinus*).

Au nord de Véga, vous trouverez la tête du Dragon. À l'ouest de la Lyre, cherchez la constellation d'**Hercule** (*Hercules*), étendue mais peu distincte, dont les étoiles les plus visibles forment un K inversé. Entre Hercule et le Bouvier (voir le ciel du printemps) se trouve une constellation petite mais facile à mémoriser : la **Couronne boréale** (*Corona Borealis*) et son étoile brillante, Gemma. Sous la Couronne se situe la **Tête du Serpent** (*Serpens Caput*) ; le long corps du Serpent est « tenu » par **Ophiucus**, le Serpentaire, au nord-est duquel se trouve la **Queue du Serpent** (*Serpens Cauda*) qui s'étend jusqu'à l'Aigle, entre les bras de la Voie lactée. Le Serpent est un cas unique de constellation constituée de deux parties.

De toutes les constellations sur l'écliptique – dites zodiacales – dans cette région du ciel, l'une des plus brillantes de la Voie lactée, ce sont le **Scorpion** (*Scorpius*) et le **Sagittaire** (*Sagittarius*) qui ressortent le plus. Sur le thorax du Scorpion brille la rouge Antarès, à l'ouest de laquelle on aperçoit la constellation de la **Balance** (*Libra*). Au sud du Scorpion, nous trouvons la constellation caractéristique de l'**Autel** (*Ara*), dont la forme rappelle une chaise longue. En suivant la Voie lactée au-delà du Scorpion, nous trouvons le **Loup** (*Lupus*). En allant vers l'est, depuis la « théière » formée par les étoiles les plus brillantes du Sagittaire, nous rencontrons la constellation du **Capricorne** (*Capricornus*). Au sud du Sagittaire se trouve un arc régulier d'étoiles pâles qui forment la petite constellation de la **Couronne australe** (*Corona Australis*).

E
CEPHEUS
URSA MAJOR
DRACO
60°
50°
40°
30°
20°
10°
0°
-10°
-20°
-30°
-40°
-50°
-60°
Deneb
Vega
BOOTES
M13
CYGNUS
CORONA BOREALIS
LYRA
Gemma
VULPECULA
HERCULES
DELPHINUS
SAGITTA
SERPENS CAPUT
Altair
1h
20h
19h
18h
17h
16h
15h
AQUILLA
OPHIUCHUS
SCUTUM
SERPENS CAUDA
LIBRA
CAPRICORNUS
ICROSCOPIUM
SAGITTARIUS
Antares
LUPUS
SCORPIUS
CORONA AUSTRALIS
GRUS
ARA
TELESCOPIUM
INDUS
NORMA
TRIANGULUM
PAVO
TUCANA
CENTAURUS
AUSTRALE
CIRCINUS

Les constellations de la région du pôle Sud céleste

Pour les habitants de l'hémisphère nord, cette région du ciel est vraiment exotique ; néanmoins, elle contient aussi un nombre suffisant de repères. Le plus facile est de suivre le ruban de la Voie lactée où la constellation de la **Croix du Sud** (*Crux*) fournit une figure d'orientation fiable. À côté, il semble exister un trou sombre dans la Voie lactée ; c'est en fait une nébuleuse obscure appelée le Sac à charbon. La droite reliant les brillantes étoiles Toliman et Agena (α et β Centauri) pointent droit sur la Croix du Sud ; ils nous aident à distinguer la Croix du Sud de la Fausse Croix, située à la frontière des **Voiles** (*Vela*) et de la **Carène** (*Carina*). Parmi les constellations mineures, notons la **Mouche** (*Musca*), située près de la Croix du Sud, et le **Triangle austral**, proche de α Centauri. Il n'y a aucune étoile brillante à proximité du pôle Sud céleste pour nous indiquer sa position, à l'instar de l'Étoile polaire dans l'hémisphère nord. Le pôle Sud se situe dans la constellation très indistincte de l'**Octant** (*Octans*), ce qui ne nous aide guère à le situer. Sa position s'estime grossièrement en prolongeant le plus grand bras de la Croix du Sud, ou en construisant un triangle équilatéral dont les deux autres sommets sont les Nuages de Magellan. Ces derniers – le Petit Nuage de Magellan (SMC) et le Grand Nuage (LMC) – sont visibles même au clair de lune ; ce sont des galaxies mineures au voisinage immédiat de notre galaxie.

Un axe d'orientation commode dans le ciel austral est la ligne qui relie trois étoiles très brillantes : Canopus dans la Carène, Achernar dans Éridan et Fomalhaut dans le Poisson austral. Essayez de trouver le long de cet axe quelques constellations mineures peu visibles comme le **Chevalet du Peintre** (*Pictor*), la **Dorade** (*Dorado*), le **Réticule** (*Reticulum*), l'**Horloge** (*Horologium*) et le **Phénix** (*Phœnix*). Parmi les autres constellations au voisinage du pôle Sud, le **Paon** (*Pavo*) se trouve assez facilement. Recherchez sa seule étoile brillante, α Pavonis ou Peacock (mot anglais pour « paon »).

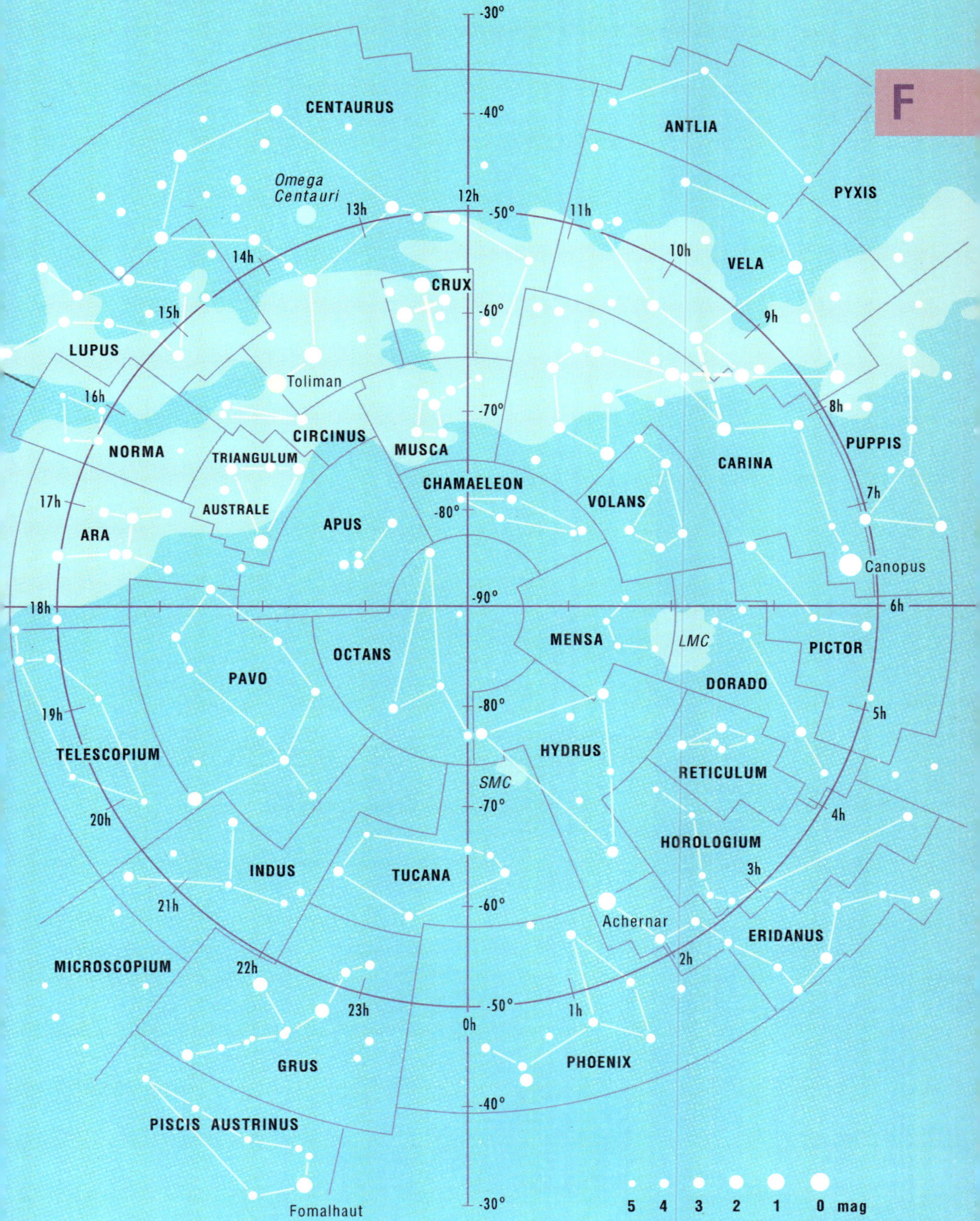

F
CENTAURUS
ANTLIA
PYXIS
Omega Centauri
VELA
LUPUS
CRUX
Toliman
NORMA
CIRCINUS
MUSCA
TRIANGULUM AUSTRALE
PUPPIS
CARINA
CHAMAELEON
VOLANS
ARA
APUS
Canopus
MENSA
LMC
PICTOR
OCTANS
PAVO
DORADO
HYDRUS
TELESCOPIUM
SMC
RETICULUM
HOROLOGIUM
INDUS
TUCANA
Achernar
ERIDANUS
MICROSCOPIUM
GRUS
PHOENIX
PISCIS AUSTRINUS
Fomalhaut
-30° -40° -50° -60° -70° -80° -90°
0h 1h 2h 3h 4h 5h 6h 7h 8h 9h 10h 11h 12h 13h 14h 15h 16h 17h 18h 19h 20h 21h 22h 23h
5 4 3 2 1 0 mag

ANDROMEDA

Andromedae And Andromède

Les anciennes cartes illustrées montrent habituellement Andromède enchaînée au rocher en sacrifice au monstre marin : la Baleine. C'était le châtiment des dieux pour l'offense commise par sa mère, la reine Cassiopée, qui s'était vantée que sa fille était plus belle que les nymphes de la mer, filles de Neptune.

Nous trouvons Andromède près du Carré de Pégase, qui lui est adjacent. Ses étoiles les plus brillantes sont **Sirrah** (α And), **Mirach** (β), et **Alamak** (γ), dont les magnitudes apparentes tournent autour de 2,1 mag et les distances au Soleil respectivement de 97, 200 et 355 années-lumière. Mirach est une géante rouge d'un diamètre égal à trente fois celui du Soleil.

La **galaxie M31** (NGC244) ou **grande galaxie d'Andromède**, autrefois appelée la nébuleuse d'Andromède, est la galaxie spirale la plus proche de nous. Membre de notre Groupe galactique local, elle se situe à 2,9 millions d'années-lumière et son diamètre est d'environ 170 000 années-lumière. Quatre galaxies satellites l'accompagnent : **M32** (NGC221) à 0,4° au sud, **M110** (NGC205) à 0,6° au nord-ouest, ainsi que **NGC185** et **NGC147**, situées dans Cassiopée. M31, visible à l'œil nu, est un nuage brumeux allongé au diamètre apparent de 3° (davantage avec des jumelles). Si une lunette ou un petit télescope permet de discerner un centre nettement plus brillant, un instrument plus puissant favorise l'observation de nombreux autres détails. Toutefois, seules les photographies prises par les grands télescopes montrent les étoiles et les autres objets de cette galaxie.

La galaxie M31 et deux de ses satellites, M32 (à droite) et M110 (en haut à gauche).

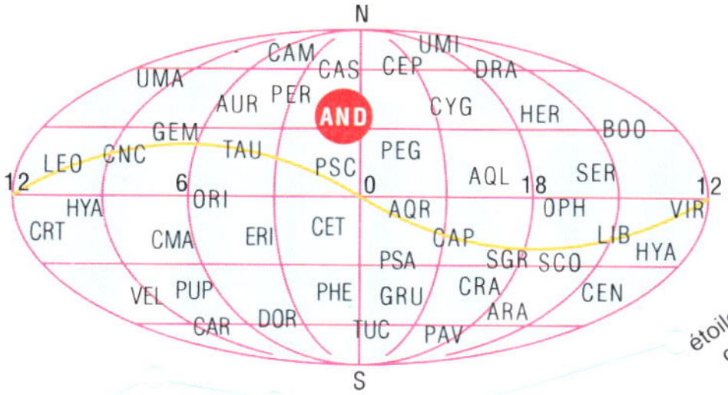

Magnitudes apparentes des étoiles

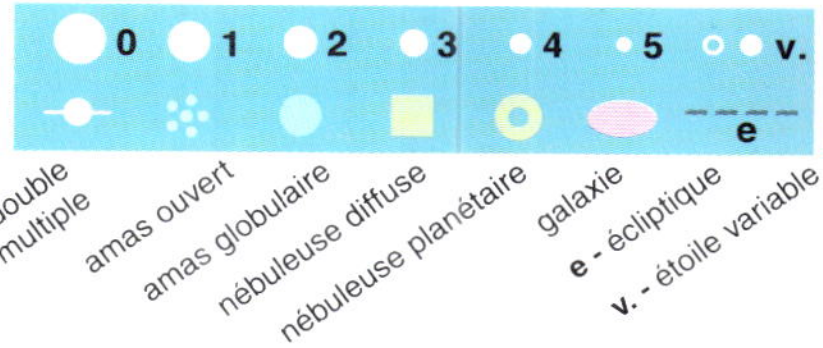

AND

ÉCHELLE : LA GRANDE OURSE

10°

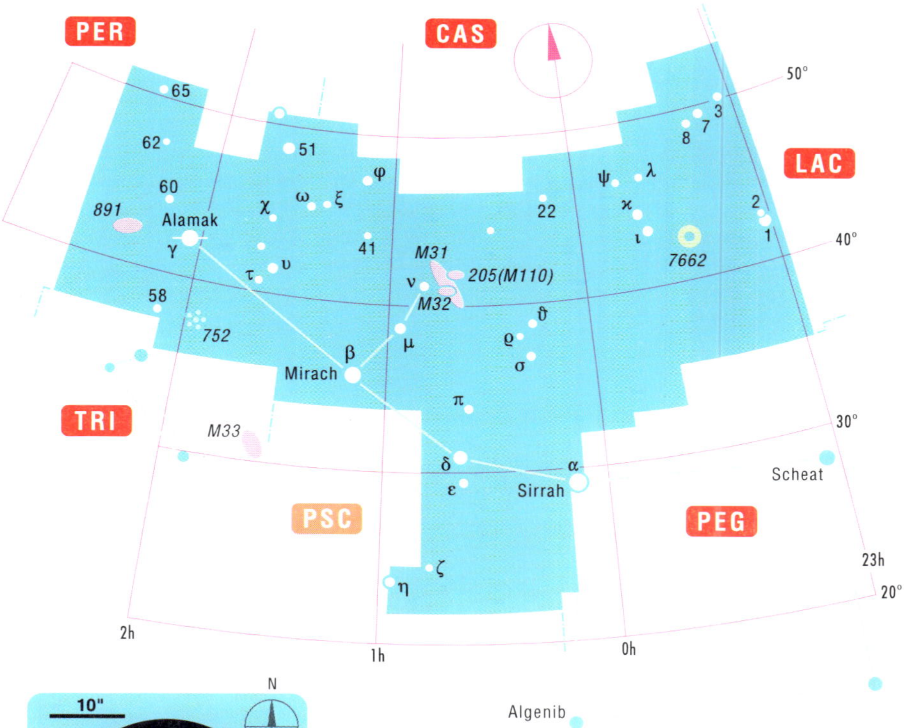

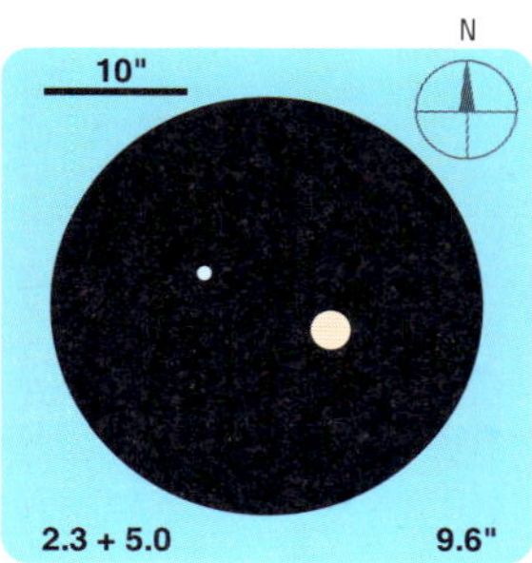

Alamak (γ Andromedae), l'une des plus belles étoiles doubles colorées, aux composantes orange et bleu-vert, distante de 355 années-lumière. La composante la plus pâle est elle-même une double visuelle très serrée (0,6"). Le système entier est en fait une étoile quadruple.

ANTLIA

Antliae Ant La Machine pneumatique

L'une des quatorze constellations du ciel austral introduites par l'astronome français Nicolas Louis de Lacaille après son séjour au cap de Bonne-Espérance de 1750 à 1754; pour la plupart de petites constellations peu visibles formées d'étoiles pâles. Celle-ci illustre l'une des machines immortalisées par Lacaille dans le ciel. On trouve la Machine pneumatique à partir de la longue forme de l'Hydre femelle (Hya).

α **Antliae**, 4,3 mag, est située à quelque 370 années-lumière de distance ; elle est de type spectral K4, c'est-à-dire plus froide que le Soleil. ε **Antliae**, 4,5 mag, est à 700 années-lumière ; c'est une géante orange de type K3. De type K1, ι **Antliae**, 4,6 mag, est située à 200 années-lumière.

ζ1 et **ζ2 Antliae** forment une étoile double optique facilement perceptible avec des jumelles. Un télescope peut discerner que ζ1 est elle-même double (voir ci-contre).

NGC3132 (ci-dessous) est une nébuleuse planétaire lumineuse située à la frontière de la Machine pneumatique et des Voiles (Vel). Elle se trouve à quelque 2 000 à 2 800 années-lumière. Son diamètre véritable est d'environ 0,5 année-lumière et ses dimensions angulaires de 84" × 52". Sa luminosité est due à une étoile centrale de 10,0 mag dont la température de surface est extraordinairement chaude : 100 000 K.

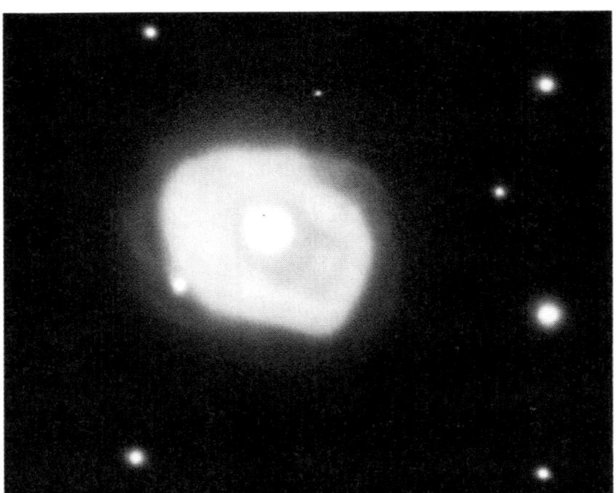

Ci-contre : **NGC2997**, une grande galaxie spirale de type Sc aux deux bras distincts. Son éclat est seulement de 11,0 mag et sa beauté ne se révèle qu'avec un grand télescope.

ANT

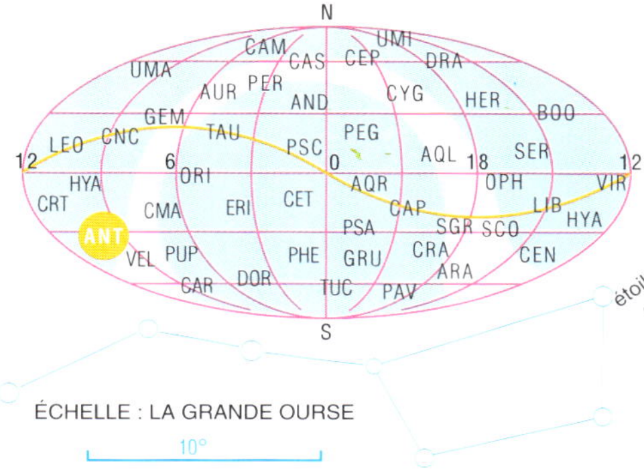

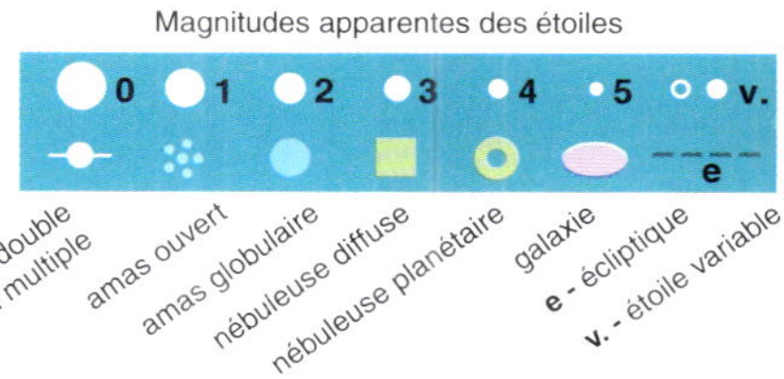

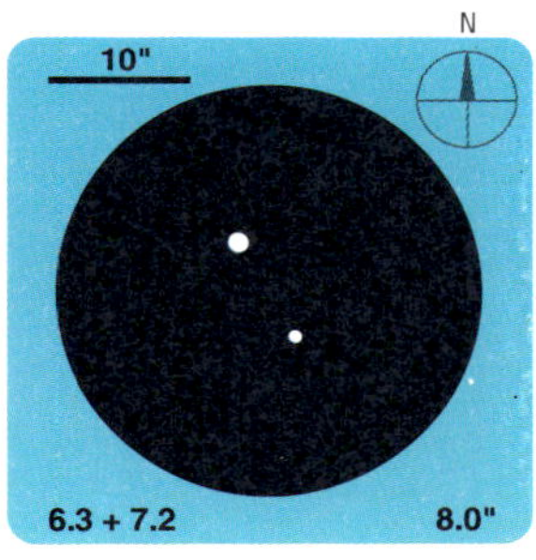

L'étoile double ζ1 **Antliae** forme un double optique avec ζ2.

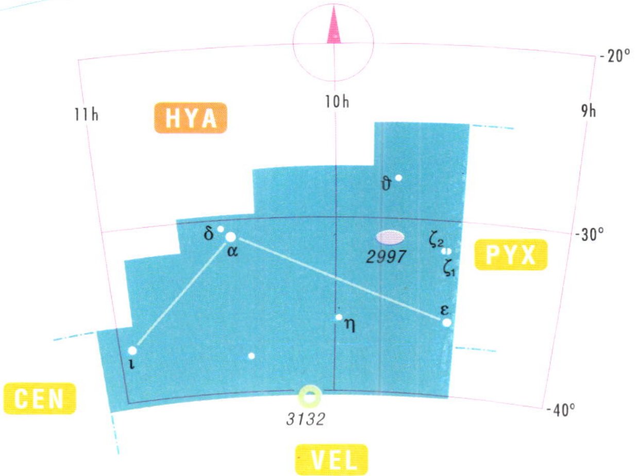

APUS

Apodis Aps L'Oiseau de Paradis

L'une des douze constellations australes proposées par le navigateur hollandais P.D. Keyser, à la fin du XVIe siècle, et incluses dans le célèbre atlas céleste *Uranometria* (1603) de Johann Bayer. En grec, Apus signifie « sans pattes ». Si l'oiseau de paradis possède en effet un magnifique plumage, ses pattes sont en revanche très disgracieuses, et les indigènes avaient pour habitude de les lui couper avant de le vendre aux Européens.

Pour trouver cette constellation, partez de la Voie lactée et localisez le Triangle austral (TrA). La figure ci-contre, en bas à droite, montre l'Oiseau de Paradis tel que dépeint dans l'atlas de J. Hevelius datant de la fin du XVIIe siècle.

α **Apodis**, l'étoile la plus brillante de la constellation avec 3,8 mag, est située à 410 années-lumière ; son type spectral est K5. β **Apodis**, 4,2 mag, est une étoile double dont le compagnon (12,0 mag) est séparé de 51" ; la composante la plus lumineuse, de type K0, se trouve à 158 années-lumière de nous. γ **Apodis**, 3,9 mag, est aussi une étoile de type K0 située à environ 160 années-lumière.

Les mesures angulaires

Les observations astronomiques doivent nécessairement spécifier les distances (ou écarts) et les dimensions angulaires des objets de la sphère céleste. Aussi, apprenons à effectuer des mesures angulaires exprimées en degrés d'arc. Dans la plupart des cas, une estimation sera suffisante : un œil perçant et notre bras sont les seuls instruments nécessaires pour ce faire. Si nous tenons une « règle » graduée tous les 0,9 cm à 50 cm (soit environ la longueur d'un bras) de distance de notre œil, chaque division projetée sur le ciel couvre un degré d'arc (1°). Évaluez ainsi le nombre de degrés correspondant à la largeur de votre pouce, de votre poing et de vos doigts écartés (à titre indicatif, ils représentent environ 3°, 10° et 20° respectivement), et à la première occasion, testez ce rapporteur maison sur le ciel en mesurant la « casserole » de la Grande Ourse, utilisée comme échelle dans toutes les cartes reproduites dans ce guide. Lorsqu'on cherche une constellation pour la première fois, avoir une idée de ses dimensions angulaires est bien utile. Les petits angles s'estiment bien en prenant pour référence le diamètre de la Lune, qui représente 0,5° ; vous pouvez le recouvrir de votre petit doigt au bout de votre bras tendu.

APS

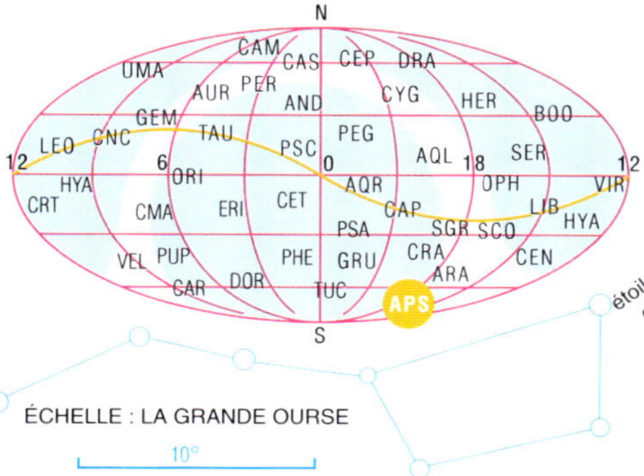

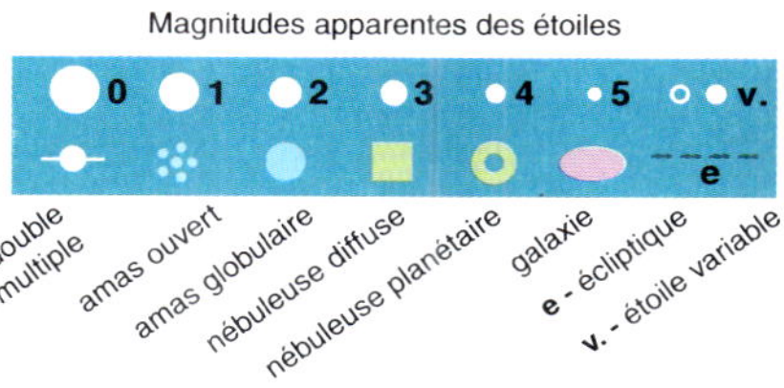

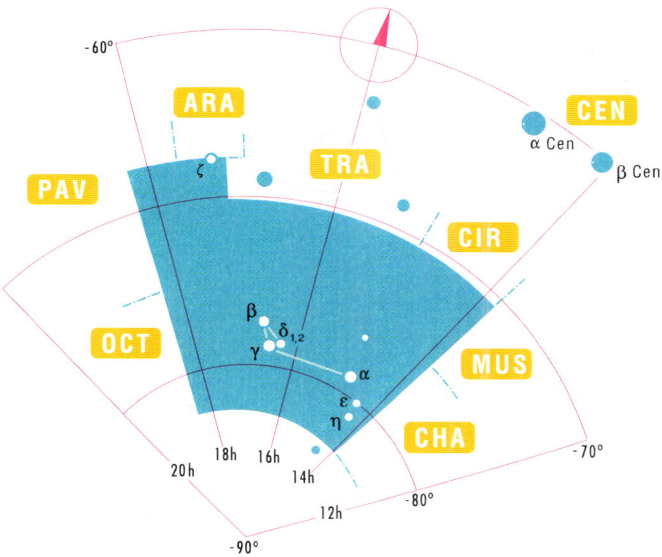

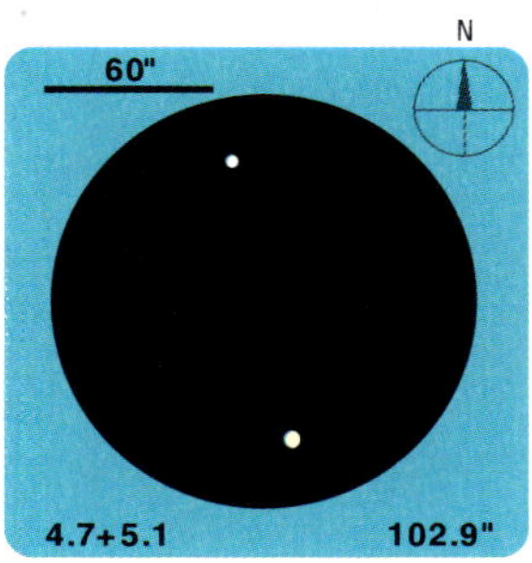

Avec de simples jumelles, δ **Apodis**, 4,2 mag, se révèle une jolie étoile double.

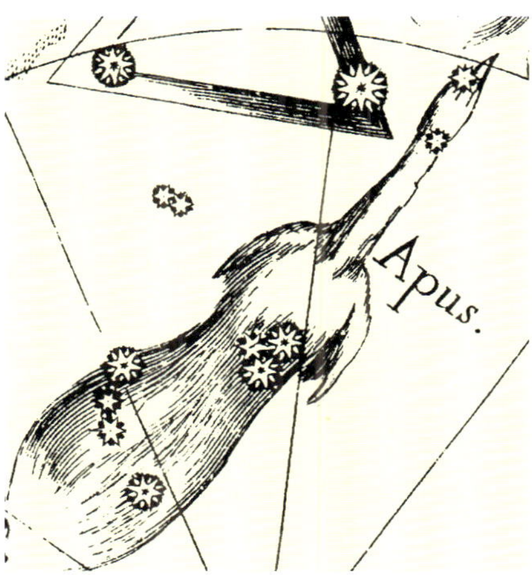

AQUARIUS

Aquarii Aqr Le Verseau

La constellation zodiacale du Verseau était déjà connue des anciens Babyloniens et Égyptiens, qui y voyaient un homme portant une cruche, source de l'eau qui donne la vie. Selon la mythologie grecque, c'est Deucalion, fils de Prométhée, naviguant sur les eaux du Déluge. La cruche de cet homme, quel qu'il fût, est un groupe caractéristique d'étoiles, η, π, γ (ou Sadalachbia) et ζ Aquarii, situées sur l'équateur céleste au sud de Pégase (Peg). **Sadalmelek** (α Aquarii), 3,0 mag, est située à 760 années-lumière du Soleil. Son nom vient de l'arabe *al Sad al Melek*, qui signifie « la bonne étoile des rois ». C'est une supergéante jaune de type spectral G2. **Sadalsuud** (β Aquarii), 2,9 mag, distante de 610 années-lumière, est une supergéante jaune de classe G0 ; son nom signifie « la bonne étoile du monde entier ». ζ **Aquarii** est une étoile double physique dont les composantes font 4,3 et 4,5 mag, actuellement séparées de 2,0" ; en 2160, elles seront écartées de 6,0". La période de révolution des composantes est de huit cent cinquante-six ans. Ce système binaire est éloigné de 104 années-lumière.

M2 (NGC7089) est un brillant amas globulaire de 6,5 mag, dont le diamètre angulaire fait 12'. Il est distant de 40 000 années-lumière du Soleil, et son diamètre réel est proche de 400 années-lumière. L'amas contient environ 100 000 étoiles.

M72 (NGC6981) est un amas globulaire très pâle (9,3 mag) dont le diamètre angulaire est de 5' ; son diamètre réel est d'environ 300 années-lumière et sa distance au Soleil de 55 000 années-lumière.

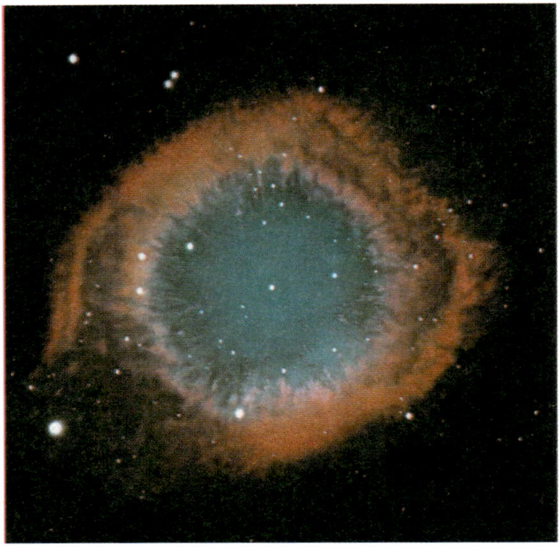

L'Hélice (NGC7293). C'est la plus grosse, et probablement la plus proche des nébuleuses planétaires connues ; ses dimensions angulaires sont de 12' × 16' (la moitié du disque lunaire !), mais sa luminosité apparente est faible. Dans des conditions idéales, elle est observable aux jumelles. Sa distance est estimée entre 150 et 450 années-lumière.

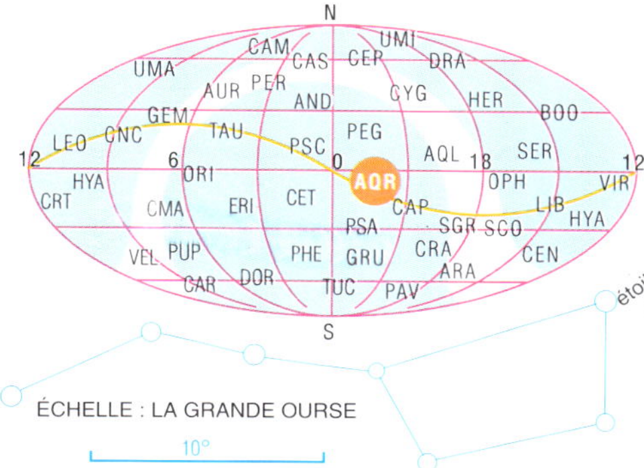

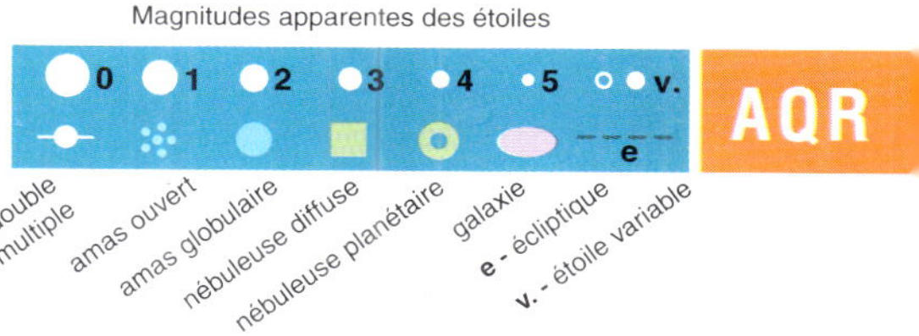

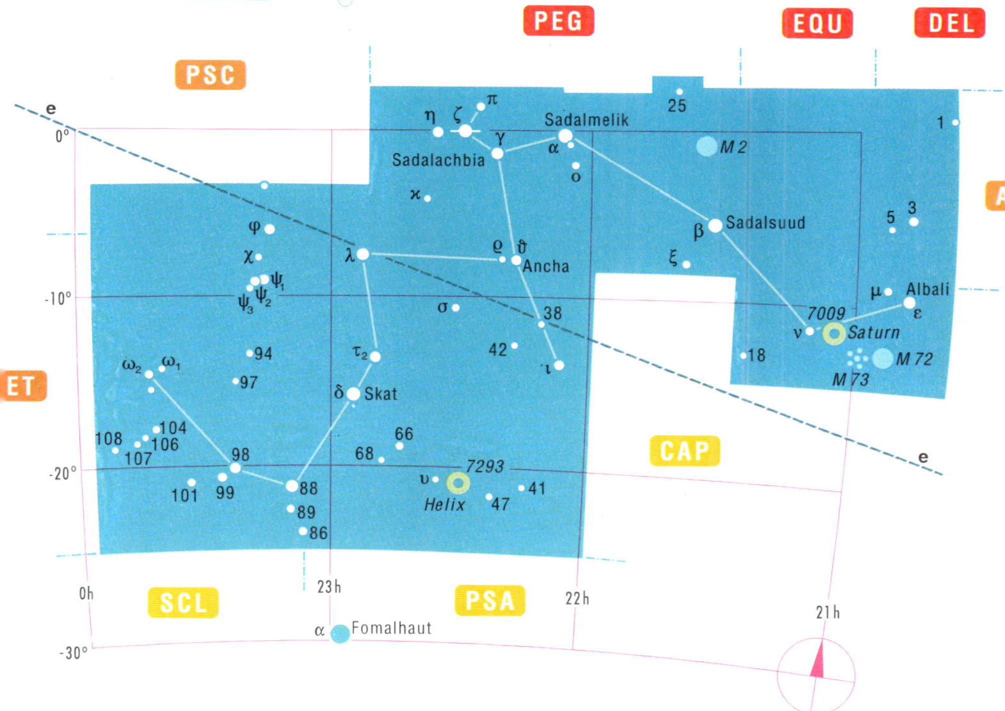

Saturne (NGC7009) est une nébuleuse planétaire brillante de 8,0 mag et de dimensions angulaires 30" × 26". Son étoile centrale est une naine bleue située à quelque 3 900 années-lumière, dont la température de surface atteint 55 000 K.

AQUILA

Aquilae Aql L'Aigle

Cette constellation était connue de la Mésopotamie et de la Grèce antique. Dans la mythologie, l'aigle était associé à Zeus, le dieu suprême, dont il portait les flèches-éclairs ; il avait aussi emmené au ciel le mortel Ganymède, afin qu'il servît Zeus. L'Aigle est une belle petite constellation sur la Voie lactée. Altaïr, son étoile la plus brillante, ne peut être manquée. Avec Deneb du Cygne (Cyg) et Véga de la Lyre (Lyr), elle forme le Triangle d'été.

Altaïr (α Aquilae, « Aigle en vol » en arabe), située à seulement 16,8 années-lumière, est l'une des étoiles les plus proches de nous. Avec une magnitude de 0,8 mag, c'est aussi une des étoiles les plus brillantes. De type spectral A7, son diamètre est de 1,5 diamètre solaire et sa luminosité est neuf fois plus forte que celle du Soleil. Altaïr tourne autour de son axe avec une vitesse exceptionnellement élevée (sa période de révolution n'est que de 6,5 heures) ; par suite, elle a la forme d'un ellipsoïde très aplati. **Alshaïn** (β Aquilae) est aussi une étoile proche, à seulement 45 années-lumière du Soleil ; c'est une géante jaune de type spectral G8. En revanche, **Reda** (γ Aquilae, encore appelée **Tarazed**), 2,7 mag, est distante de 460 années-lumière ; c'est une géante orange de type K3. Elle possède un compagnon (10,7 mag) séparé de 132,6".

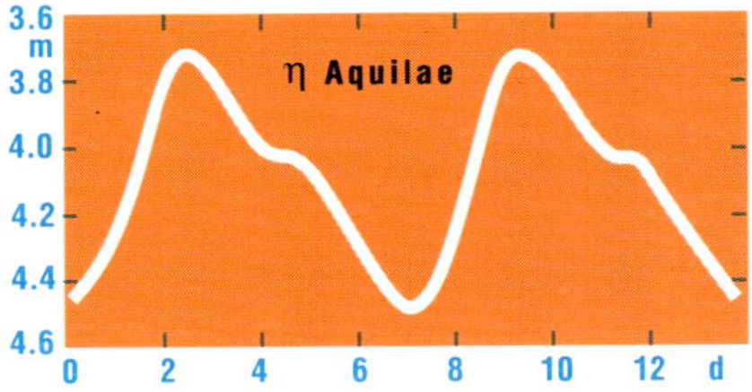

Ci-dessus : courbe de lumière de l'étoile variable η **Aquilae**. Distante de plus de 1 000 années-lumière, c'est une étoile pulsante de type céphéide. Son éclat varie d'une magnitude entière sur une période de 7,2 jours.

NGC6781 est une nébuleuse planétaire de 11,8 mag, aux dimensions angulaires 111" × 109" ; son étoile centrale fait 16,3 mag.

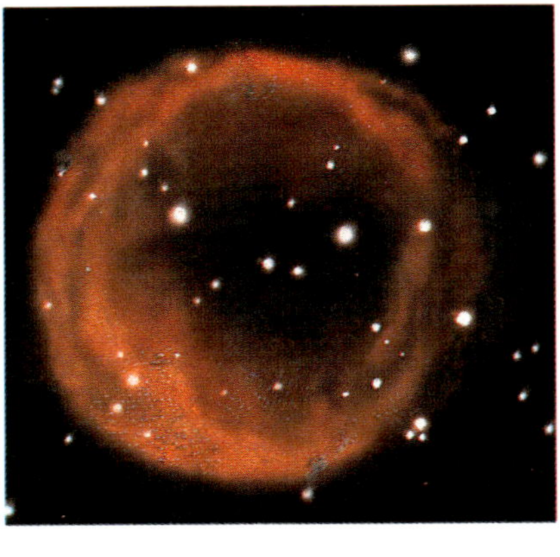

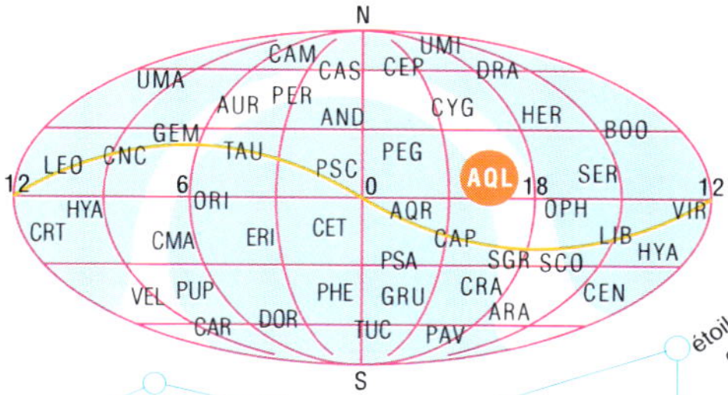

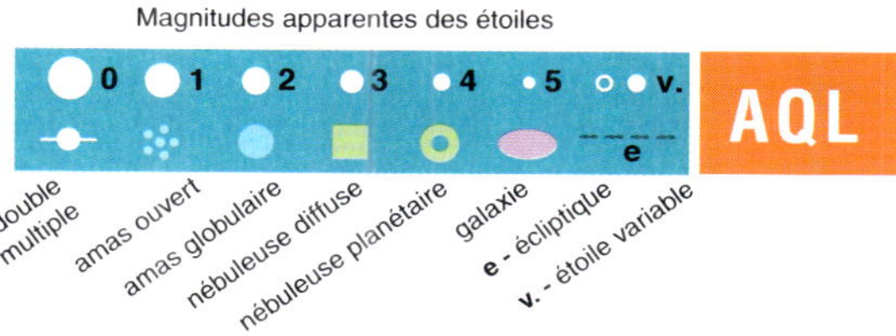

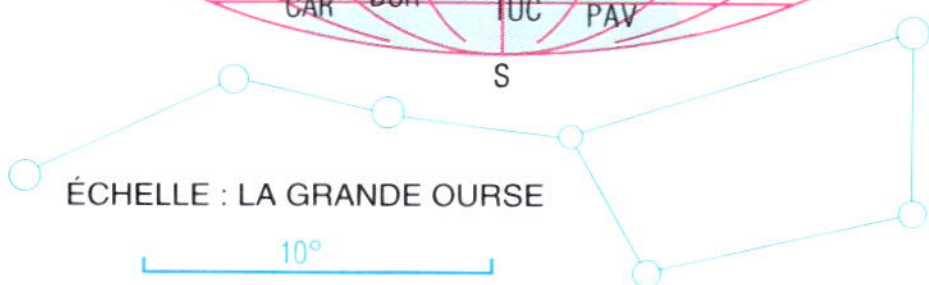

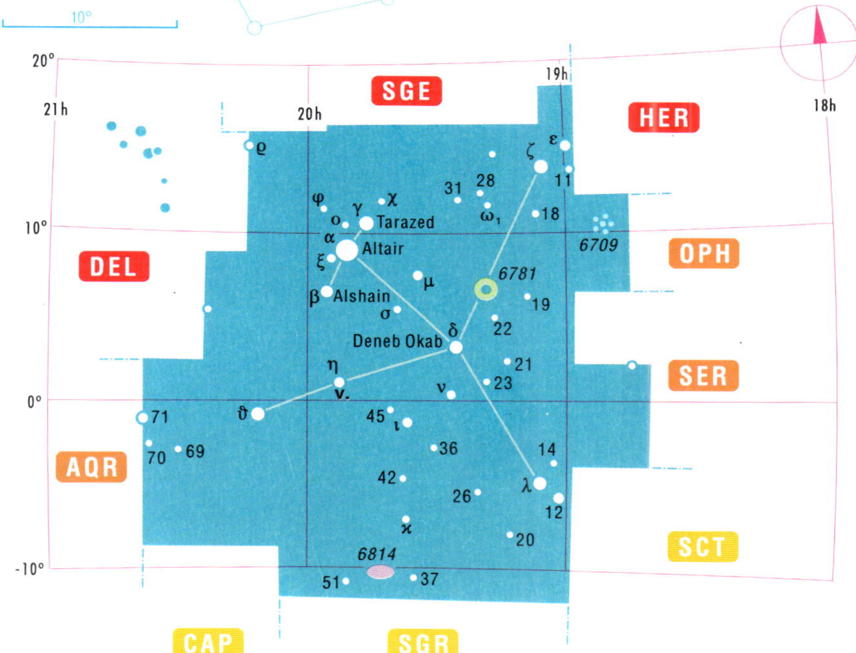

NGC6709 : un lumineux amas stellaire ouvert d'un diamètre angulaire de 13'.

NGC6814 est une galaxie spirale de type Sb, au diamètre angulaire de 3'.

ARA

Arae Ara L'Autel

La forme de cette constellation, petite mais bien repérable et déjà connue des anciens Grecs et Romains, rappelle un fauteuil vu de profil. Dans la mythologie, c'était l'autel du centaure Cheiron, considéré comme l'être le plus sage sur Terre. Mais la constellation a aussi été décrite comme l'autel érigé par Noé après le Déluge, l'autel de Moïse, celui du temple de Salomon, etc. S'il vous est possible de voir au moins jusqu'au 65ᵉ parallèle de déclinaison sud depuis votre lieu d'observation, vous trouverez facilement, au sud du Scorpion (Sco), cette constellation dans la Voie lactée.

L'étoile la plus brillante de l'Autel est β **Arae**, de 2,9 mag de magnitude apparente, distante de 600 années-lumière. C'est une géante orange de type spectral K3. α **Arae**, située à 240 années-lumière, est un dixième de magnitude plus pâle ; elle est de type B2.

Le magnifique complexe de nébuleuses associées à l'amas ouvert d'étoiles **NGC6193** (ci-dessous) ressort superbement en photographie. La nébuleuse à émission **NGC6188** a probablement été le berceau de ce groupe d'étoiles jeunes et très chaudes, nées il y a environ un million d'années. La distance de cet objet est estimée à 4 500 années-lumière.

ARA

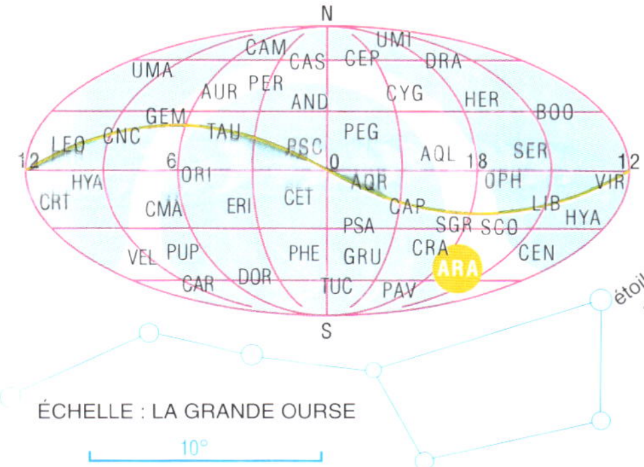

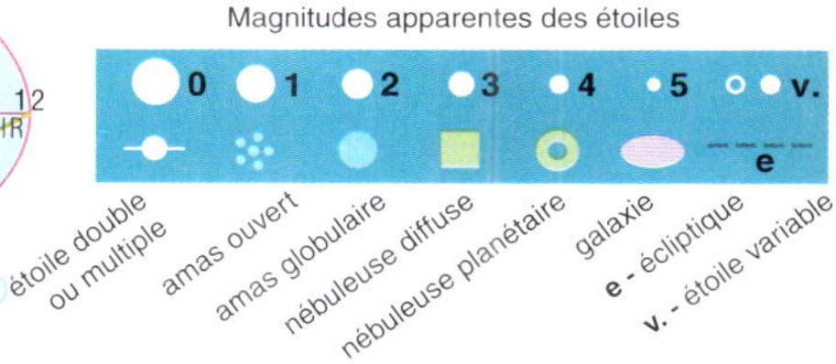

À droite : **NGC6397** est l'un des plus proches amas globulaires ; il se trouve à environ 7 200 années-lumière. Son diamètre angulaire est de 26', et la magnitude apparente de ses plus brillantes étoiles est de 10 mag.

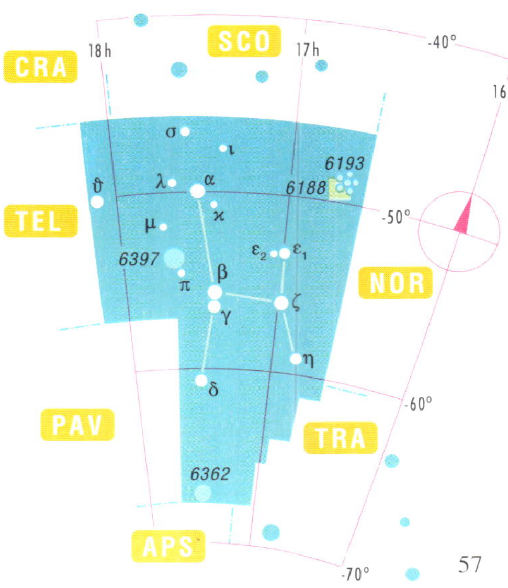

À gauche : dans le complexe de nébuleuses entourant l'amas d'étoiles **NGC6193** se trouve une nébuleuse qui rappelle un peu la célèbre Tête de cheval dans Orion. Cette nébuleuse obscure est ce qui reste d'un gros nuage moléculaire dont est issu l'amas. L'intense rayonnement ultraviolet émis par les jeunes géantes stellaires ionise et rend ainsi visibles les gaz de la nébuleuse à émission **NGC6188** qui jouxte les nuages sombres.

ARIES

Arietis Ari Le Bélier

Constellation zodiacale initialement située dans le premier signe du zodiaque et traditionnellement associée à l'arrivée du printemps. Les anciens Babyloniens, Grecs et Égyptiens la connaissaient déjà sous ce nom. Selon la mythologie grecque, c'était le bélier à la Toison d'or envoyé par Hermès pour sauver deux enfants royaux : Phrixos et Hellê ; le bélier fut ensuite sacrifié à Zeus et sa toison conservée et gardée par un dragon. Finalement, Jason et ses argonautes, venus sur un bateau appelé Argo, finirent par la conquérir.

Au sud de la constellation d'Andromède (And), notre attention est attirée par **Hamal** (α Arietis, signifiant « Bélier »), de magnitude apparente 2,0, dont la lumière met soixante-six ans à nous parvenir ; c'est une géante de type spectral K2. À moins de 4° au sud-ouest d'Hamal se trouve **Sheratan** (β Arietis), 2,6 mag, située à 60 années-lumière. La triade d'étoiles caractéristique du Bélier est complétée par **Mesarthim** (γ Arietis), située à 204 années-lumière, l'une des étoiles doubles les mieux connues, facile à observer, même avec un petit instrument.

Le symbole du Bélier (♈), qui rappelle les cornes de l'animal, est aussi le symbole du **point vernal** ou équinoxe de printemps, qui était situé dans cette constellation plus de deux mille ans plus tôt. À cette époque, l'écliptique fut divisé en douze secteurs égaux de 30° chacun, baptisés les **signes du zodiaque**. Le premier secteur à l'est du point vernal est toujours appelé le signe du Bélier, bien qu'il soit situé aujourd'hui dans la constellation des Poissons (*Pisces*), adjacente du fait de la précession de l'axe de la Terre.

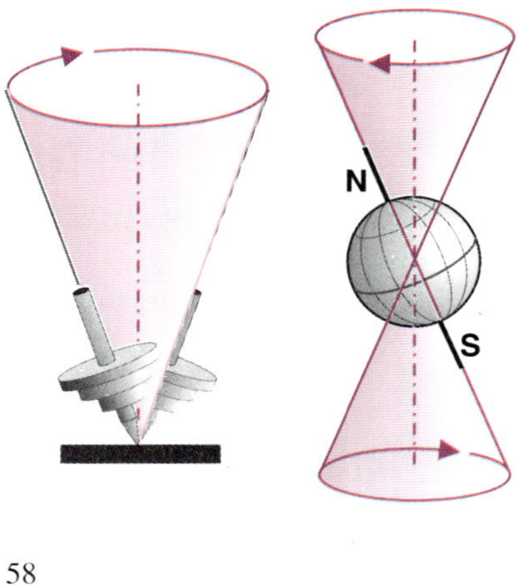

Au cours d'une période de 25 725 ans dite « année platonique », l'axe de la Terre décrit un double cône dont les sommets correspondent au centre de gravité terrestre. Ce mouvement périodique, appelé **précession**, est celui d'un gyroscope soumis à des forces externes.
La précession modifie aussi la position de l'équateur céleste parmi les étoiles et, par suite, leurs coordonnées équatoriales – ascension droite et déclinaison.

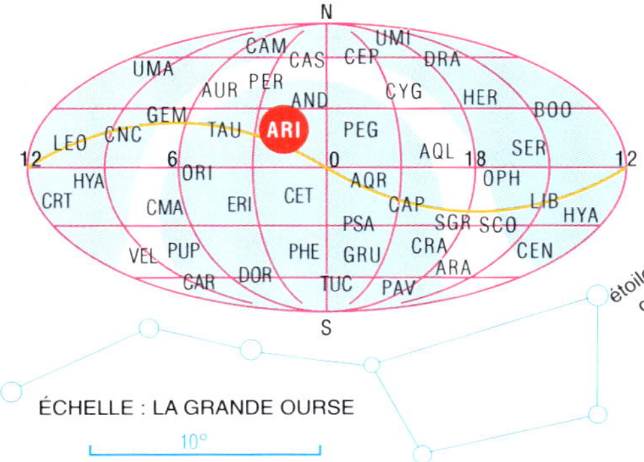

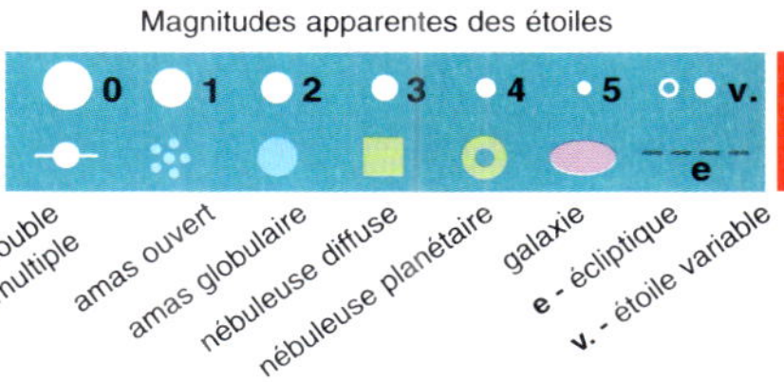

ARI

γ Arietis est l'une des premières étoiles doubles découvertes (R. Hooke, 1664), et l'une des plus belles.
Les deux composantes sont de type spectral A0 et apparaissent blanches.

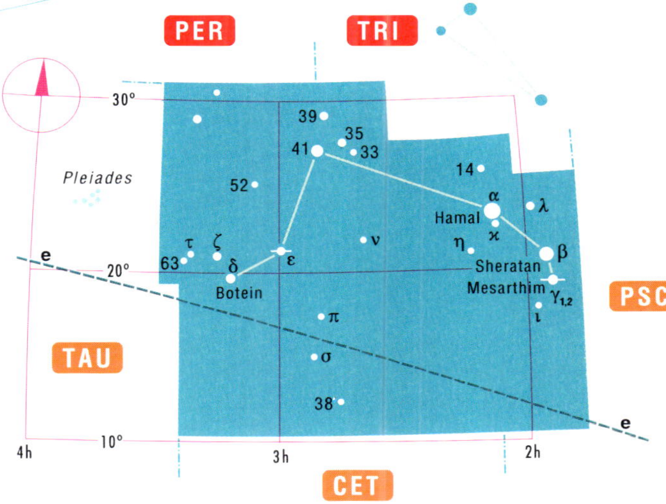

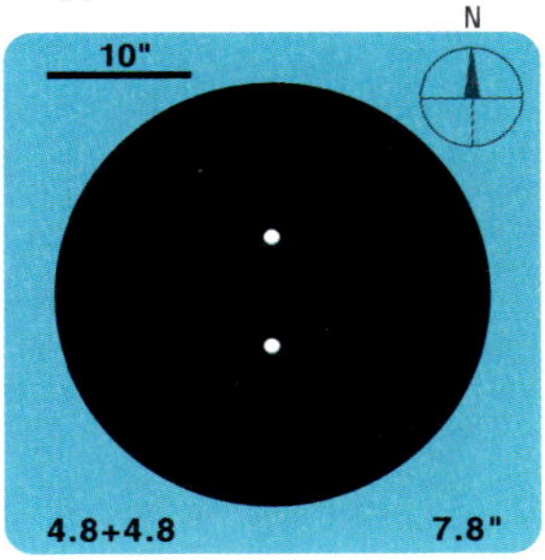

Le point vernal ♈ est le point d'intersection de l'écliptique **e** et de l'équateur céleste **a**.
En deux mille ans, il s'est déplacé, du fait de la précession, de la position ♈0, à la frontière du Bélier, à sa position actuelle ♈2000, loin à l'intérieur des Poissons ; **a** s'est aussi déplacé.

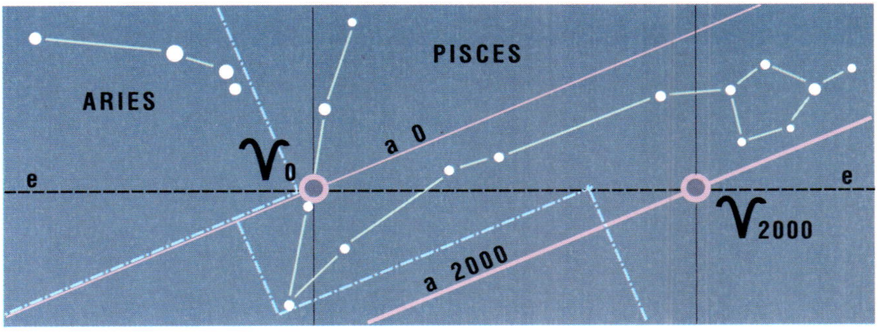

AURIGA

Aurigae Aur Le Cocher

Sur les vieilles cartes célestes, le Cocher est habituellement dépeint portant sur son dos une chèvre suivie de deux ou trois petits. De fait, le nom de l'étoile la plus brillante de cette constellation, Capella, signifie «Petite Chèvre», et les étoiles ε, η et ζ Aurigae sont appelées les Chevreaux. Selon la mythologie grecque, le Cocher était le fils du roi Vulcain Erichthonion, premier homme à avoir attelé quatre chevaux à un chariot.

Capella (α Aurigae ou la Chèvre, 0,1 mag, distante de 42 années-lumière) est l'étoile la plus boréale de l'Hexagone d'hiver. C'est une binaire composée de deux géantes jaunes de 7 et 9 diamètres solaires, tournant autour d'un centre de gravité commun en cent quatre jours. La binaire n'a été résolue qu'en 1993 à l'aide du grand interféromètre du mont Wilson (États-Unis). Située près de Capella dans le ciel, **Almaaz** (ε Aurigae) est une remarquable binaire à éclipses dont l'éclat chute de 2,9 mag à 3,8 mag sur une période de vingt-sept ans. À son éclat minimal, la supergéante est éclipsée par son compagnon probablement entouré d'un énorme disque de gaz et de poussières.

Avec une paire de jumelles ou un petit instrument, vous pouvez observer plusieurs beaux amas ouverts dans la constellation. Outre **M37,** décrit ci-dessous, vous y trouverez **M36** (NGC1960) et **M38** (NGC1912), tous deux distants de plus de 4000 années-lumière. M36, plus petit et plus brillant, a un diamètre angulaire de 12' et un éclat de presque 6 mag. L'amas M38 possède un diamètre de quelque 20', une magnitude apparente de 6,6 mag et contient une centaine d'étoiles. L'amas **NGC2281**, 6,5 mag, est également brillant et remarquable : ses dimensions angulaires atteignent un demi-disque lunaire.

L'amas ouvert **M37** (NGC2099) est un objet superbe, même vu dans un petit instrument. Dans son diamètre apparent de 24', les observateurs ont dénombré entre cent cinquante et cinq cents étoiles, dont la plus brillante fait environ 10,0 mag. L'amas est distant d'environ 4400 années-lumière et son diamètre réel est d'environ 25 années-lumière.

AUR

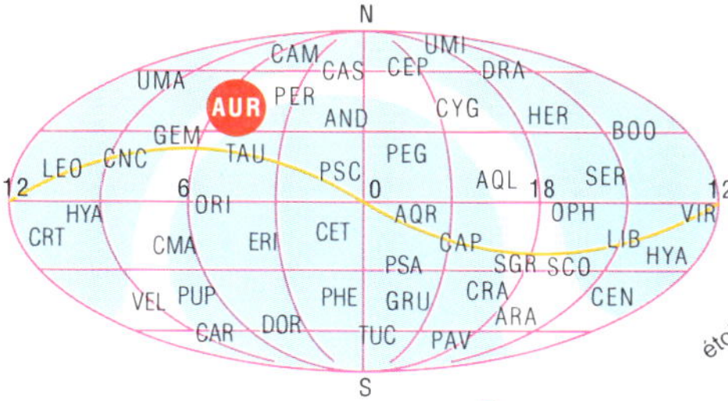

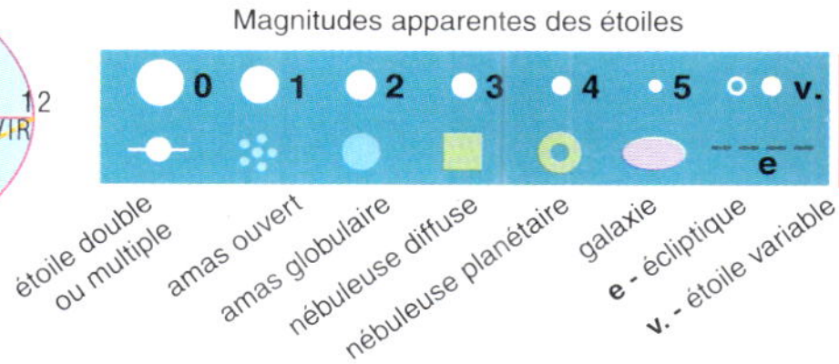

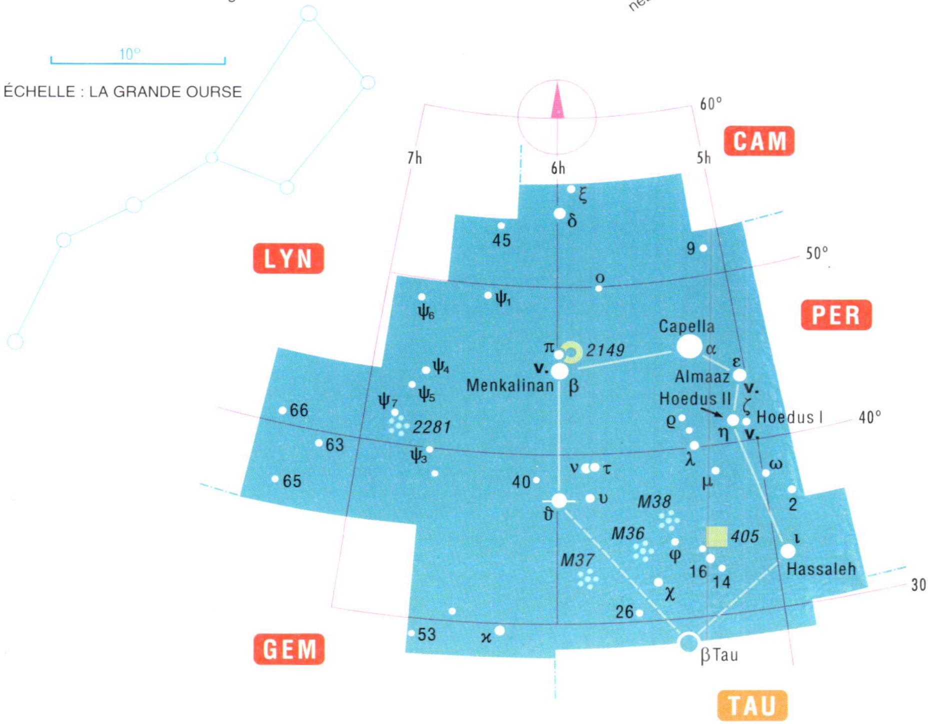

La nébuleuse de gaz et de poussières **IC405**, distante de quelque 1 600 années-lumière, est illuminée par AE Aurigae, 6,7 mag. C'est la manifestation de la rencontre fortuite d'une étoile au déplacement rapide et d'un nuage de matière interstellaire.

BOOTES

Bootis Boo Le Bouvier

Les anciens Sumériens désignaient cette constellation sous le nom du Bouvier ou du Berger, certaines cultures occidentales sous celui du Gardien, et en Angleterre c'était le Laboureur (l'Homme suivant la Charrue ; l'un des noms anglo-saxons les plus fréquents pour les sept étoiles de la Grande Ourse). Arcturus, quatrième étoile du ciel par son éclat nettement jaune, se trouve dans le prolongement de l'arc formé par les trois étoiles de la queue de la Grande Ourse (UMa) et rend facile le repérage de la constellation.

Le nom vernaculaire de α Bootis – **Arcturus** – vient du grec *arktos* (ours) contre lequel le bouvier protégeait son troupeau. Arcturus est une géante orange d'un diamètre vingt-sept fois supérieur à celui du Soleil (voir schéma ci-dessous). Il est instructif de réaliser la très grande vitesse d'Arcturus, qui fend l'espace à 118 km/s, ce qui correspond à une déviation angulaire de 2,28" par an dans le ciel. Il y a deux millions d'années, elle était à 800 années-lumière et apparaissait dans la constellation de Céphée comme une étoile pâle de 6,7 mag. À présent, elle se trouve à 36,7 années-lumière de la Terre et son éclat est de – 0,05 mag. Dans deux millions d'années, ce sera à nouveau une étoile pâle de 6,7 mag, située dans la constellation des Voiles.

Outre les belles étoiles doubles **Izar** (ε Bootis) et **Alkalurops** (μ. Bootis) – ci-dessous –, une bonne lunette ou un petit télescope vous révélera l'étoile double ξ **Bootis** dont les composantes de 4,7 et 7,0 mag sont séparées de 7".

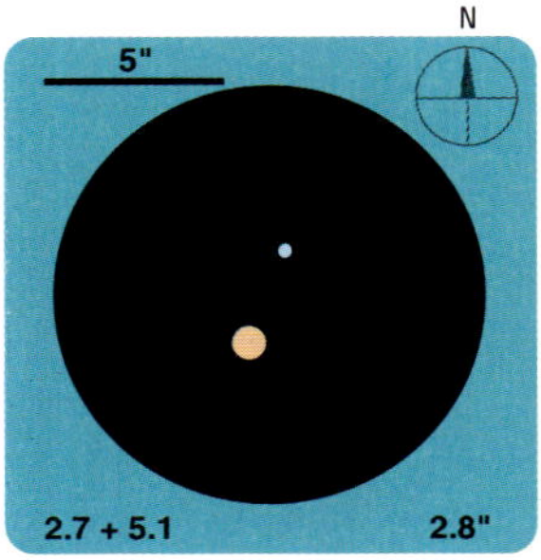

Izar (ε Bootis) est l'une des plus belles étoiles doubles dont les composantes, l'une orange, l'autre bleue, font un contraste coloré marqué ; elle est aussi appelée **Pulcherrima**, c'est-à-dire « La Plus Belle ». Elle se trouve à environ 210 années-lumière.

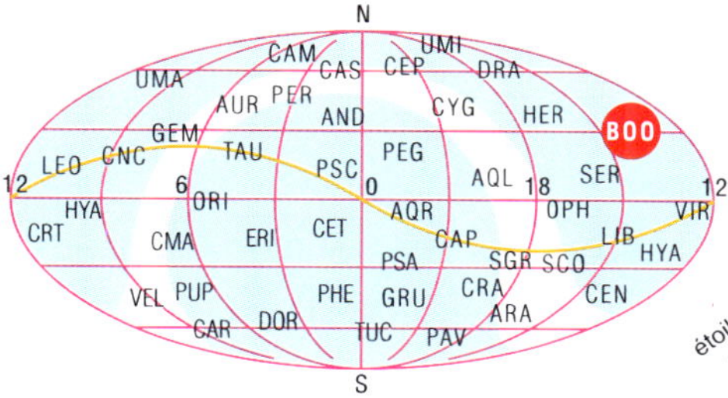

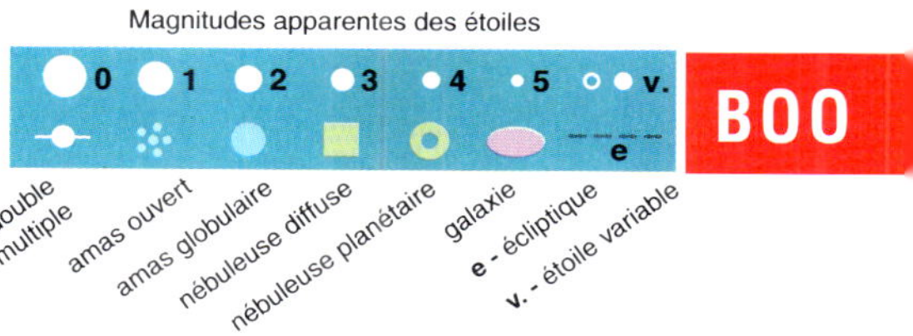

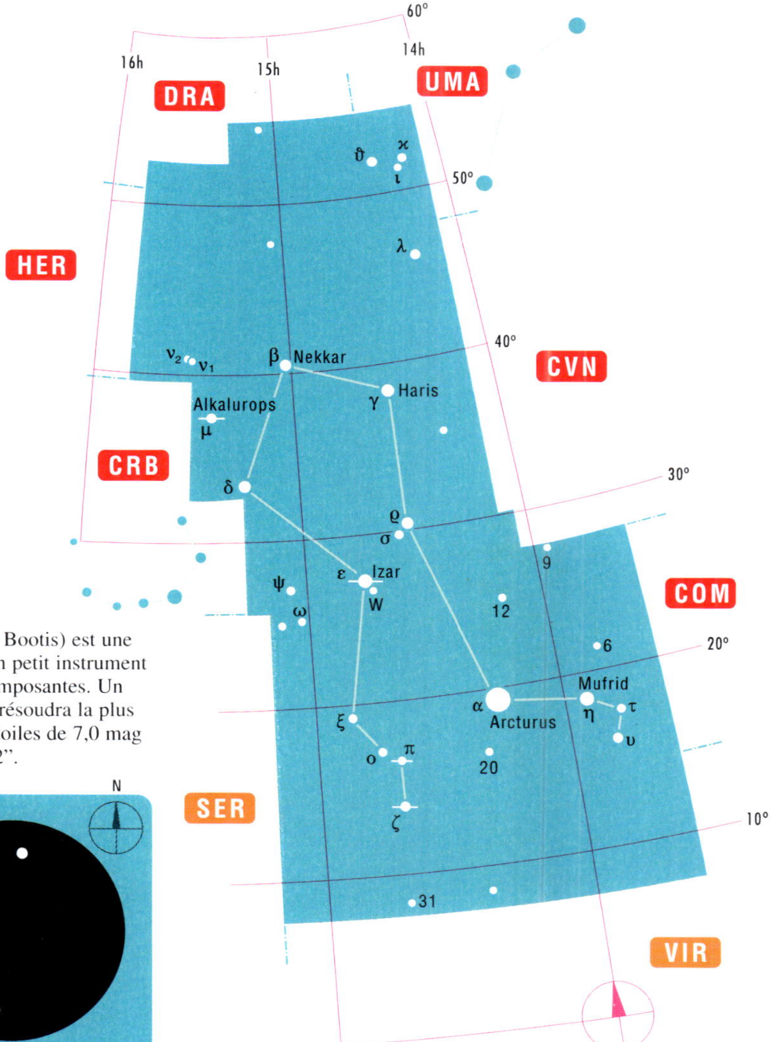

Alkalurops (μ Bootis) est une étoile triple. Un petit instrument révèle deux composantes. Un gros télescope résoudra la plus pâle en deux étoiles de 7,0 mag distantes de 2,2".

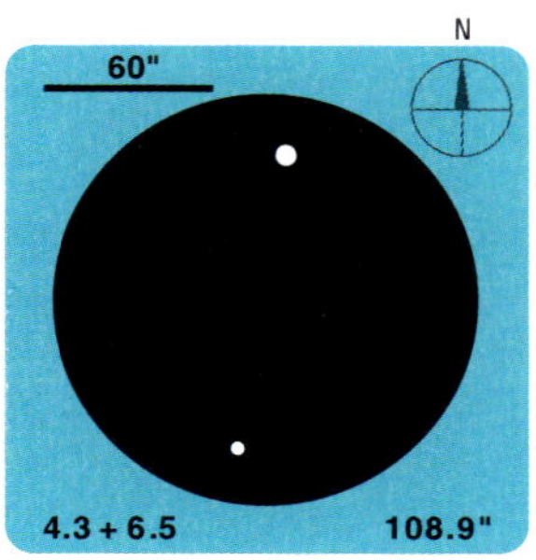

CAELUM

Caeli Cae Le Burin

Cette petite constellation pâle, difficile à identifier, est l'une des quatorze constellations problématiques introduites dans l'hémisphère austral par l'abbé Nicolas Louis de Lacaille au XVIIIe siècle. Sur les anciennes cartes, elle est souvent dénommée *Caela Sculptoris*. Après la détermination définitive des frontières entre constellations par l'Union astronomique internationale, elle fut simplement appelée *Caelum*. Hormis quatre étoiles pâles de magnitude 4 à 5, rien n'y est décelable à l'œil nu. Cependant, même une constellation insignifiante peut se révéler utile, par exemple pour repérer la position d'un phénomène astronomique.

α **Caeli**, 4,4 mag, est une étoile double qui ne peut toutefois être résolue qu'avec un grand télescope ; son compagnon a une magnitude apparente de seulement 12,4 mag et n'est écarté de la composante brillante que de 6,6". La lumière de ce système met soixante-six ans à nous parvenir.

Rayonnements visibles et invisibles

Les rayonnements électromagnétiques, et en particulier leur domaine visible – la lumière –, sont la seule source d'informations sur les objets de l'espace profond. La lumière consiste en couleurs spectrales allant du violet au rouge, en passant par le bleu, le vert, le jaune et l'orange. Nous percevons les rayonnements visibles d'intensité suffisante par nos yeux. Notre vision constitue cependant un détecteur aux possibilités limitées, qui nous fournit des informations superficielles et très incomplètes sur l'espace qui nous entoure. Des informations beaucoup plus objectives et précises sont données – en association avec les grands télescopes – par les enregistrements photographiques ou par les méthodes modernes d'imagerie électronique (prise de données et traitement).

Les rayonnements invisibles sont aussi importants que la lumière visible pour l'étude exhaustive d'un objet cosmique. Outre la classique astronomie optique, l'Univers est étudié par la radioastronomie, l'astronomie infrarouge, ultraviolette, des rayons X, etc. Les données des détecteurs de rayonnements invisibles sont habituellement traitées informatiquement pour être représentées sous forme d'images en fausses couleurs. Il y a souvent une différence abyssale entre l'image traitée d'un objet et son apparence réelle.

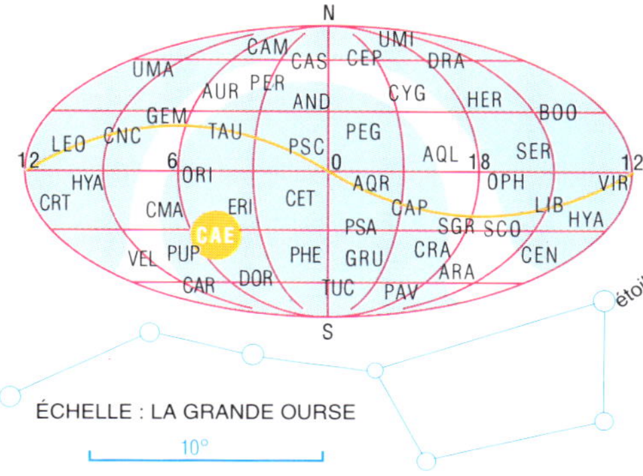

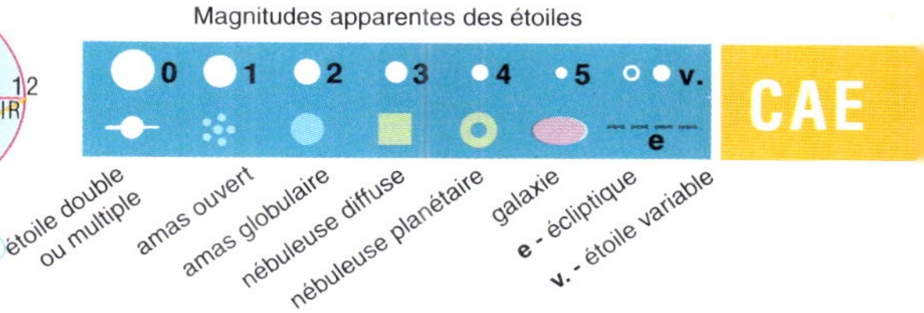

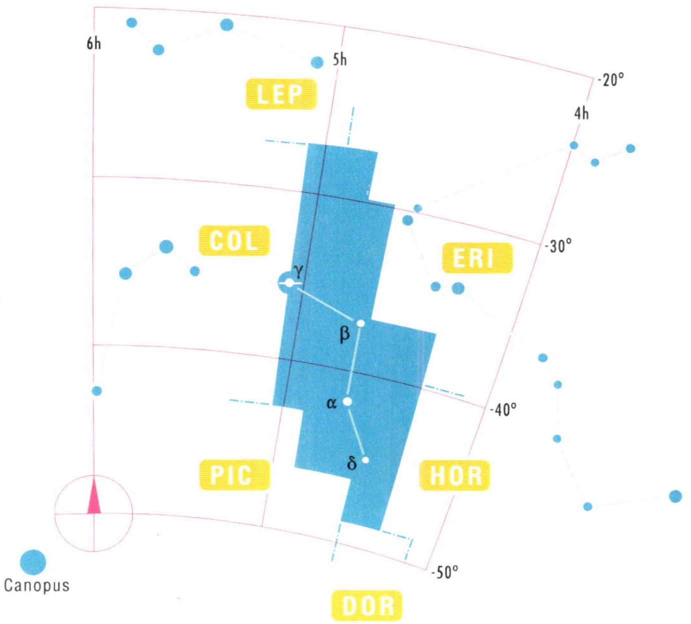

Le Burin est situé entre la Colombe (Col) et Éridan (Eri). On le repère grâce à la proximité de l'étoile Canopus, la seconde dans le ciel par son éclat. Les méandres d'Éridan constituent un bon guide pour s'orienter dans le ciel austral.

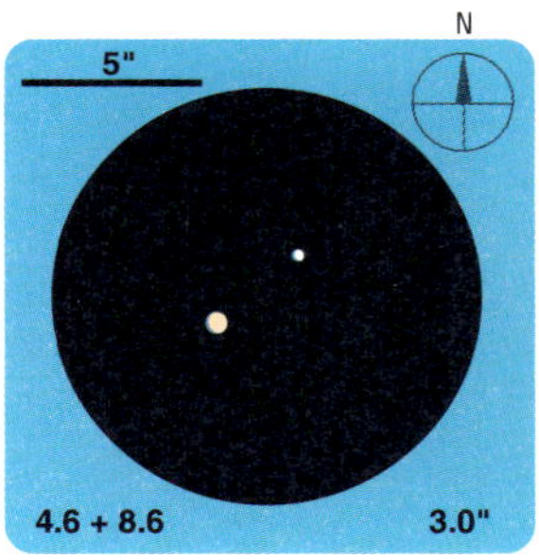

γ **Caeli** est observable avec un petit instrument. C'est une étoile double dont la composante la plus brillante, de type spectral K2, est d'un jaune orangé très pâle.

CAMELOPARDALIS

Camelopardalis Cam La Girafe

La constellation tire son nom du grec *kamêlos* (chameau) et du latin *pardus* (« au pelage de panthère »), ce qui décrit assez bien la girafe. Cette grande région dénuée d'étoiles lumineuses et comprise entre l'Étoile polaire et la constellation du Cocher (Aur) fut dénommée ainsi en 1624 par Jakob Bartsch, beau-fils de Johann Kepler.

α **Camelopardalis** est une supergéante bleue de type spectral O. Distante de plus de 5000 années-lumière, elle nous apparaît comme une étoile de 4,3 mag. β **Camelopardalis**, 4,0 mag, est une supergéante jaune de type G0 située à 1 000 années-lumière. C'est une étoile double dont le compagnon de 7,4 mag est écarté de 81". Autre jolie étoile double à observer avec un petit instrument : **Struve 1694** (σ 1694), aux composantes de 5,3 et 5,8 mag séparées de 21,4".

Sur un arrière-plan du ciel si pauvre en étoiles, l'amas ouvert **NGC1502** ressort très bien. D'un diamètre de 8', il contient des étoiles de 7,0 à 10,0 mag.

Les galaxies observables dans la Girafe comprennent un membre de notre Groupe local, **IC342**, sans doute la troisième plus proche galaxie après M31 et M33. L'abréviation IC signifie *Index catalogue*, un supplément au catalogue NGC bien connu.

La galaxie spirale **NGC2403** est la galaxie la plus brillante au nord de l'équateur qui ne soit pas incluse dans le catalogue Messier. De type Sc, elle a un diamètre angulaire de 17,8' et un éclat global de 8,4 mag. Elle est distante de quelque 8 millions d'années-lumière et appartient probablement au groupe de galaxies de la Grande Ourse, qui comprend de grosses galaxies comme M81 et M82.

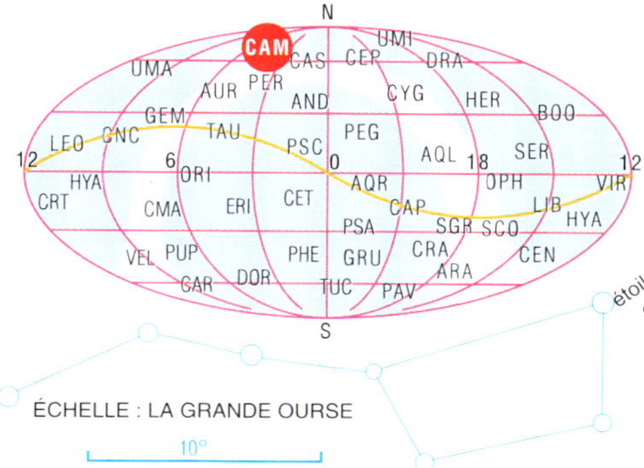

Magnitudes apparentes des étoiles

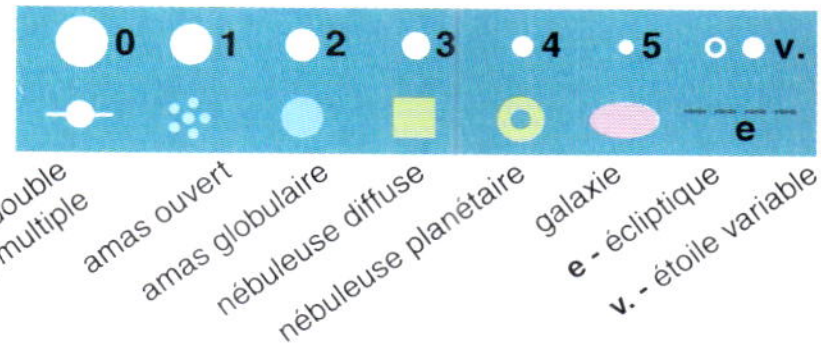

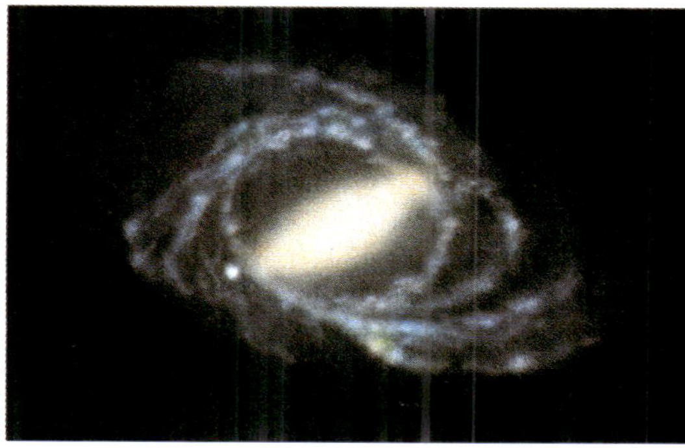

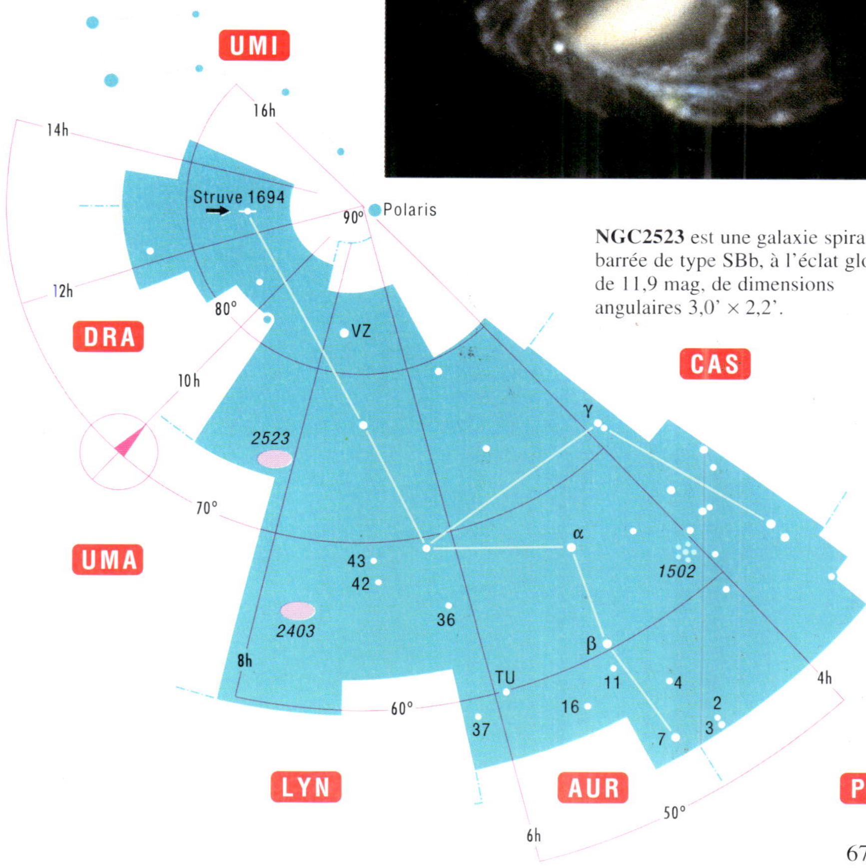

NGC2523 est une galaxie spirale barrée de type SBb, à l'éclat global de 11,9 mag, de dimensions angulaires 3,0' × 2,2'.

CANCER

Cancri Cnc Le Cancer

C'est la moins distincte des constellations du zodiaque. Dans la mythologie grecque, la déesse Héra envoya le cancer (« crabe » en latin) pour tuer Héraclès (Hercule dans le panthéon romain). Le héros le piétina et le tua, mais la déesse récompensa le courage et le dévouement de l'animal en le plaçant parmi les constellations. Il y a deux ou trois millénaires, le Soleil se tenait dans le Cancer au solstice d'été, après quoi il repartait vers le sud ; ce signe est donc le symbole du mouvement dans les deux directions.

Acubens (α Cancri) est une étoile double de 4,3 mag que l'on peut résoudre avec un instrument puissant. Son compagnon, distant de 11,3", avec seulement un éclat de 11,8 mag, est mille fois plus pâle que la composante principale. Le système est situé à environ 174 années-lumière. L'étoile triple ζ **Cancri** est décrite page ci-contre, en bas. La période de révolution de ses composantes A et B est de soixante ans et leur distance mutuelle moyenne de 19 UA (1 UA ou unité astronomique = cent cinquante millions de kilomètres). La composante C gravite autour d'elles à 175 UA en mille deux cents ans environ. Ce système est situé à 83 années-lumière du Soleil.

M67 (NGC2682) est un riche amas ouvert de 7,0 mag et de 28' de diamètre angulaire, contenant environ cinq cents étoiles de 9 à 16 mag. Il est distant d'environ 2 300 années-lumière.

Le magnifique amas ouvert **M44** (NGC2632) était connu sous le nom de **Praesepe** (« Mangeoire » ou « Crèche » en latin), le couple d'étoiles Asellus Borealis et Asellus Australis figurant deux ânes, l'un au nord et l'autre au sud, qui s'y nourrissaient. En France, il est le plus souvent appelé **La Crèche**, et dans les pays anglo-saxons, La Ruche. M44 est visible à l'œil nu ; des jumelles révèlent des douzaines d'étoiles de 6 mag ou plus pâles. L'objet a un diamètre angulaire de 95', soit trois diamètres lunaires ! Il est situé à environ 577 années-lumière.

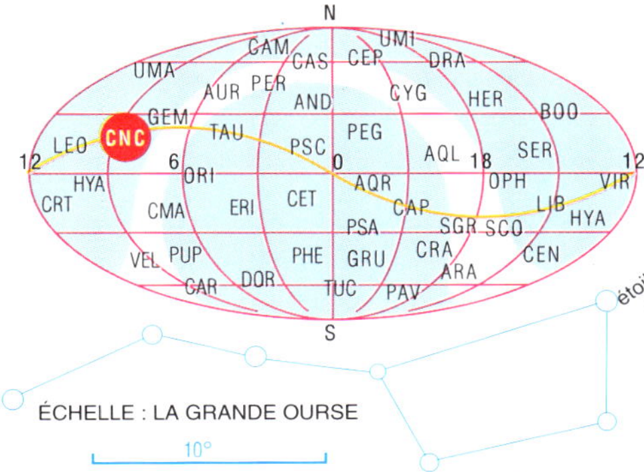

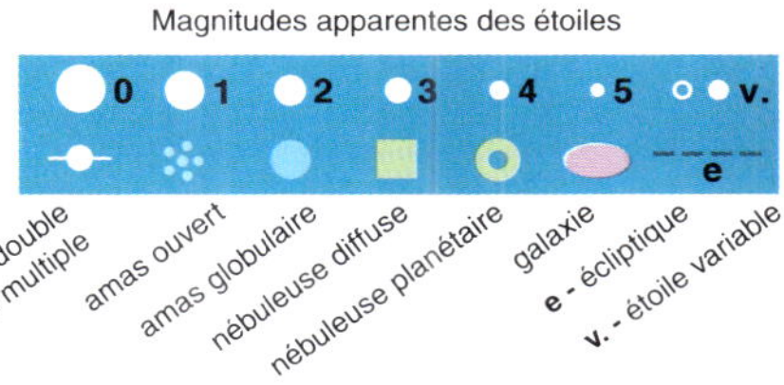

CNC

NGC2623 est le produit de la collision de deux galaxies (voir aussi NGC4038-39 dans la constellation du Corbeau, page 100).

Ci-dessous : ζ **Cancri** est une jolie étoile triple, mais ses composantes A et B ne peuvent être résolues qu'avec un grand télescope.

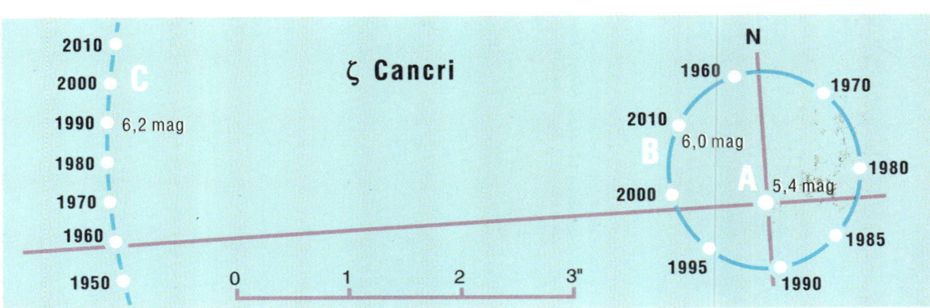

CANES VENATICI

Canum Venaticorum CVn Les Chiens de chasse

L'une des sept constellations introduites par J. Hevelius vers 1690 et incluse dans la liste définitive des constellations adoptée par l'Union astronomique internationale en 1930. Dans les cartes illustrées anciennes, elle est représentée par deux chiens de chasse portant des colliers et tenus en laisse par le Bouvier (*Bootes*). Cette constellation assez insigne, située au sud de la Grande Ourse, cache quelques objets célestes remarquables.

Son étoile principale, α Canum Venaticorum (2,8 mag), très jolie étoile double pour un petit instrument (voir ci-dessous), fut dénommée **Cor Caroli** (le Cœur de Charles) en 1660 en l'honneur de Charles Ier, roi d'Angleterre. Y CVn ou **La Superba** est une étoile variable à l'éclat rouge vif fluctuant entre 5,0 et 6,5 mag sur une période de cent soixante jours.

M51 (NGC5194) – la **galaxie des Chiens de chasse**, appelée **Whirlpool** (le Tourbillon) par les anglo-saxons – doit sa forme actuelle aux effets gravitationnels engendrés par la petite galaxie NGC5195 visible au bout du plus long bras ; celle-ci s'est approchée de la grosse galaxie quelque cinq cents millions d'années plus tôt avant d'en repartir en lui « extirpant » de longs bras qui se sont ensuite recourbés en spirale jusqu'à sa présente forme (voir page ci-contre).

M3 (NGC5272) est un brillant amas globulaire (6,0 mag) observable aux jumelles. En photographie, son diamètre atteint 20'. Il est situé à 34 000 années-lumière du Soleil.

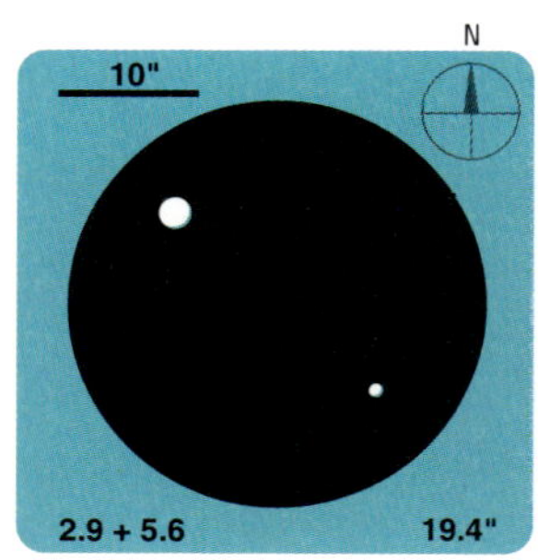

Ci-dessus : l'étoile double α **CVn**. Située à 110 années-lumière, sa composante la plus brillante possède un très fort champ magnétique.
La composante pâle est située à 82 années-lumière.

À gauche : l'amas globulaire **M3** contient plus de 45 000 étoiles d'éclat supérieur à 22,5 mag. Les plus brillantes d'entre elles font 11,0 mag.

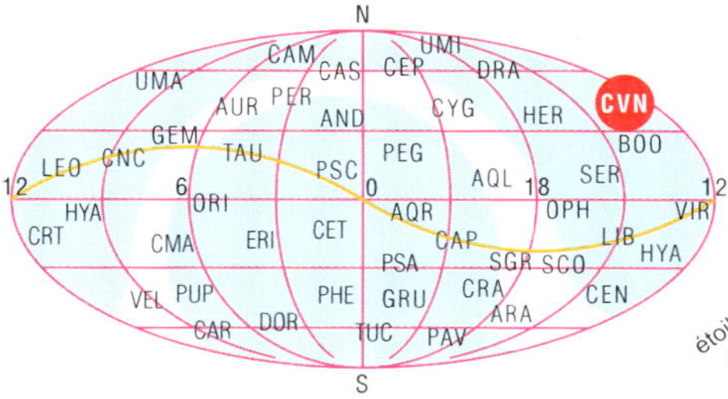

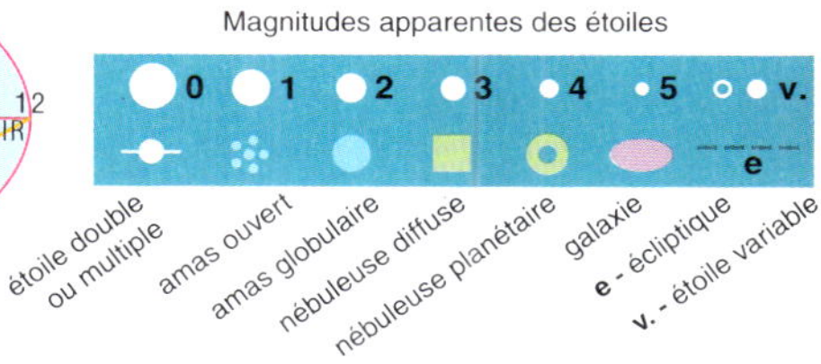

CVN

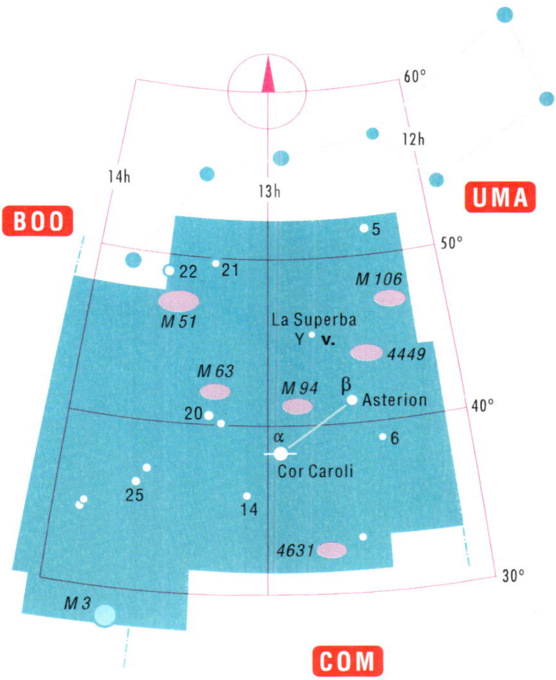

La galaxie **M51** fut découverte par Messier en 1773. Sa structure spirale a été observée pour la première fois par lord Rosse en 1845 avec l'un des premiers télescopes équipés d'un miroir de 182 cm de diamètre. C'est l'une des plus brillantes et plus proches galaxies de type Sc. Distante d'environ 14 millions d'années-lumière, son diamètre fait plus de 100 000 années-lumière. Sa galaxie satellite, NGC5195, apparemment reliée à l'extrémité du long bras de M51, située en fait à l'arrière-plan, est en partie cachée par des nuages de poussières dans M51.

CANIS MAJOR

Canis Majoris CMa Le Grand Chien

Du fait de la présence de Sirius, l'étoile la plus brillante du ciel, le Grand Chien est l'une des plus anciennes constellations. Selon un mythe grec, le Grand Chien gagna une course contre le Renard, l'animal le plus rapide au monde ; pour célébrer cette victoire, Zeus le plaça dans le ciel. Selon un autre mythe, le Grand Chien et le Petit Chien accompagnaient Orion le Chasseur (page 160). Cette dernière constellation nous aide à trouver le Grand Chien : les étoiles alignées de la ceinture d'Orion pointent vers Sirius. Le Grand Chien, étant une constellation assez australe, n'est visible que quelques mois par an aux latitudes voisines de 45° nord.

Sirius (α Canis Majoris) est une étoile très bleue de type spectral A0. Avec un éclat de – 1,4 mag, elle est vingt-quatre fois plus brillante que le Soleil et 1,8 fois plus grosse. C'est une étoile assez ordinaire, située à seulement 8,6 années-lumière, qui se remarque surtout parce qu'elle est très proche. Le célèbre compagnon de Sirius fut détecté par A. Clark en 1862 ; mais c'est seulement en 1915 qu'on découvrit que Sirius B était une naine blanche de masse comparable à celle du Soleil mais de diamètre à peu près égal à la Terre, ce qui lui vaut une densité d'environ 130 kg/cm^3. La magnitude de Sirius B est de 8,5, mais son éclat se noie dans la brillante lumière de Sirius A. Il faut un grand télescope pour la distinguer. Toutefois, à partir de 2008, l'écart angulaire entre les deux étoiles dépassera 8", ce qui confortera les chances des télescopes d'amateurs. En 2025, avec 11,3", leur écart maximal sera atteint.

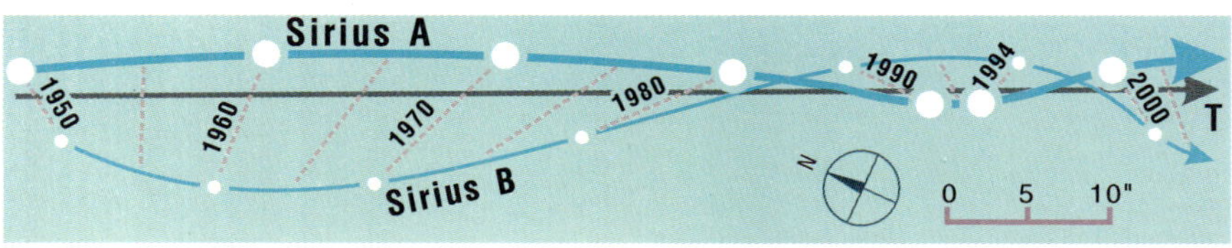

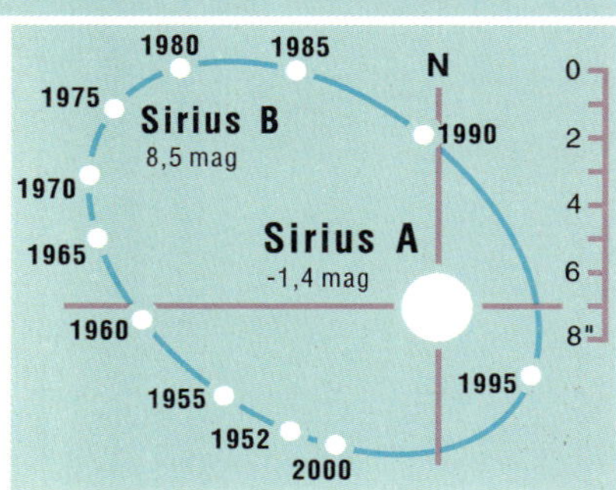

Ci-dessus : mouvement de la binaire **Sirius A** et **B** dans le ciel. La lettre T désigne la trajectoire du centre de gravité du système. À droite : L'orbite relative de Sirius B autour de Sirius A. La période de révolution est de cinquante ans.

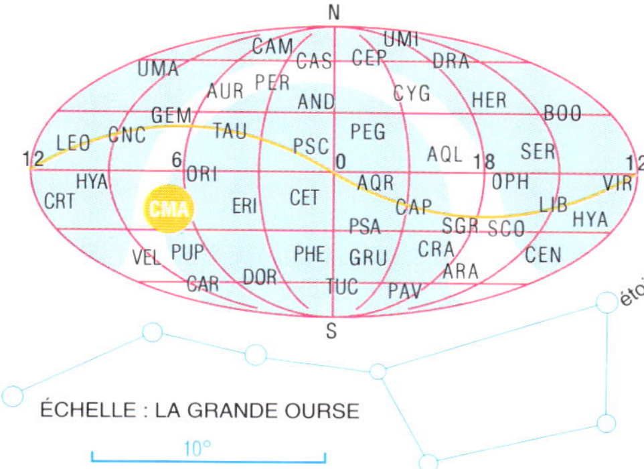

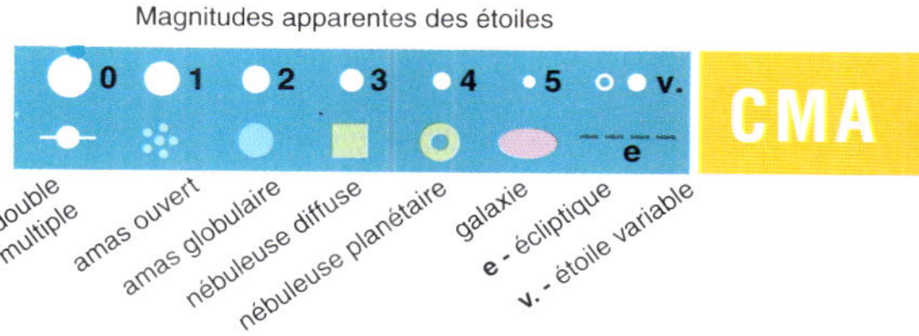

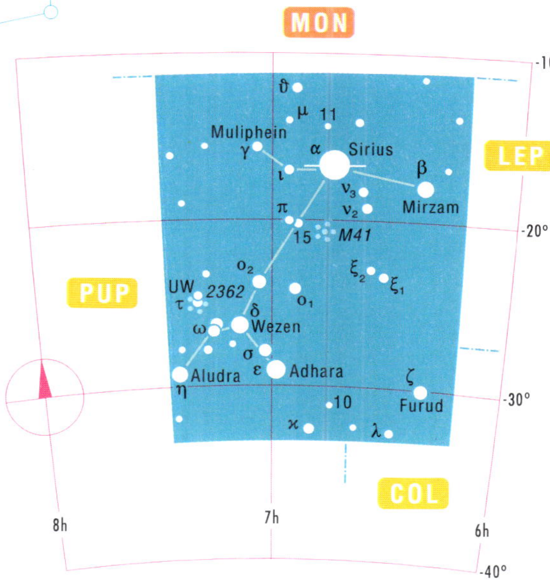

En bas à gauche : l'amas ouvert **M41** (NGC2287), 5,0 mag, d'un diamètre angulaire de 40', est situé à environ 2400 années-lumière. Aux jumelles, on y distingue une vingtaine d'étoiles. Bel objet pour tout instrument.

En bas à droite : l'amas ouvert **NGC2362**. Environ soixante étoiles sont regroupées autour de **τ CMa**, étoile brillante qui ne fait probablement pas physiquement partie de l'amas.

CANIS MINOR

Canis Minoris CMi Le Petit Chien

Le plus petit des chiens accompagnant Orion, le Chasseur. Cette constellation miniature est dominée par la brillante Procyon, une étoile de magnitude zéro formant l'un des sommets du caractéristique Triangle d'hiver, presque équilatéral, qu'elle dessine avec Bételgeuse et Sirius. Procyon, d'origine grecque, qui signifie « devant le chien », traduit le fait que l'étoile se lève avant Sirius et les autres étoiles du Grand Chien lorsqu'on observe le ciel depuis la région méditerranéenne ou de la plupart des sites de l'hémisphère nord.

Avec 0,4 mag, **Procyon** (α Canis Minoris) est la huitième étoile du ciel par l'éclat, et l'une des plus proches : sa lumière nous parvient en 11,4 années-lumière. De type spectral F5 pour une température de surface de 7 000 K, son diamètre est le double de celui du Soleil et sa luminosité sept fois plus grande. Procyon est une étoile binaire remarquable ; elle est accompagnée par une naine blanche de 10,8 mag – plus pâle que le compagnon de Sirius. Le diamètre de Procyon B représente environ deux fois celui de la Terre, mais sa densité est de 140 kg/cm^3. Les naines blanches sont des étoiles qui s'effondrèrent sur elles-mêmes lors de l'étape finale de l'évolution stellaire ; elles ont la taille d'une planète, mais leur masse est comparable à celle du Soleil.

Observer à travers l'atmosphère

L'atmosphère de la Terre limite et distord les observations astronomiques. Elle agit comme un filtre dense qui transmet jusqu'à la surface terrestre la lumière visible des objets célestes et une partie de leurs rayonnements radio. Les autres rayonnements électromagnétiques sont absorbés par l'atmosphère à différentes altitudes, mais ils peuvent être détectés par les satellites artificiels et les sondes spatiales. Toutefois, même les rayons lumineux ne peuvent atteindre la surface de la Terre sans subir des altérations et des pertes. Ils sont atténués principalement par leur passage dans l'atmosphère, du fait de la diffusion et de l'absorption partielle de la lumière par les molécules d'air. Ce phénomène, appelé ***extinction atmosphérique****, augmente avec l'épaisseur d'air traversé ; il est donc maximal pour la lumière venant de l'horizon, et minimal au zénith. Ainsi, plus une étoile se trouve bas sur l'horizon, plus elle est pâle, même si l'atmosphère est idéalement pure et transparente. La lumière des étoiles est davantage atténuée si l'air est pollué par des poussières ou du brouillard, que celui-ci soit d'origine naturelle ou industrielle. Dans les villes et leurs environs, les observations sont, en outre, considérablement limitées par la* **pollution lumineuse** *du ciel due à la lumière que diffuse l'éclairage des rues et autre sources lumineuses artificielles.*

CMI

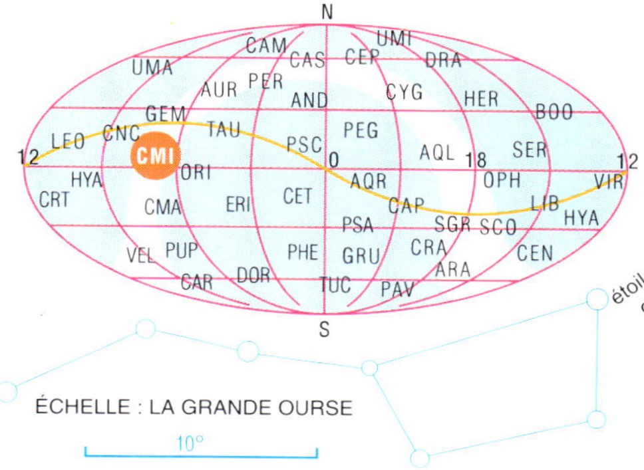

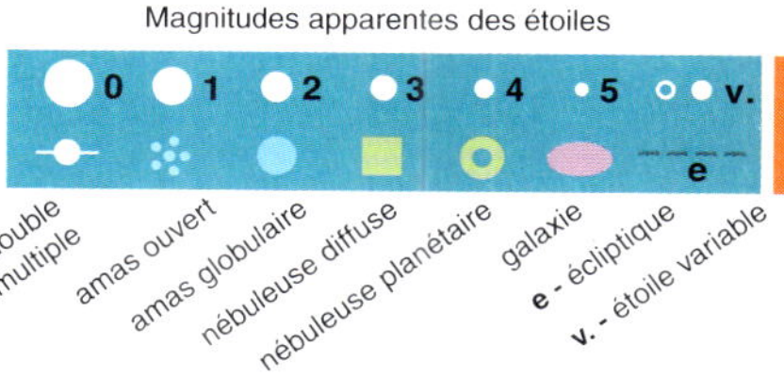

En bas à gauche : orbite relative de **Procyon B** autour de **Procyon A**. La période de révolution est de quarante et un ans.
En bas à droite : mouvement de **Procyon** sur mille ans, comparé au diamètre angulaire de la Lune (qui fait 0,5°). Procyon se déplace de 1,25" par an sur le fond du ciel.

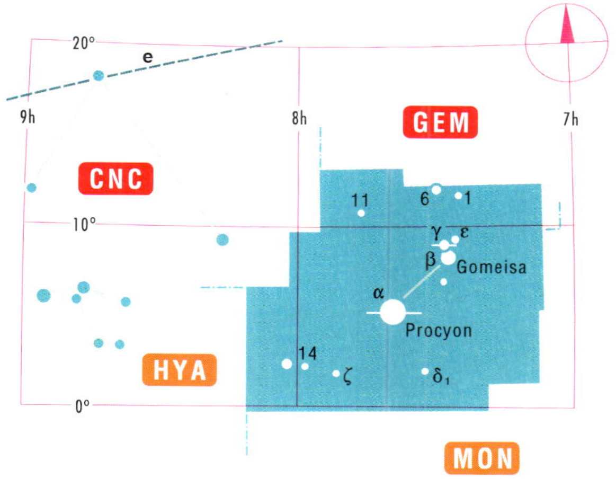

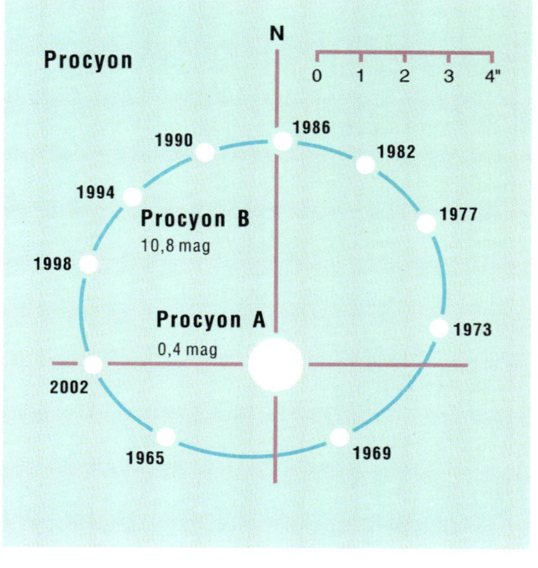

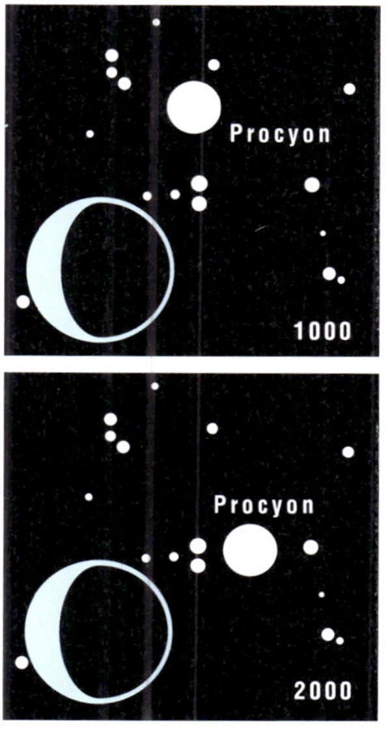

CAPRICORNUS

Capricorni Cap Le Capricorne

Les cartes illustrées montrent un étrange animal mi-chèvre, mi-poisson (ci-contre). Un mythe ancien raconte que le dieu Pan festoyait avec d'autres dieux lorsque le monstrueux Typhon apparut soudain. Pour lui échapper, les dieux se changèrent en bêtes. Dans sa panique, Pan sauta dans une rivière avant d'achever complètement sa transformation en chèvre, si bien que la moitié inférieure de son corps se changea donc en queue de poisson. Cette métamorphose plut tant à Zeus qu'il plaça la «chèvre marine» dans le ciel. Cette constellation était déjà connue des Babyloniens. Quand l'écliptique fut divisé en signes zodiacaux, le Capricorne se situait dans sa partie la plus australe, là où se trouve le Soleil au solstice d'hiver, c'est-à-dire sur le tropique du Capricorne. Depuis, les constellations du zodiaque se sont éloignées de leurs signes respectifs à cause de la précession (voir page 58).

α **Capricorni** - appelée **Gredi**, Giedi ou Algiedi - est un double optique (détails dans les schémas ci-contre) dont les composantes peuvent être résolues à l'œil nu dans de bonnes conditions d'observation. Mais celles-ci ne forment pas un système physique : la plus brillante, α2 se trouve à 109 années-lumière, tandis que α1, plus pâle, est à environ 690 années-lumière. Toutes deux sont des systèmes binaires.

L'amas globulaire **M30** (NGC7099), 7,3 mag, a un diamètre angulaire de 9' ; il est situé à environ 24000 années-lumière.

La réfraction atmosphérique

Les objets célestes ne sont pas là où nous les voyons. Vous ne le croyez pas ? Imaginez que l'atmosphère de la Terre consiste en de nombreuses strates minces dont la densité diminue quand l'altitude augmente. Un faisceau lumineux qui entre dans l'atmosphère se réfracte (change de direction) légèrement à chaque frontière entre les strates individuelles. Par conséquent, elle arrive dans votre œil avec une incidence modifiée : elle provient d'un point plus élevé au-dessus de l'horizon qu'il ne vous paraît.

Cette déviation des rayons lumineux, appelée ***réfraction atmosphérique****, est la plus faible au voisinage du zénith, et la plus forte près de l'horizon où elle atteint 35', soit plus d'un demi-degré. Ainsi, quand le Soleil et la Lune, dont les diamètres angulaires font environ 0,5°, touchent l'horizon de leur bord inférieur, ils sont en réalité déjà sous l'horizon.*

L'inhomogénéité, les différences de température et les mouvements des strates atmosphériques engendrent de continuels changements, irréguliers et rapides, de la direction des rayons lumineux, ce qui influence considérablement la qualité des conditions d'observation. Ce phénomène est aussi la cause de la ***scintillation*** *de l'éclat des étoiles.*

CAP

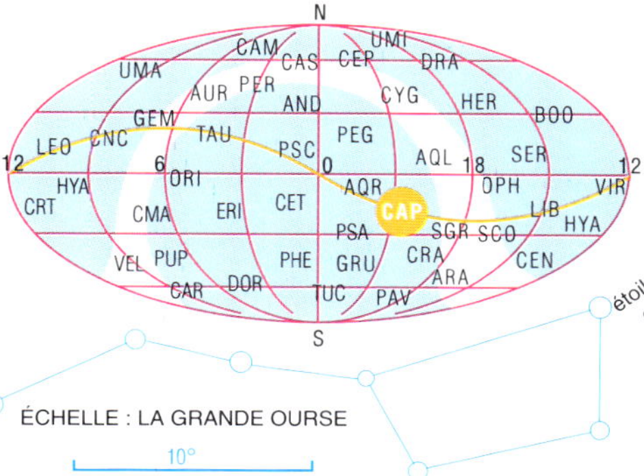
N
S
UMA
CAM
CAS
CEP
UMI
DRA
AUR
PER
AND
CYG
HER
GEM
BOO
LEO
CNC
TAU
PSC
PEG
AQL
SER
12
6
0
18
12
HYA
ORI
AQR
OPH
VIR
CRT
CMA
ERI
CET
CAP
LIB
HYA
PSA
SGR
SCO
VEL
PUP
PHE
GRU
CRA
CEN
CAR
DOR
TUC
PAV
ARA
ÉCHELLE : LA GRANDE OURSE
10°

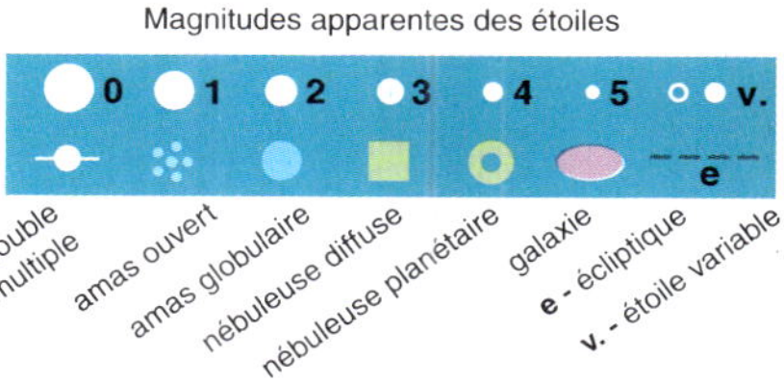
Magnitudes apparentes des étoiles
0
1
2
3
4
5
v.
e
étoile double ou multiple
amas ouvert
amas globulaire
nébuleuse diffuse
nébuleuse planétaire
galaxie
e - écliptique
v. - étoile variable

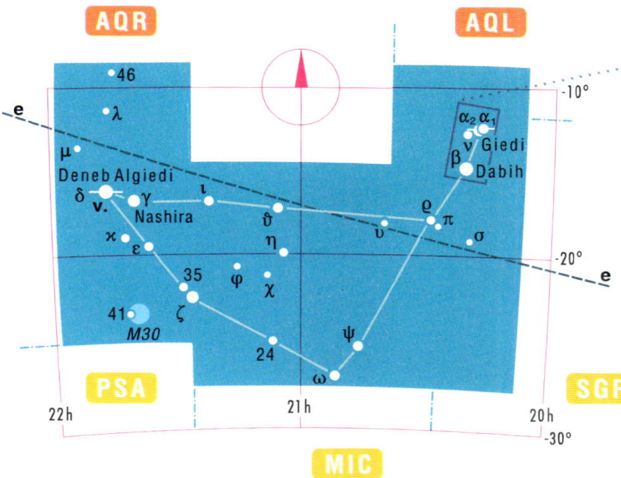
AQR
AQL
46
λ
μ
e
Deneb Algiedi
δ
v.
γ
Nashira
ι
ϑ
η
ϰ
ε
35
φ
χ
ζ
41
M30
24
ω
ψ
υ
ϱ
π
σ
β
Dabih
α2 α1
ν
Giedi
-10°
-20°
e
PSA
SGR
MIC
22h
21h
20h
-30°

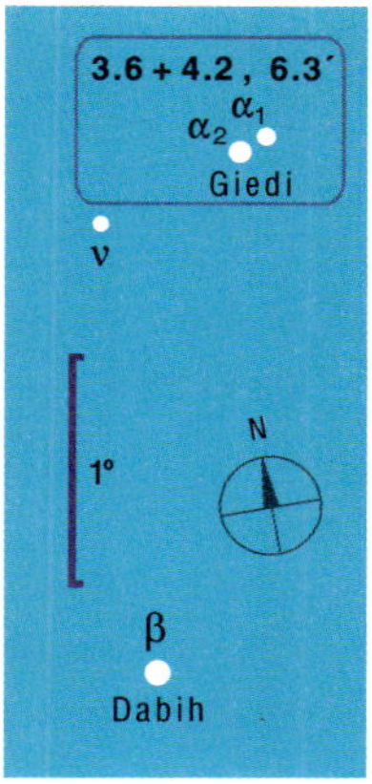
3.6 + 4.2 , 6.3′
α2 α1
Giedi
ν
1°
N
β
Dabih

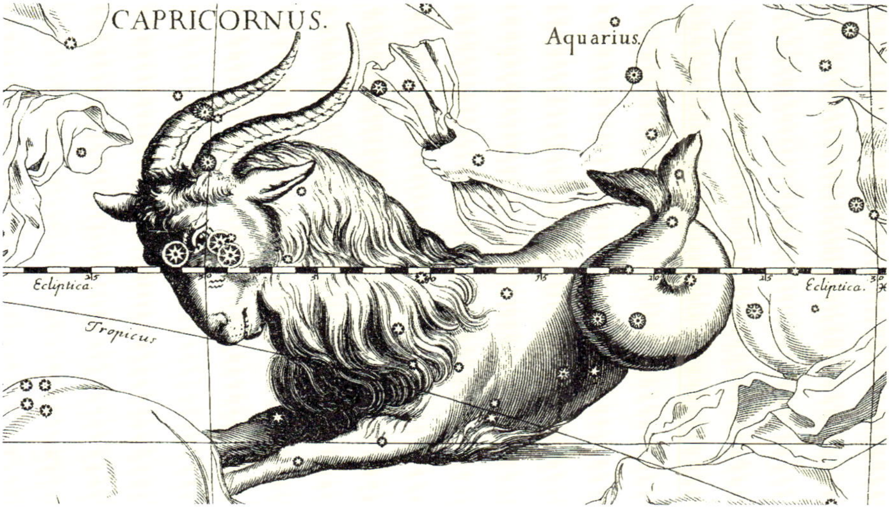
CAPRICORNUS.
Aquarius.
Ecliptica.
Ecliptica.
Tropicus

CARINA

Carinae Car La Carène

La Carène faisait autrefois partie de la constellation la plus grosse et plus ancienne du ciel austral, *Argo Navis*, le navire Argo, qui transporta Jason et les argonautes en quête de la Toison d'or. La constellation comprend deux étoiles de la Fausse Croix, ι et ε Carinae, ainsi que la seconde étoile du ciel par l'éclat : Canopus.

La lumineuse **Canopus** (α Carinae) – 0,62 mag – est une supergéante dont le diamètre correspond à trente fois celui du Soleil, située à quelque 310 années-lumière. Avec un petit instrument, υ **Carinae** apparaît comme une jolie étoile double dont les composantes, de 3,0 mag et 6,0 mag, sont séparées de 5".

Mais l'objet le plus remarquable est η **Carinae**, une étoile variable irrégulière, proche de la nova. Au XVIIe siècle, son éclat fluctuait entre 2,0 et 4,0 mag puis, à partir de 1820, il a crû jusqu'à un maximum de – 0,8 mag en avril 1843, où η Carinae est alors devenue, par son éclat, la seconde étoile du ciel. Cette période fut suivie par une chute de l'éclat, qui varie entre 7,0 et 8,0 mag depuis le XXe siècle. L'étoile est nichée au cœur de la nébuleuse NGC3372 (ci-dessous).

NGC3532 est l'un des plus riches amas ouverts du ciel. Un télescope y discerne quelque cent cinquante étoiles d'éclat supérieur à 12,0 mag. **NGC2516** est aussi un remarquable amas ouvert, très brillant, contenant une centaine d'étoiles dans un cercle de 1°.

NGC3372 – la **nébuleuse** η **Carinae** – peut être observée à l'œil nu. C'est la région H-II (région d'hydrogène ionisé) la plus brillante de la Voie lactée. La nébuleuse a un diamètre de quelque 400 années-lumière et se situe à environ 8 000 années-lumière. Son diamètre angulaire excède les 4° sur photographie. La petite nébuleuse obscure dite du « Trou de serrure » se juxtapose sur la partie la plus lumineuse de la nébuleuse ; l'étoile η Carinae s'y niche.

CAR

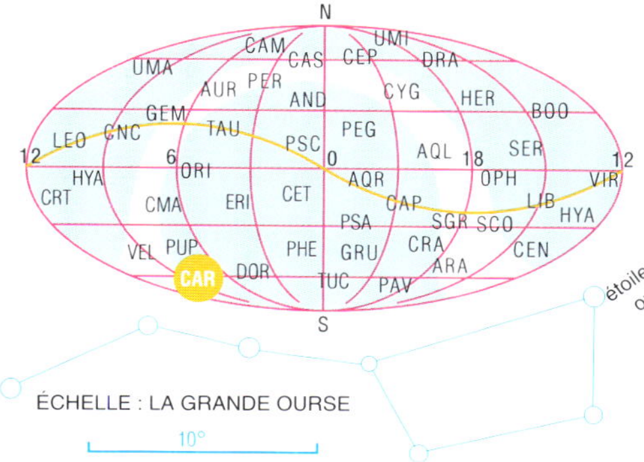

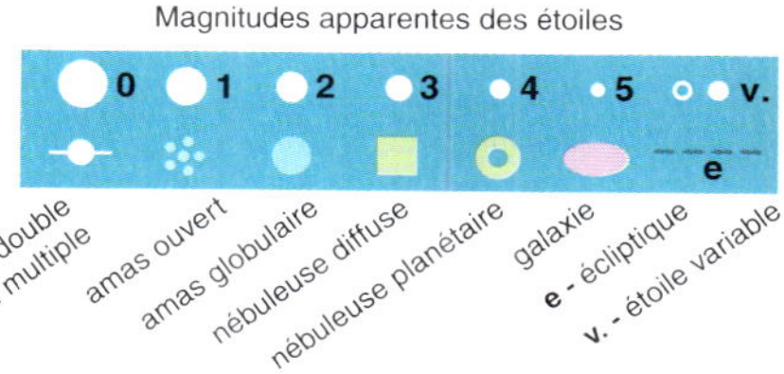

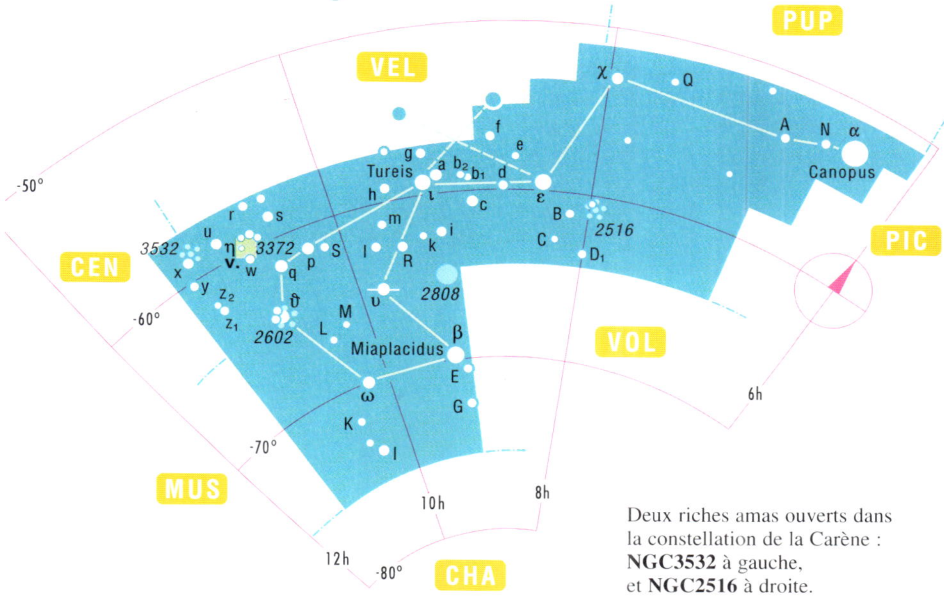

Deux riches amas ouverts dans la constellation de la Carène : **NGC3532** à gauche, et **NGC2516** à droite.

CASSIOPEIA

Cassiopeiae Cas Cassiopée

La reine Cassiopée avait tant loué la beauté de sa fille Andromède qu'elle offensa Neptune, dieu de la Mer. Les protagonistes du drame qui s'ensuivit furent immortalisés par des constellations (voir aussi Céphée, Andromède, Pégase, Persée et la Baleine). Cassiopée est l'une des constellations les plus importantes et les mieux connues, aisément identifiable grâce à un groupe de cinq étoiles brillantes formant la lettre W. À mi-chemin entre Cassiopée et la Grande Ourse, nous trouvons l'Étoile polaire – très utile pour s'orienter dans le ciel.

Cih (γ Cassiopeiae) est une étoile variable irrégulière d'éclat habituellement compris entre 2,1 et 2,4 mag ; en 1937, cet éclat atteignit 1,6 mag, puis chuta à 3,0 mag en 1940. C'est une étoile double dont le compagnon de 9,0 mag est écarté de 2,3" de la composante principale. En 1572, une supernova fut observée par Tycho Brahe dans Cassiopée. Appelée par la suite l'**étoile de Tycho**, elle put être observée à l'œil nu seize mois durant. Le reste de la supernova **SN1572** est une nébuleuse pâle en expansion, source de rayonnements radio.

Une lunette ou un petit télescope vous permettra d'observer plusieurs amas ouverts et brillants. **NGC457**, baptisé l'**amas de la Chouette**, rappelle cet animal : ses contours sont dessinés par des étoiles de 8,0 à 11,0 mag, et ses yeux par deux étoiles de 5,0 et 7,0 mag. **M52** (NGC7654) contient environ deux cents étoiles dans un cercle de 12' de diamètre. Les galaxies **NGC147** et **NGC185** sont des compagnes éloignées de la grande galaxie d'Andromède, M31.

L'amas ouvert **M52** (NGC7654).

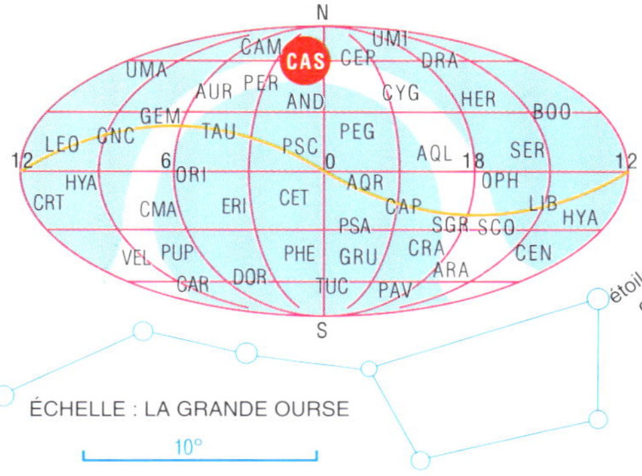

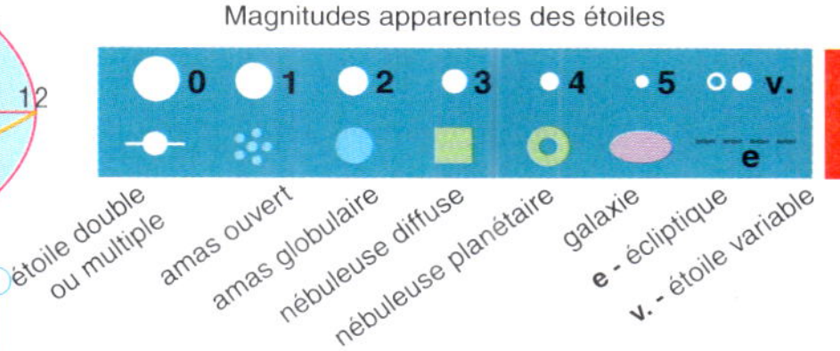

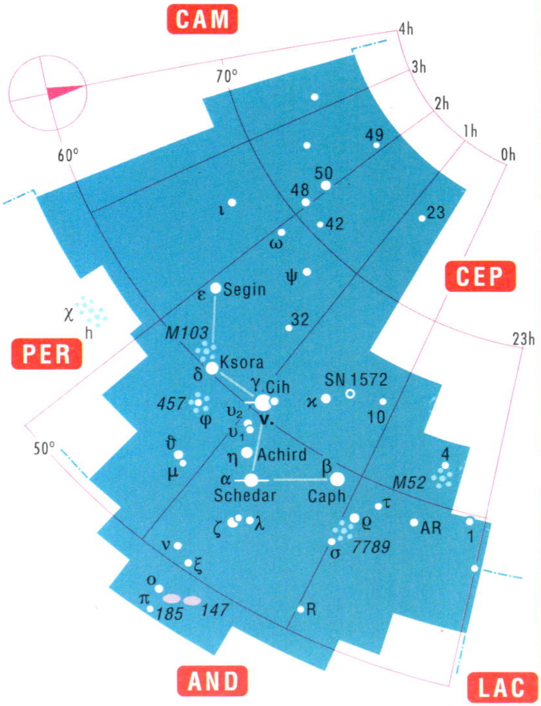

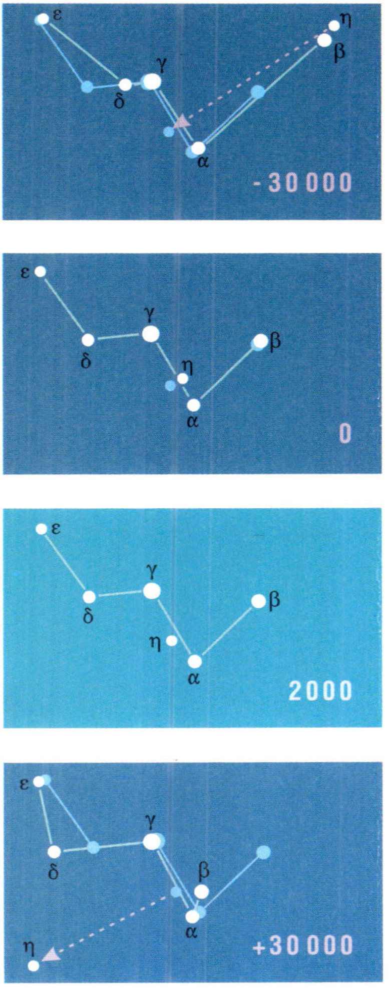

À droite : changements d'apparence de Cassiopée dus aux mouvements propres de ses étoiles sur une durée de soixante mille ans. Le mouvement de η **Cas** est très rapide : depuis le début de notre ère, l'étoile est passée de l'autre côté de la ligne reliant α et γ Cas.

CENTAURUS

Centauri Cen Le Centaure

Nous connaissons les centaures de la mythologie grecque comme des monstres, mi-hommes, mi-chevaux ; parmi eux se trouvait toutefois un sage, le centaure Cheiron, que Zeus immortalisa par une constellation. La droite, joignant les étoiles α et β Centauri, pointe vers la Croix du Sud.

α Centauri ou **Toliman** (encore appelée Rigil Kentaurus), -0,3 mag, est la troisième étoile du ciel par l'éclat. Distante de 4,4 années-lumière, c'est aussi l'étoile la plus proche de la Terre. C'est en fait une étoile triple : les composantes A (0,0 mag) et B (1,3 mag) forment une superbe binaire, tandis que la troisième composante, C (11,0 mag), se trouve à 2°11' au sud-ouest de A et B. C'est cette dernière composante, située à 4,249 années-lumière, qui est en fait la plus proche de nous, ce qui lui vaut son nom : **Proxima**. Nous ne savons pas avec certitude si elle est physiquement liée avec la paire A-B. Découverte en 1915, Proxima est une naine rouge.

Le plus gros et le plus lumineux des amas globulaires d'étoiles du ciel est ω **Centauri** (NGC5139), dont l'aspect à l'œil nu est celui d'une étoile de 4,0 mag. Plusieurs millions d'étoiles y sont regroupées dans une région deux fois large comme le disque lunaire. La distance de l'amas est estimée à 16 500 années-lumière, et son âge à environ quinze milliards d'années. Au nord de cet amas se trouve une galaxie inhabituellement belle, **NGC5128**, encore appelée **Centaurus A**. Aux jumelles, elle apparaît comme un nuage nébuleux. Elle contient trois fois plus d'étoiles que notre propre galaxie, et sa distance est estimée entre 10 et 22 millions d'années-lumière. C'est une source extraordinairement puissante d'énergie émise sous forme de rayonnements optiques, radio, infrarouges et X.

L'amas globulaire géant ω **Centauri** (NGC5139).

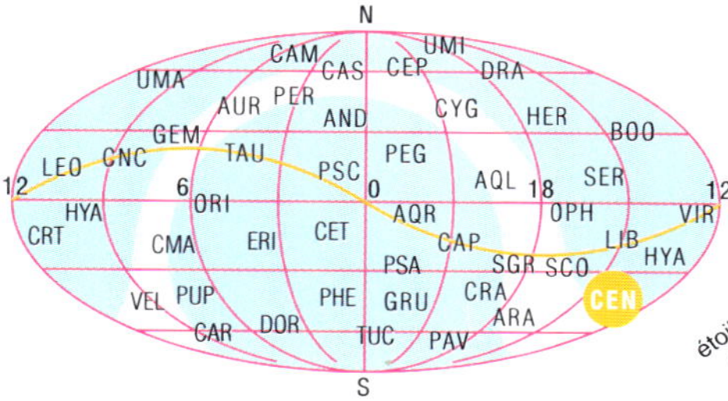

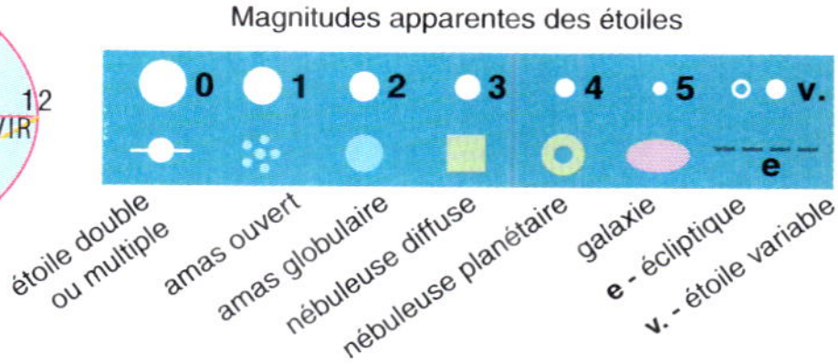

CEN

La galaxie **NGC5128** (Cen A) est probablement le résultat de la collision entre deux galaxies. La grande galaxie elliptique est traversée par un anneau sombre de poussières : les restes de l'autre galaxie.

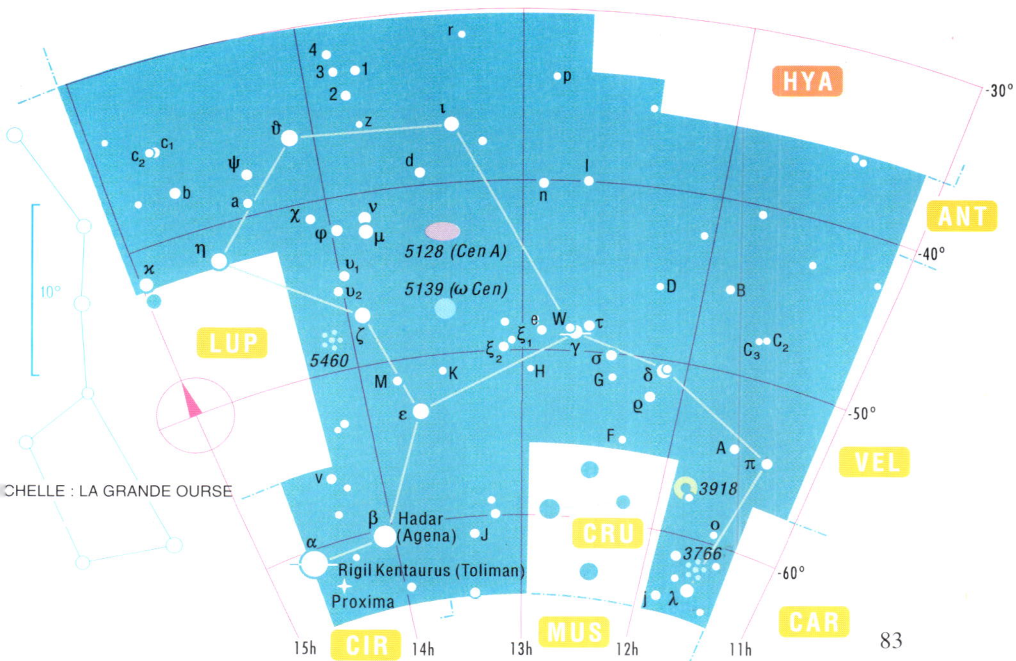

CEPHEUS

Cephei Cep Céphée

Selon la mythologie grecque, Céphée, roi d'Éthiopie, était l'époux de Cassiopée et le père de la belle Andromède. La famille royale au complet siège dans le ciel en compagnie de Persée, le libérateur d'Andromède.

L'objet le plus remarquable de cette constellation est δ **Cephei**, une étoile variable pulsante dont les caractéristiques et la courbe de lumière sont montrées page 25. C'est aussi l'une des plus belles étoiles doubles : son compagnon (6,3 mag) est situé à 41" au sud et paraît blanc bleuté à côté de la composante plus brillante, jaune d'or. δ Cephei est la représentante d'une classe d'étoiles variables pulsantes, les **céphéides** ; la périodicité de leurs fluctuations lumineuses est proportionnelle à leur luminosité. Aussi, lorsque nous découvrons une céphéide dans une galaxie distante, nous mesurons sa période, nous en déduisons sa luminosité (vraie) et, par suite, sa distance en comparaison avec sa luminosité apparente.

Autre étoile variable remarquable : **Erakis** (μ Cephei), encore appelée **le Grenat** pour sa somptueuse couleur rouge orangé. Son éclat change irrégulièrement ; dans les années 80, il fluctuait entre 3,6 et 4,4 mag sur une période de huit cents jours. L'étoile binaire à éclipses **VV Cephei** est une supergéante rouge autrefois considérée comme la plus grosse étoile connue, avec un diamètre de mille six cents diamètres solaires ; mais les récentes estimations portant sur cette dernière mesure sont beaucoup plus basses. La galaxie **NGC6946** est un objet visuellement très pâle (11,0 mag) ; c'est l'une des plus proches galaxies au-delà des frontières de notre Groupe local.

La galaxie spirale **NGC6946**.

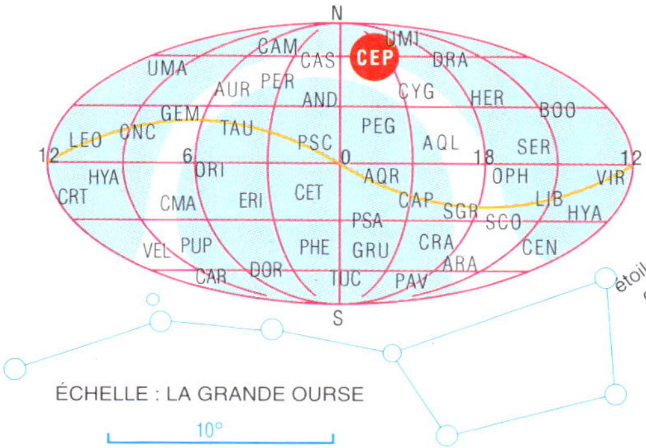

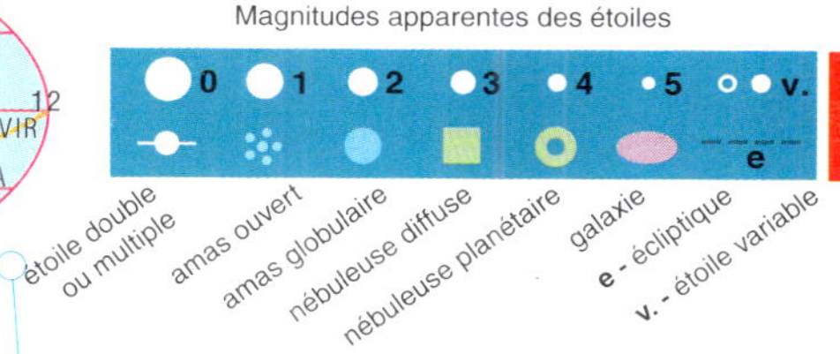

CEP

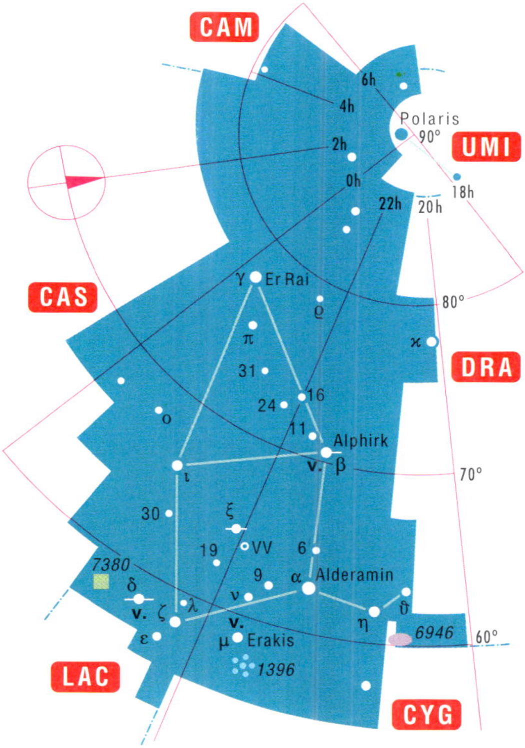

Les changements de magnitude de δ **Cephei** peuvent s'observer à l'œil nu ou aux jumelles, en comparant son éclat à celui de deux étoiles adjacentes, ε **Cep** (4,2 mag) et ζ **Cep** (3,4 mag). À son maximum, δ est à peu près aussi brillante que ζ.

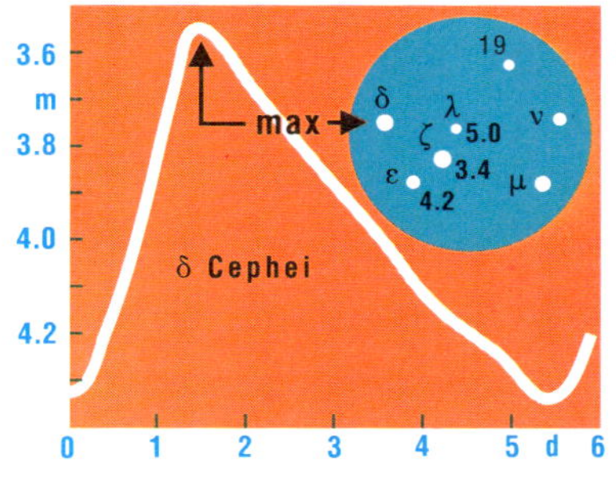

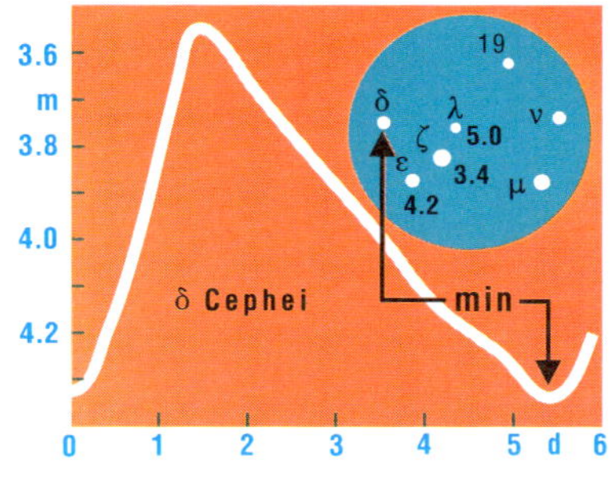

À son minimum, δ Cephei est légèrement plus pâle que ε Cep. Observez-les régulièrement chaque soir pendant au moins une à deux semaines. δ Cep passe de son maximum à son minimum en quatre jours, et du minimum au maximum en un jour et demi.

CETUS

Ceti Cet La Baleine

La fantaisie des illustrateurs de cartes célestes anciennes nous a laissé des images de monstres marins à queue de poisson bien éloignés de la baleine. Cetus était le monstre des mers qui voulait dévorer Andromède et qui, au dernier moment, fut tué par Persée. En latin, toutefois, *cetus* signifie « baleine », et selon une légende plus récente, celle-ci est supposée être le « gros poisson » ayant avalé Jonas dans l'Ancien Testament. Le monde des mythes et des légendes ne se soucie guère à l'évidence que la baleine ne soit pas un poisson mais un mammifère.

ο Ceti – **Mira** « la Merveilleuse » – est l'étoile variable à longue période la plus brillante et la mieux connue. Son éclat varie entre 3,0 mag et 9,0 mag environ sur trois cent trente-deux jours en moyenne. Mira est une supergéante rouge au diamètre égal à trois cents soleils, située à 420 années-lumière de la Terre. **Kaffaljidhma** (γ Ceti) est une étoile double dont les composantes, de 3,5 mag et 6,2 mag, sont écartées de 2,8". τ **Ceti**, 3,5 mag, à seulement 11,9 années-lumière, est l'une des plus proches étoiles de type solaire soupçonnées d'avoir un système planétaire. Depuis 1959, les signaux de son hypothétique civilisation sont écoutés, mais aucun signal artificiel n'a pu être détecté.

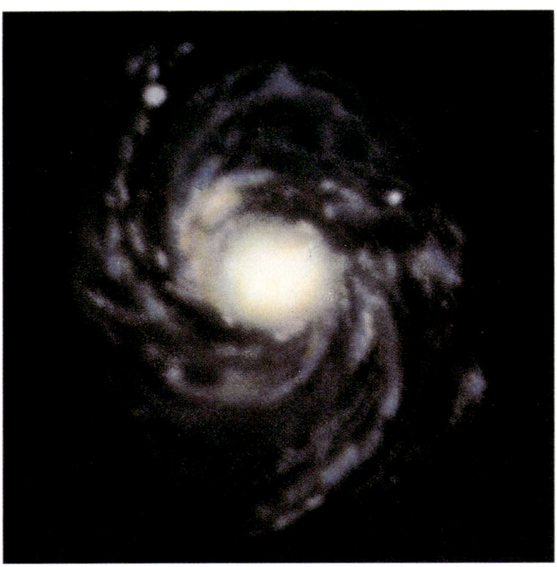

M77 (NGC1068) est une galaxie spirale de type Sb de 9,0 mag, distante de plus de 50 millions d'années-lumière. Elle appartient à la classe des galaxies dites de Seyfert, dont le noyau est une source très intense de rayonnements radio.

CET

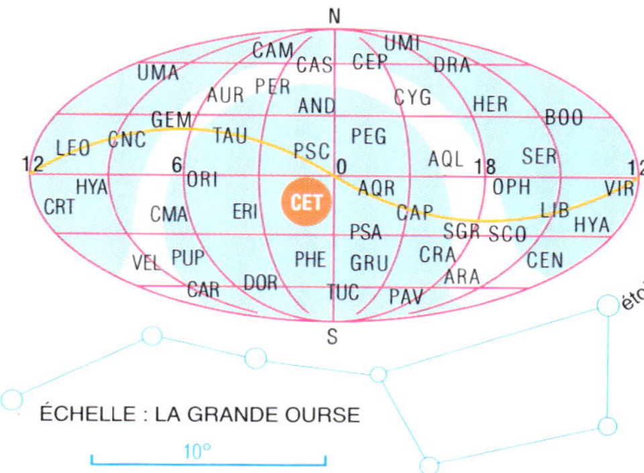

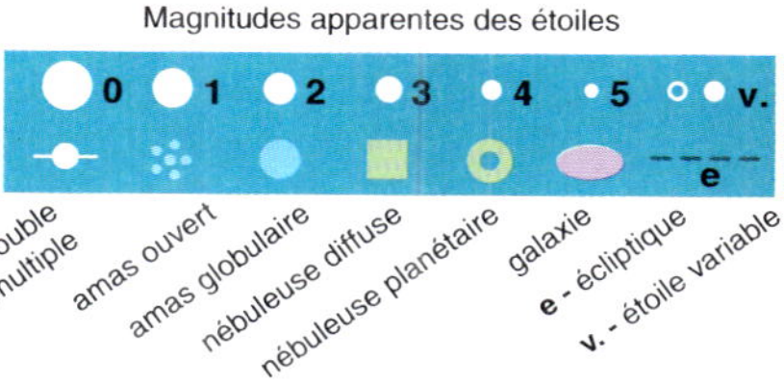

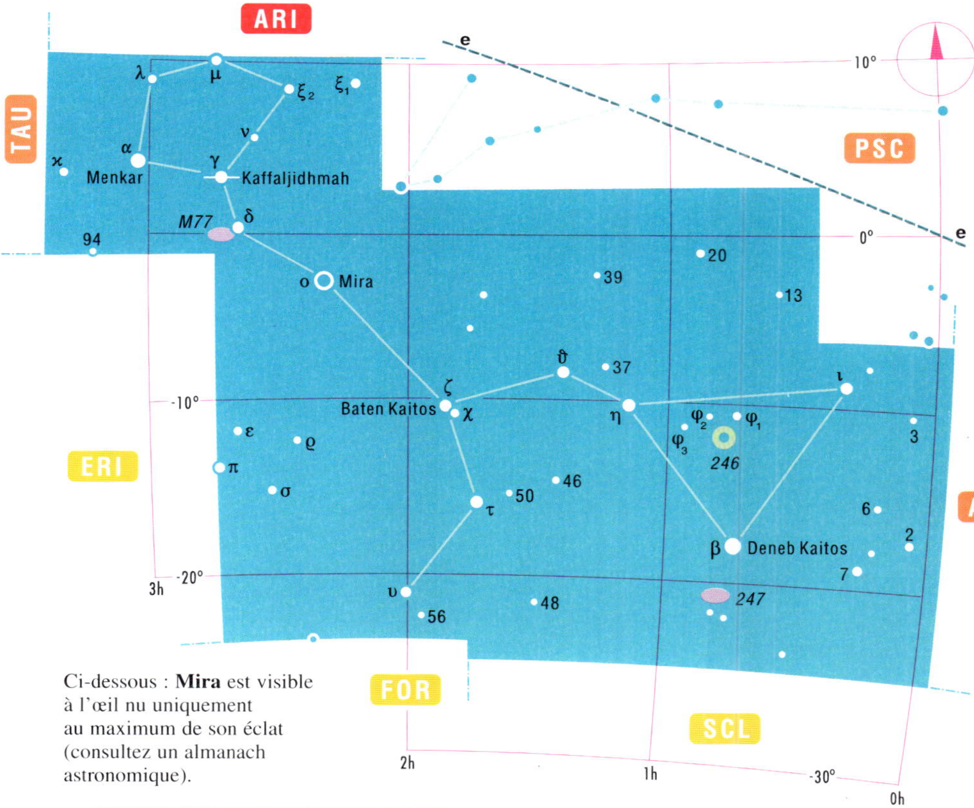

Ci-dessous : **Mira** est visible à l'œil nu uniquement au maximum de son éclat (consultez un almanach astronomique).

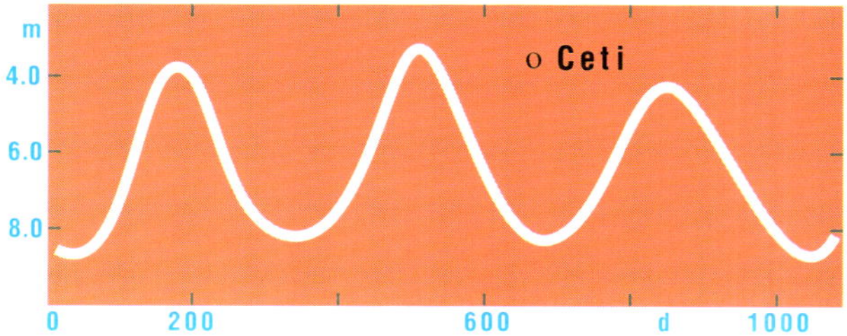

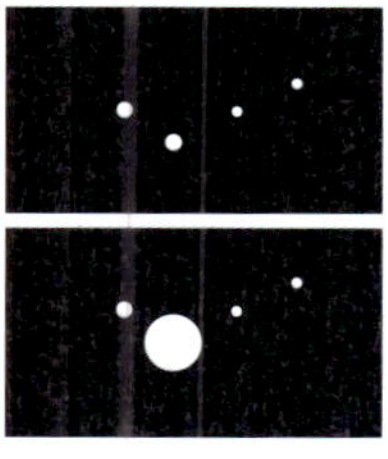

CHAMAELEON

Chamaeleontis Cha Le Caméléon

Dans la nature, le caméléon est connu pour son habileté à passer inaperçu. De même, le navigateur P. Keyser réussit à relier plusieurs étoiles pâles en un Caméléon approximatif que J. Bayer présenta dans son livre *Uranometria* en 1603. Cette petite constellation à peine perceptible est quasiment perdue dans une région dénuée d'étoiles brillantes, à proximité du pôle Sud céleste. Vous la trouverez en prolongeant le plus long bras de la Croix du Sud vers le pôle.

L'étoile la plus brillante de la constellation est α **Chamaeleontis**, 4,1 mag, une géante blanche de type spectral F5 dont la lumière nous parvient en soixante-quatre ans. β **Chamaeleontis**, 4,2 mag, est de type B5 et se situe dans la séquence principale du diagramme H-R. Elle est distante de 270 années-lumière. γ **Chamaeleontis** (4,1 mag), une géante rouge orangé de type M0, luit depuis une distance de quelque 410 années-lumière.

La nébuleuse planétaire **NGC3195** est un remarquable objet lumineux qui apparaît comme un disque nébuleux de dimensions angulaires 30" × 40", soit à peu près la largeur apparente de Jupiter.

Combien d'étoiles pouvons-nous voir dans le ciel ?

Les poètes parlent de milliards, car l'excès est leur prérogative. La réalité est beaucoup plus modeste. Lors d'une nuit sans Lune et dans de bonnes conditions d'observation (atmosphère claire, pas d'éclairage artificiel, etc.), nous pouvons dénombrer de deux à trois mille étoiles au-dessus de l'horizon. Ce nombre dépend de la latitude géographique du site d'observation, de la distribution des étoiles sur la sphère céleste et de l'extinction atmosphérique (voir page 74) ; aussi le nombre d'étoiles visibles à l'œil nu peut-il varier substantiellement par rapport à ces valeurs moyennes. Avec une vue excellente, vous pouvez voir jusqu'à six mille étoiles dans la totalité du ciel. Ce nombre s'accroît très vite avec l'utilisation d'un instrument : des jumelles ou un tout petit télescope révèlent de l'ordre de cent à deux cent mille étoiles, et les gros instruments, des millions à des centaines de millions d'étoiles ainsi que nombre d'autres objets célestes, notamment des galaxies (voir aussi page 179).

CHA

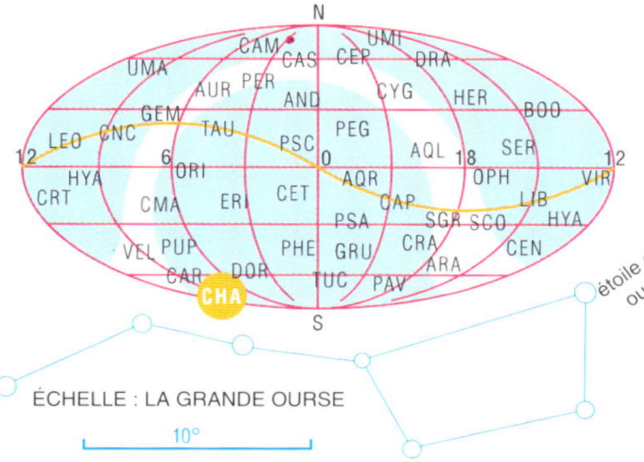

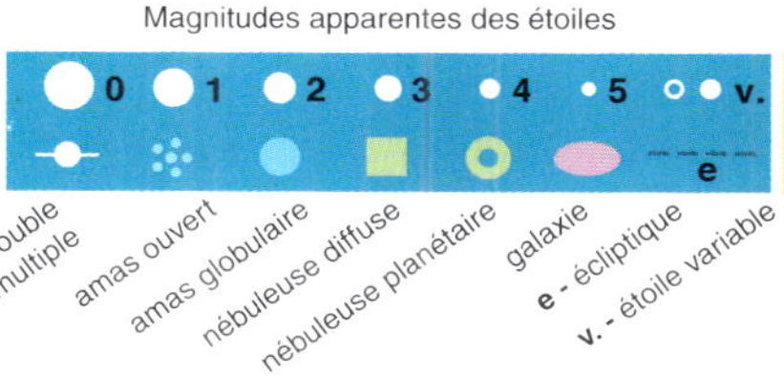

Ci-dessous : le double optique formé par δ1 **Cha** (5,5 mag) et δ2 **Cha** (4,5 mag) peut être résolu même avec des jumelles. La première étoile est distante de 354 années-lumière, la seconde, de 364 années-lumière. **δ1 Chamaeleontis** (ci-dessous) est en fait une binaire dont les composantes ne peuvent être résolues que par un grand télescope.

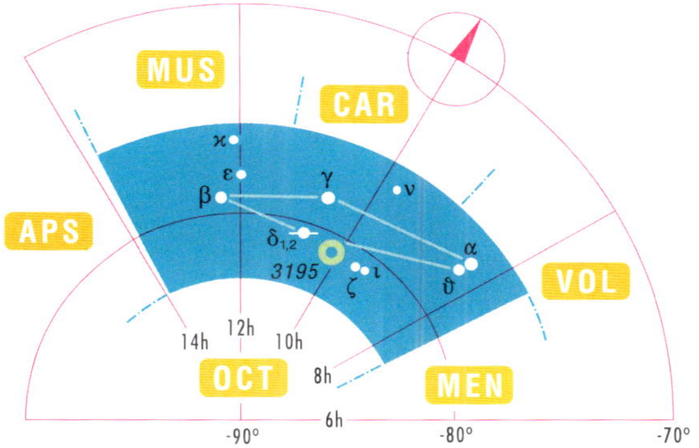

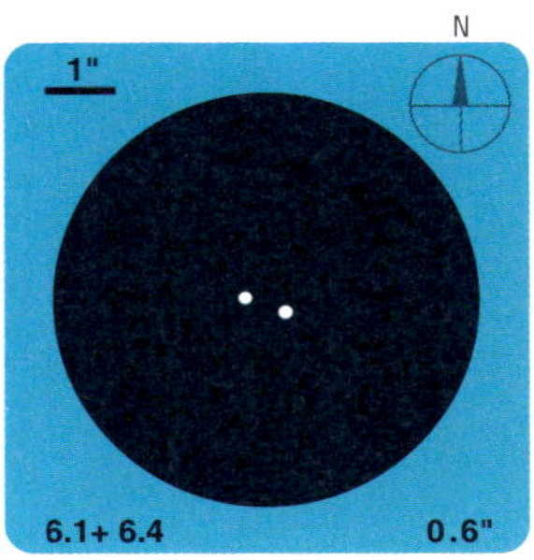

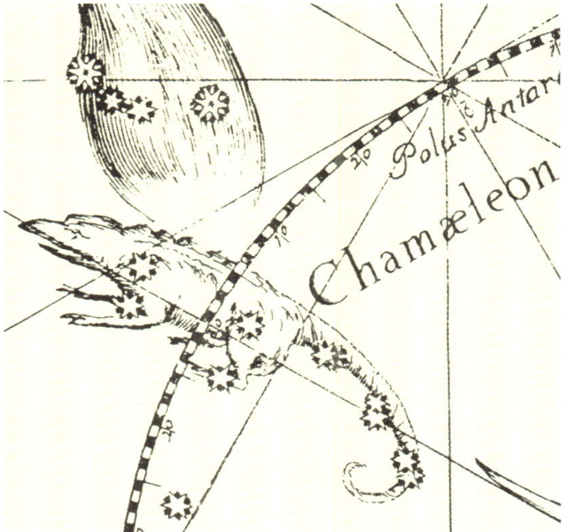

La représentation du Caméléon dans l'atlas stellaire illustré de J. Hevelius, *Uranographia*, de 1690.

CIRCINUS

Circini Cir Le Compas

L'une des plus petites constellations « modernes » dont l'astronome français et abbé Nicolas Louis de Lacaille (parfois orthographié de la Caille, 1713-1762) a rempli chaque espace libre du ciel austral au milieu du XVIIIe siècle. Lacaille mena l'expédition de l'Académie des sciences au cap de Bonne-Espérance, de 1750 à 1754, afin d'observer le ciel austral et de le cartographier pour la première fois systématiquement. Le détail de sa carte montrant le Compas est donné page ci-contre. Le Compas se trouve assez facilement car il est situé juste à côté d'étoiles remarquablement brillantes, α et β Centauri.

α **Circini** (3,2 mag) et γ **Circini** (4,6 mag) sont des étoiles doubles (voir ci-contre) ; elles se trouvent respectivement à 54 et 450 années-lumière. β **Circini** (4,1 mag) est une étoile de la séquence principale de type spectral A3, distante d'environ 97 années-lumière.

La couleur des étoiles

Un coup d'œil hâtif au ciel laisse l'impression que toutes les étoiles sont blanches. Mais une observation plus attentive nous en fait découvrir un grand nombre aux teintes subtiles, en particulier parmi les étoiles très brillantes. Voici quelques exemples :

– orange pâle : Bételgeuse, Antarès, Aldébaran ;
– jaune orangé pâle : Arcturus, Pollux ;
– jaunes : Capella, Toliman (Rigil Kentaurus) ;
– bleutées : Spica, Régulus, Véga ;
– blanches : Deneb, Altaïr, Procyon.

La littérature astronomique donne généralement la couleur comme une caractéristique du rayonnement thermique de l'étoile et de son type spectral. Par exemple, les étoiles froides (moins de 5 000 K) sont de teinte orange (type K), rouge ou cramoisie (type M). Mais notre vision, dont les récepteurs sont sensibles à de nombreux facteurs et notamment à la luminosité de l'objet, nous fait percevoir autre chose. Ainsi, nous voyons des différences de teintes marquées dans les étoiles doubles dont les composantes sont de même type spectral : l'étoile la plus pâle semble être d'une couleur complémentaire de celle de la composante plus brillante – l'illusion est due au contraste.

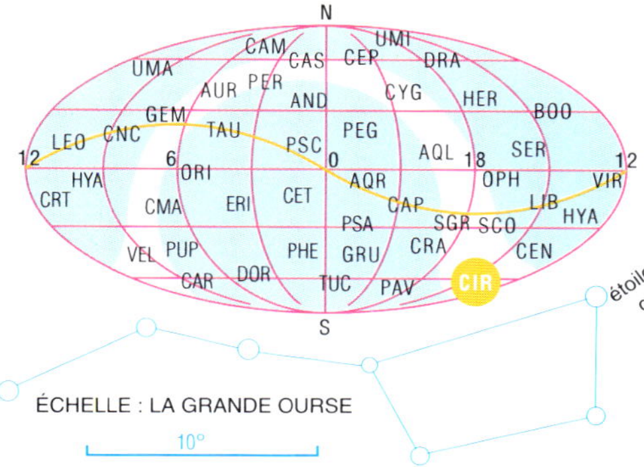

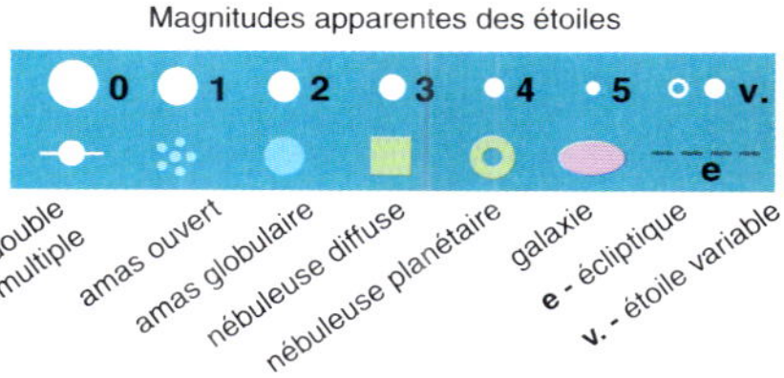

CIR

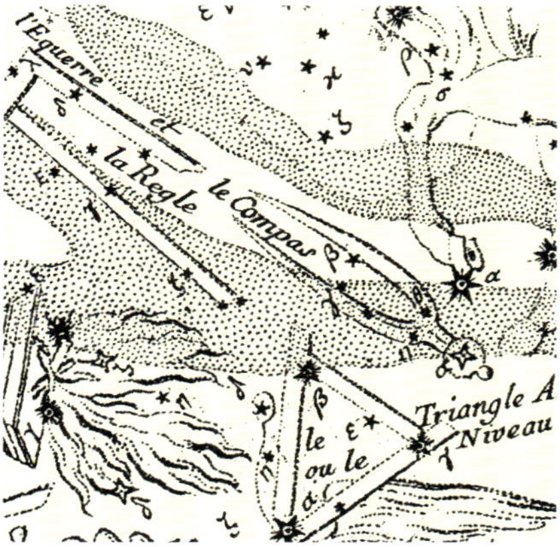

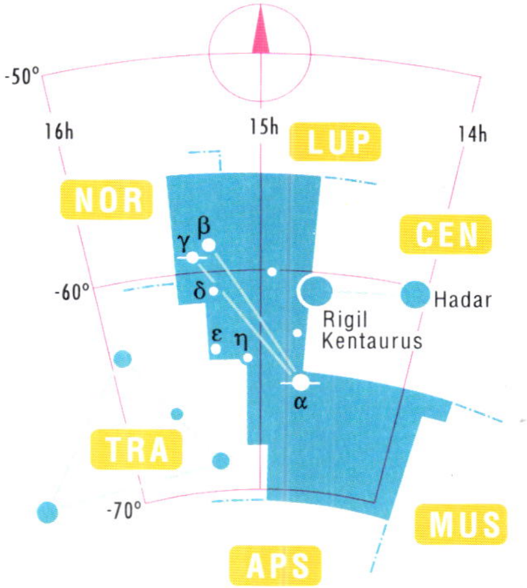

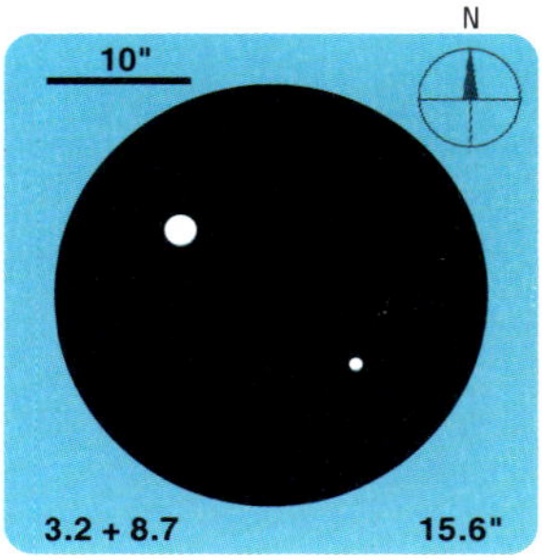

À gauche : l'étoile double α **Circini**, dont les composantes peuvent être résolues par un petit télescope.

À droite : γ **Circini** est une étoile double visuelle très serrée pouvant servir à tester la résolution d'un télescope de 150 mm d'ouverture.

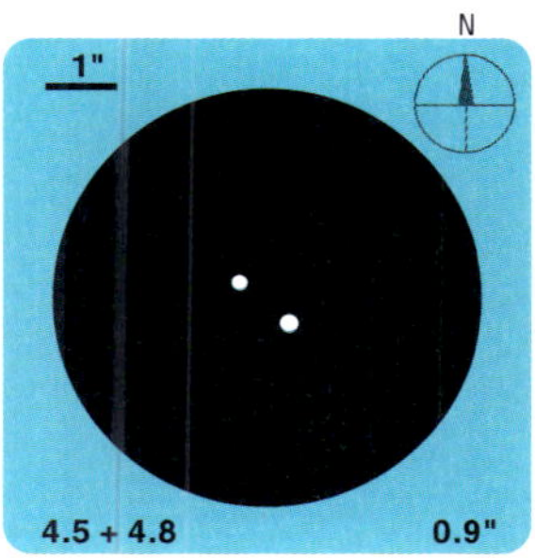

COLUMBA

Columbae Col La Colombe

Située au sud du Grand Chien (*Canis Major*) et du Lièvre (*Lepus*), cette constellation date du XVIIe siècle. Elle représente la colombe que lâcha Noé depuis l'arche lorsque la pluie cessa et que les eaux commencèrent à se retirer ; sur certaines cartes anciennes, elle était d'ailleurs appelée *Columba Noachi*, c'est-à-dire « la Colombe de Noé ». Selon un autre mythe, c'est la colombe qui montra aux argonautes le chemin de la mer Noire ; c'est pourquoi elle est située à proximité de la constellation de la Poupe (*Puppis*), qui faisait initialement partie du grand navire *Argo*.

Phakt (α Columbae), 2,6 mag, est une étoile double qui ne se résout qu'avec un grand télescope ; son compagnon est une étoile pâle (12,5 mag) séparée de 13,5". D'après les mesures du satellite Hipparcos publiées en 1997, elle se trouve à 268 années-lumière**.** **β Columbae**, 3,1 mag, est une géante de type spectral K1 distante de 86 années-lumière. La constellation comprend une autre étoile double, **γ Columbae** (4,4 mag), dont le pâle compagnon (12,7 mag) est situé à 33,8" de la composante principale.

Novae et supernovae

Plusieurs fois par an, les astronomes annoncent la découverte de nouvelles étoiles et cependant le nombre total d'étoiles dans le ciel n'augmente pas. En effet, seul augmente le nombre des symboles, sur les cartes célestes, indiquant l'emplacement d'une étoile non pas nouvelle mais au contraire très vieille et qui a subitement et brièvement brillé intensément avant de disparaître. Ce phénomène n'est pas le signe de la naissance d'une nouvelle étoile, mais de l'explosion d'une étoile existante, souvent insignifiante, dont l'énergie rayonnée est alors multipliée jusqu'à dix mille fois. Cela survient dans les binaires serrées où l'une des composantes est une naine blanche. De l'hydrogène et de l'hélium provenant de l'autre étoile sont « capturés » par la naine blanche et s'accumulent à sa surface jusqu'à ce qu'une réaction thermonucléaire s'y opère, engendrant une explosion. Après l'accalmie qui s'ensuit, l'ensemble du processus se répète jusqu'à ce que l'étoile explose à nouveau – c'est ce que l'on appelle une ***nova récurrente*** *(voir aussi page 98).*

Un feu d'artifice céleste plus somptueux et plus rare nous est offert par les ***supernovae****. Il ne s'agit plus « seulement » de l'explosion de la surface d'une étoile, qui peut se répéter plusieurs fois, mais d'une explosion catastrophique qui signifie la fin de l'étoile sous sa forme première. Seule une enveloppe gazeuse en expansion rapide demeure – un reste de supernova (noté* ***SNR****, pour Supernova Remnant).*

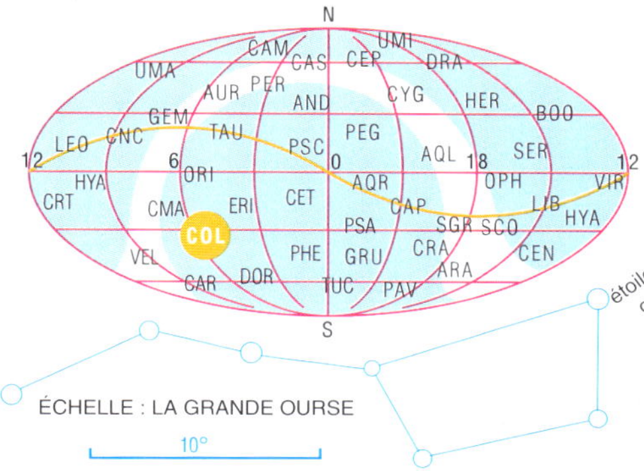

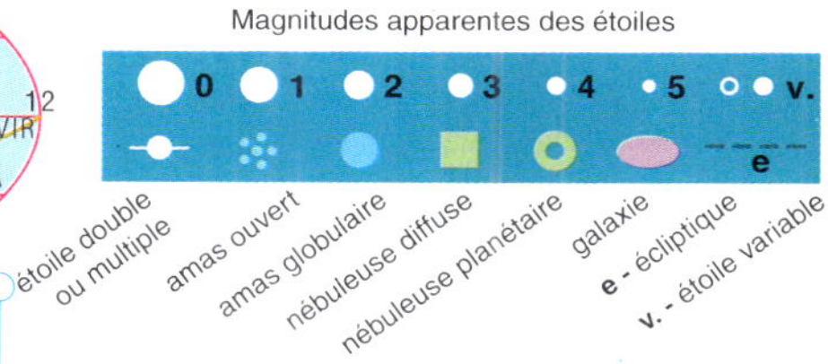

COL

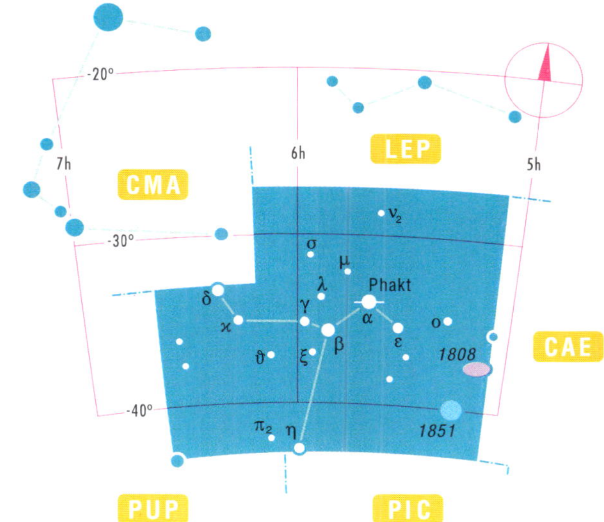

Ci-dessous : **NGC1808**, une galaxie spirale de type Sc située à quelque 50 millions d'années-lumière. La structure de la galaxie, en particulier l'analyse de son spectre de rayonnements, suggère l'existence de processus très énergétiques au sein de son très petit noyau, qui la rangent dans la catégorie des galaxies de Seyfert aux noyaux extraordinairement actifs.

COMA BERENICES

Comae Berenices Com La Chevelure de Bérénice

La constellation rappelle l'histoire vraie de la reine Bérénice, épouse de Ptolémée III, roi d'Égypte (environ 250 avant notre ère) qui plaça sa magnifique chevelure en offrande pour implorer le retour de son mari sain et sauf de la guerre. Mais les cheveux disparurent du temple et, pour étouffer le scandale, l'astronome de la cour, Coron, «découvrit» que les dieux avaient tant apprécié l'offrande qu'ils avaient mis la chevelure dans le ciel sous forme de constellation.

Une grande partie de la constellation est occupée par le vaste amas d'étoiles **Melotte 111**, l'un des plus beaux amas ouverts pouvant être observé à l'aide de jumelles. L'étoile la plus brillante à proximité de l'amas est **γ Com**. L'amas contient environ quatre-vingts étoiles dont l'éclat est compris entre 4 et 5 mag ou plus pâles. S'il paraît si grand, c'est qu'il se trouve à seulement 290 années-lumière.

L'amas globulaire **M53** (NGC5024), dont l'éclat global atteint 7,5 mag, présente un diamètre apparent de 14' ; son diamètre réel est d'environ 800 années-lumière, et il se trouve à quelque 60 000 années-lumière.

La constellation encadre un groupe de galaxies, l'**amas de la Chevelure de Bérénice**, situé à 300 ou 400 millions d'années-lumière et comprenant plus de mille galaxies, malheureusement hors de portée des instruments d'amateurs. En revanche, plusieurs galaxies plus proches et plus brillantes sont également projetées dans cette constellation. **NGC4565** (ci-dessous à droite) est l'un des plus typiques exemples de galaxie spirale observée par la tranche. Distante d'environ 20 millions d'années-lumière, elle est aussi grande que notre galaxie.

M64 (NGC4826), appelée **l'Œil noir**, est une galaxie spirale comportant près de son bulbe des nuages sombres de poussières extraordinairement marqués, d'où son nom. De dimensions angulaires 7,5' × 3,5', elle est située à 20-25 millions d'années-lumière.

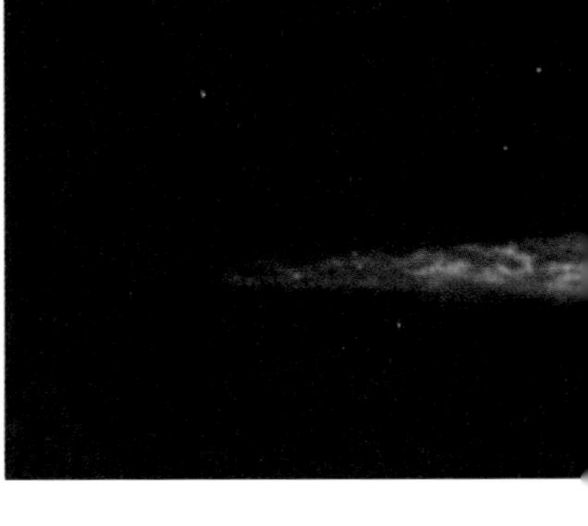

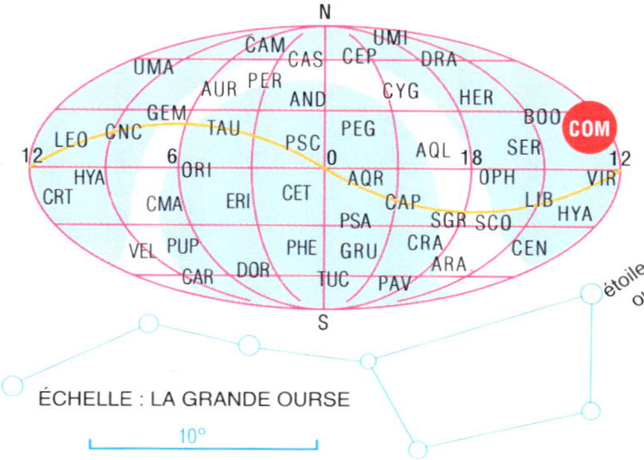

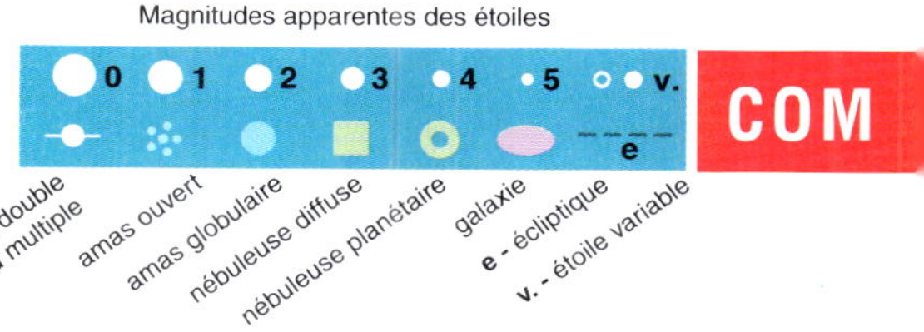

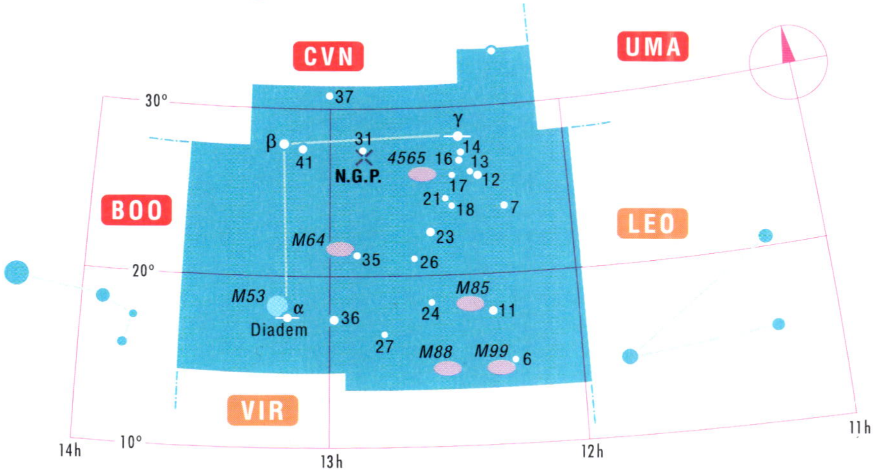

Ci-dessous : des nuages sombres de poussières et de gaz interstellaires sont visibles le long du plan médian de la galaxie **NGC4565** ; ils absorbent la lumière des étoiles situées dans le bras spiral de la galaxie.

Ci-dessus : le sigle **NGP** désigne le pôle Nord galactique. Dans cette direction, nous regardons perpendiculairement au plan galactique, obtenant ainsi une vue sur les régions les plus reculées de l'Univers.

CORONA AUSTRALIS

Coronae Australis CrA La Couronne australe

Au sud de la caractéristique « théière » formée par les étoiles du Sagittaire, se trouve la contrepartie de la Couronne boréale (CrB) : la Couronne australe, moins remarquable. Toutes deux font partie des constellations classiques de la liste de Ptolémée datant du IIe siècle. Dans les cartes célestes illustrées, la Couronne australe est souvent représentée par une couronne de lauriers – l'apanage des dieux, des souverains et des vainqueurs ; J. Hevelius s'en faisait une autre idée, comme le montre la page ci-contre.

α **Coronae Australis**, 4,1 mag, est une étoile de type spectral A1 située à 130 années-lumière. β **Coronae Australis**, 4,1 mag, est une géante orange de type K0 distante de quelque 500 années-lumière. Une distance de 175 années-lumière nous sépare de δ **Coronae Australis** (4,6 mag), autre géante orange de type spectral K1. κ **Coronae Australis** est une étoile double dont les composantes (5,6 et 6,3 mag), séparées de 21,4", peuvent être résolues avec un petit télescope.

L'amas globulaire **NGC6541** est gros (avec un diamètre angulaire de 23') et brillant (6,1 mag) ; dans un instrument de taille modeste, il apparaît comme un petit nuage brumeux. Néanmoins, ses étoiles les plus brillantes ne peuvent être observées individuellement qu'avec un gros instrument car leur éclat ne dépasse pas 13,0 mag. Le diamètre réel de l'amas est d'environ 400 années-lumière. Il est situé à 23 000 années-lumière de notre Soleil et à 9 000 années-lumière du centre de la Galaxie.

Des « visiteurs » parmi les constellations

L'aspect habituel des constellations est souvent modifié par la présence de « visiteurs » d'origine céleste ou terrestre – planètes, planétoïdes, comètes et plus rarement novae (voir page 92). Certains d'entre eux peuvent être observés à l'œil nu, d'autres seulement avec un instrument. Les débutants trouvent assez difficile de déterminer la nature de ces objets. Les corps du système solaire sont trahis par leur mouvement sur l'arrière-plan stellaire, détectable en quelques heures ou en quelques jours, et parfois aussi par leur aspect. Les objets connus seront identifiés en consultant un almanach astronomique et un atlas stellaire détaillé. Si vous avez un doute, n'hésitez pas à interroger l'observatoire ou le planétarium le plus proche : plus d'une fois, une nouvelle nova ou comète a été découverte par un amateur. Toutefois, il est doublement vrai que la chance favorise ceux qui s'y préparent. Parmi les visiteurs de courte durée, les météores sont les traces lumineuses de petits objets interplanétaires qui brûlent dans l'atmosphère de la Terre. Un point brillant comme une étoile et se déplaçant rapidement dans le ciel est caractéristique d'un satellite artificiel ; des jumelles permettront de le distinguer des feux de position d'un avion, de même que l'absence de bruit – les satellites n'ont pas de moteur.

CRA

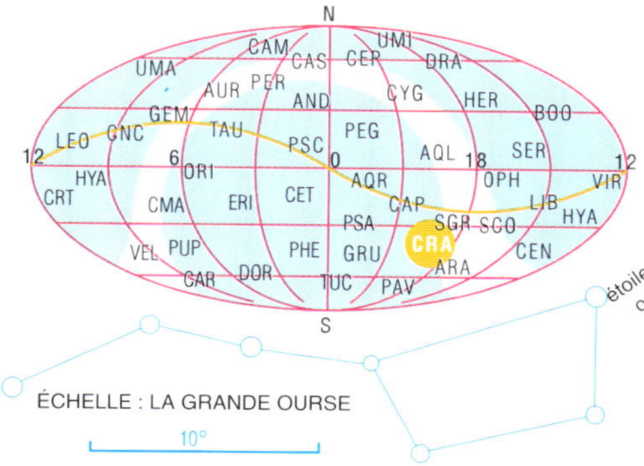

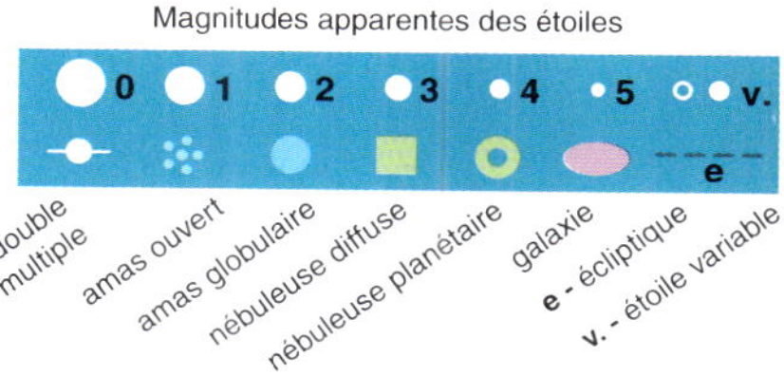

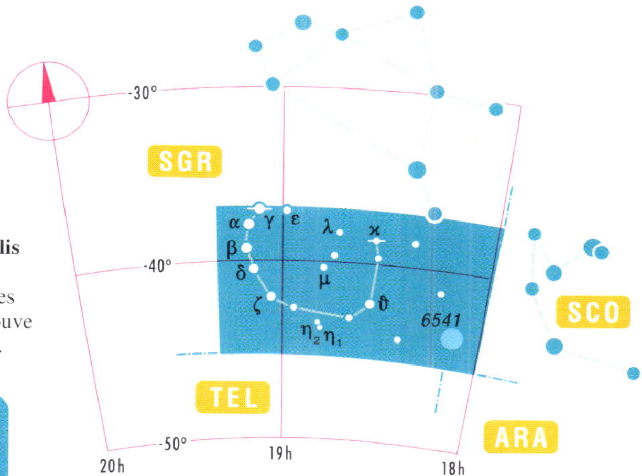

Ci-dessous : γ **Coronae Australis** est une binaire dont la période de révolution de ses composantes est de cent vingt ans. Elle se trouve à 58 années-lumière de la Terre.

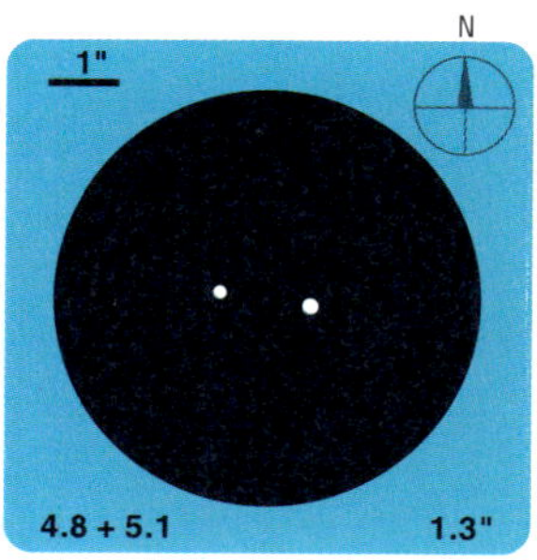

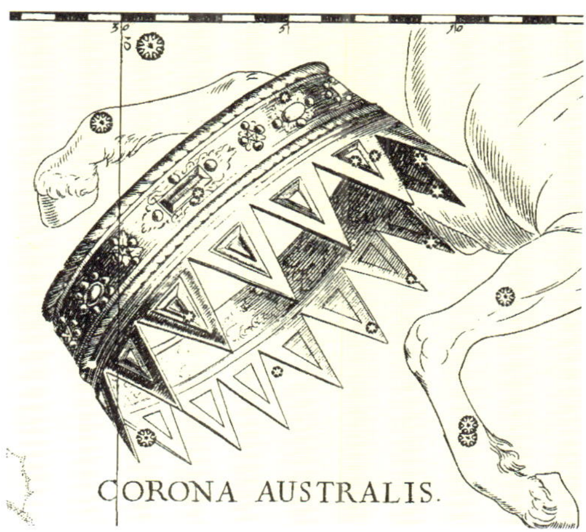

À droite : la Couronne australe telle que dépeinte dans l'atlas stellaire de J. Hevelius (1690).

CORONA BOREALIS

Coronae Borealis CrB La Couronne boréale

L'une des plus anciennes constellations connues. Selon un ancien mythe, le roi Minos de Crète avait une fille, Ariane, qui portait une couronne ornée de pierres précieuses. Dionysos (Bacchus pour les Romains) la désirait pour femme. Afin de la convaincre de son origine divine, il prit la couronne de la princesse et la lança dans le ciel – mais, selon une autre version, il fit cela lorsqu'elle mourut. Cette constellation, petite mais caractéristique, se repère facilement entre le Bouvier (Boo) et Hercule.

Gemma (le Joyau) – α Coronae Borealis – est une étoile binaire à éclipses dont l'éclat varie de 2,2 à 2,3 mag sur une période de 17,4 jours ; elle se trouve à 75 années-lumière. Distante de 470 années-lumière, **ζ Coronae Borealis** (4,7 mag) se résout avec un petit télescope en une étoile double dont les composantes, de 5,1 et 6,0 mag, sont séparées de 6,3". L'étoile double optique **ν1,2 Coronae Borealis** a deux composantes de 5,4 et 5,6 mag distantes de 370". **T Coronae Borealis** (10,0 à 11,0 mag) est une étoile pleine de surprises ; c'est une nova récurrente (voir page 92) dont l'éclat s'est accru jusqu'à 2,0 mag en 1866, puis à nouveau en 1946.

Le groupe de galaxies **ZW7420** (catalogue de Zwicky) comprend quelque quatre cents galaxies. Son diamètre apparent atteint 154'. Il est situé à plus d'un milliard d'années-lumière et il s'éloigne de nous à environ 21 000 km/s. Les groupes (ou amas) de galaxies comprennent des centaines à des milliers de membres mutuellement liés par les forces gravitationnelles.

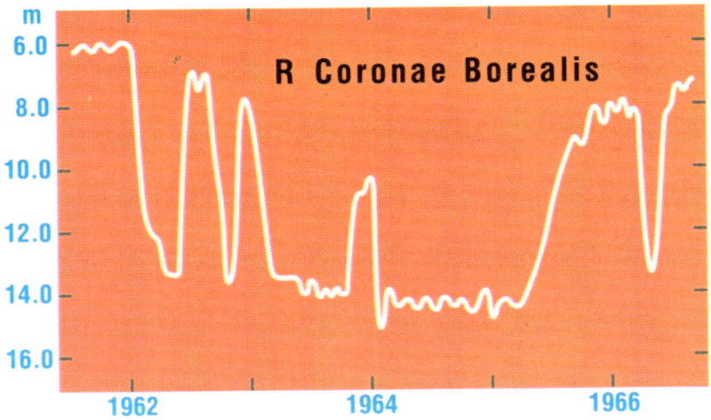

Cette courbe de lumière montre les changements d'éclat de l'étoile variable irrégulière **R Coronae Borealis**, qui fluctue de manière imprévisible entre 6,0 et 15,0 mag. R CrB est un *smoker* (« fumeur ») – une étoile entourée occasionnellement de nuages de poussières de carbone qui absorbent sa lumière. Quand les nuages se dispersent, l'étoile brille à nouveau intensément, atteignant son éclat maximal.

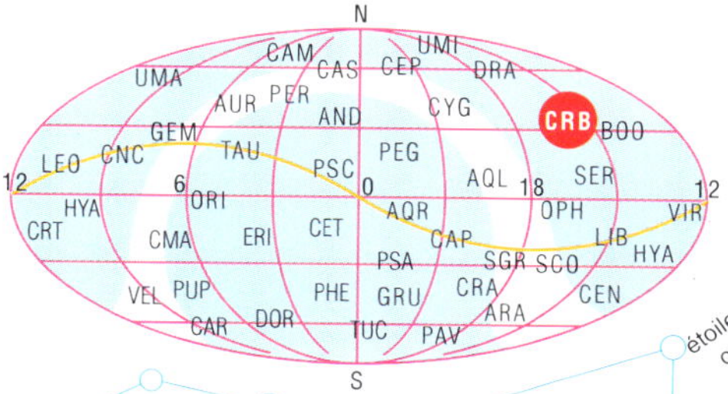

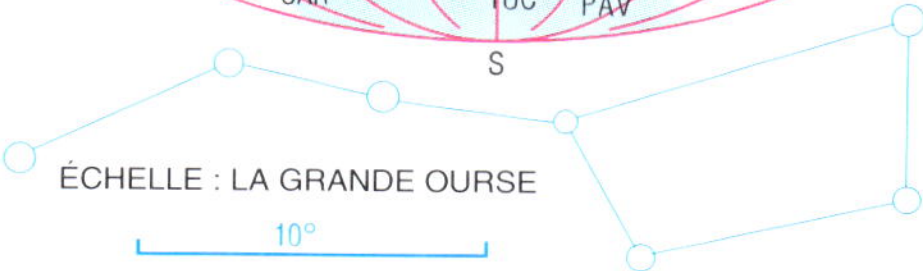

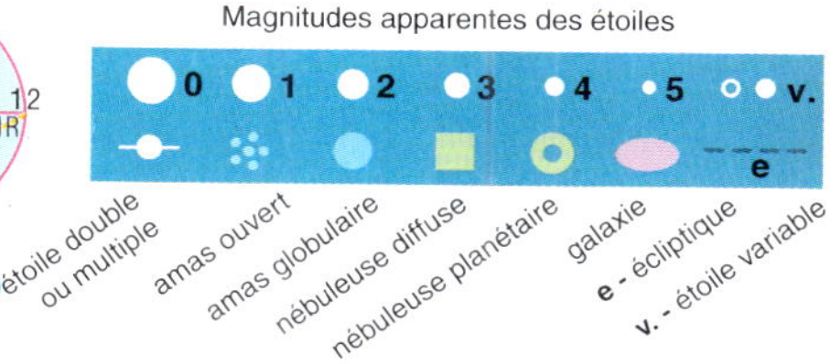

CRB

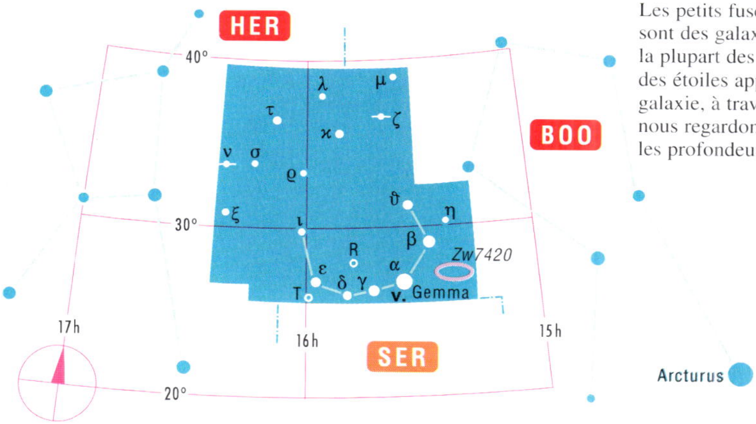

Ci-dessous : une partie de l'amas de galaxies de la Couronne boréale. Les petits fuseaux et les ovales sont des galaxies, mais la plupart des ronds sont des étoiles appartenant à notre galaxie, à travers laquelle nous regardons jusque dans les profondeurs de l'Univers.

CORVUS

Corvi Crv Le Corbeau

Le rectangle caractéristique du Corbeau et la configuration bien reconnaissable de la Coupe (*Crater*), adjacente, se retrouvent facilement à côté de la brillante Spica, dans la Vierge (Vir). Ces deux petites constellations sont liées par une légende commune (voir ci-dessous).

Al Chiba ou Alchita (α Corvi), 4,0 mag, est une géante blanche distante de 48 années-lumière. **Algorab** (β Corvi), 3,0 mag, est une étoile double dont le compagnon (9,2 mag) est écarté de 24,2". Le système est éloigné de 88 années-lumière.

L'objet le plus remarquable est le couple de galaxies **NGC4038-39**, bien qu'avec une magnitude de 11,0 mag, il soit inobservable avec un petit instrument (voir ci-contre). Son apparence inhabituelle lui vaut l'appellation **les Antennes**. Distante d'environ 90 millions d'années-lumière, c'est l'une des paires les plus proches de galaxies en interaction. Il y a cinq à sept cents millions d'années de cela, les deux galaxies se sont tellement rapprochées qu'un grand nombre d'étoiles et la majeure partie de la matière interstellaire furent déviées de leurs orbites initiales par les forces gravitationnelles, et éjectées dans l'espace intergalactique sous la forme de longs filaments. La gravitation contribue aussi à la formation de nouvelles étoiles dans les bulbes et disques galactiques.

CRATER

Crateris Crt La Coupe

Le dieu Apollon envoya son serviteur le Corbeau, muni d'une Coupe, pour recueillir l'eau de la vie. À la source, le Corbeau trouva un figuier et attendit que les figues mûrissent ; alors seulement l'oiseau gourmand accomplit ce qu'on lui avait ordonné. Pour expliquer son retard, il ramena un serpent de mer (l'Hydre), qui l'aurait empêché de prendre l'eau. Apollon devina son mensonge et envoya les trois protagonistes – le Corbeau, la Coupe et l'Hydre – dans le ciel.

Alkes (α Crateris), 4,1 mag, est une géante jaune distante de 174 années-lumière. L'étoile double γ **Crateris** a une composante principale de 4,1 mag dont le compagnon de 8,9 mag est écarté de 5,3". Le système se trouve à 84 années-lumière de la Terre.

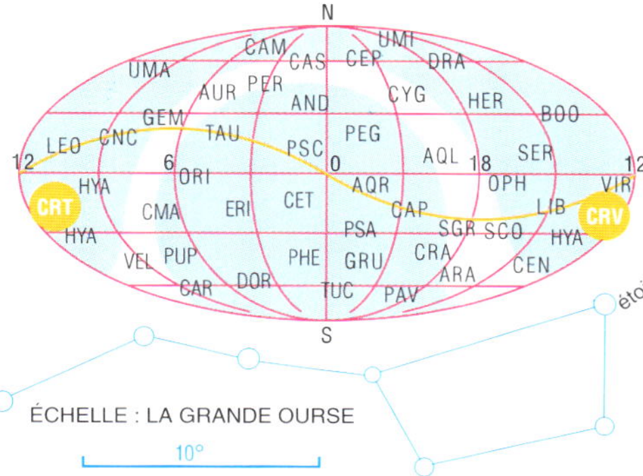

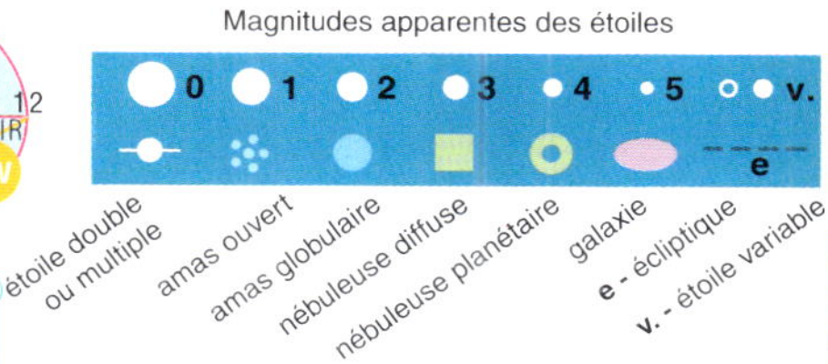

CRV

CRT

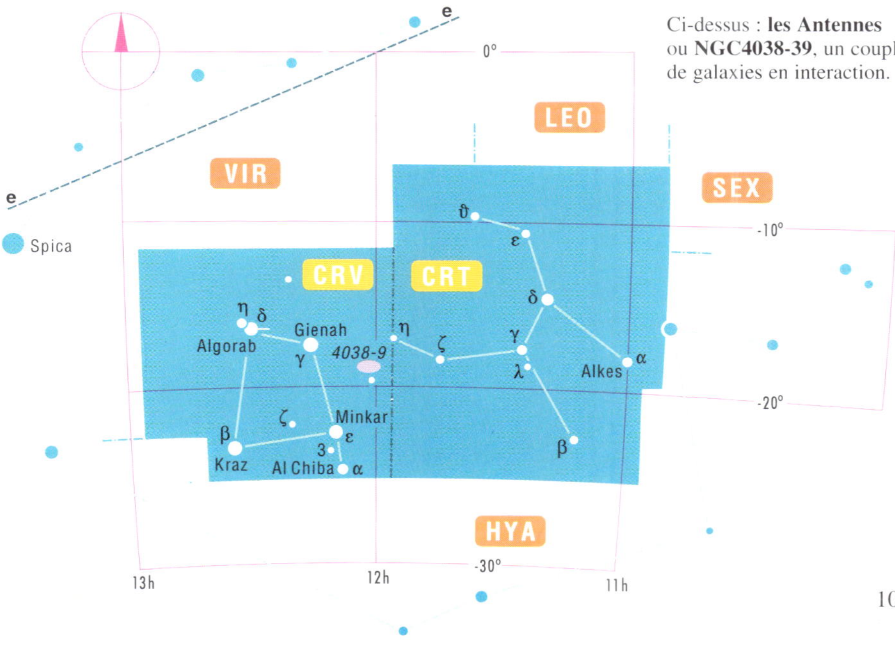

Ci-dessus : **les Antennes** ou **NGC4038-39**, un couple de galaxies en interaction.

CRUX

Crucis Cru La Croix du Sud

La plus petite, mais aussi la mieux connue et la plus admirée des constellations du ciel austral. Symbole de l'hémisphère sud, elle figure sur les drapeaux de plusieurs pays. Le bras le plus long de la croix pointe vers le pôle céleste Sud ; c'est pourquoi la Croix du Sud a servi durant des siècles de fanal aux navigateurs. La Croix du Sud ne figure comme constellation de plein droit sur les cartes célestes que depuis le XVIIe siècle. Auparavant, ses étoiles faisaient partie du Centaure.

On repère la Croix du Sud à l'aide du couple d'étoiles proches – α et β Centauri –, qui servent de « pointeurs » directionnels (voir ci-contre et ci-dessous), mais aussi de « détrompeurs », permettant de la distinguer de la Fausse Croix, située à la limite des Voiles (*Vela*) et de la Carène (*Carina*).

Le très brillant amas ouvert **NGC4755** s'appelle la **Boîte à Bijoux** : c'est l'un des plus beaux amas d'étoiles. Environ cinquante étoiles brillantes de 6 à 10 mag y sont concentrées dans un cercle de 10'. La plupart d'entre elles sont de jeunes supergéantes bleues (âgées de plusieurs millions d'années), dont la luminosité équivaut à celles de plusieurs douzaines de milliers de soleils. L'amas se situe à environ 7 600 années-lumière.

À l'œil nu, la nébuleuse obscure appelée le **Sac à Charbon** semble être une zone vide d'environ 5° × 8° dans la Voie lactée. C'est en fait un nuage de poussières et de gaz interstellaires situé à quelque 550 années-lumière. Son diamètre réel est de plus de 60 années-lumière.

Les environs de la Croix du Sud, avec α et β Centauri sur la gauche et la nébuleuse obscure du **Sac à Charbon**.

CRU

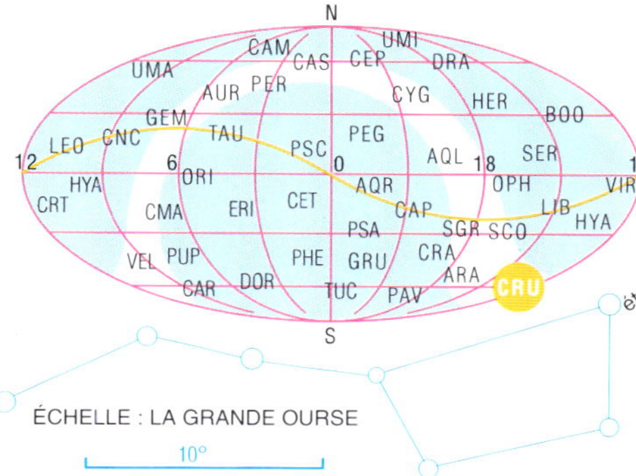

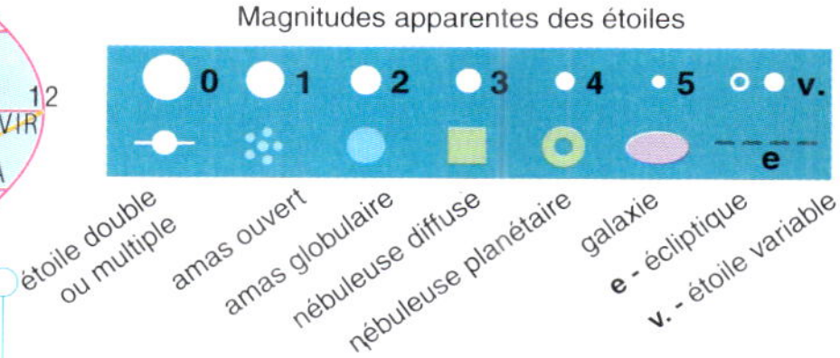

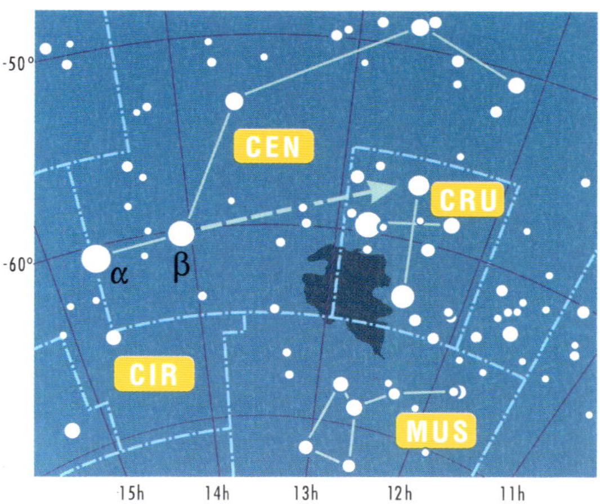

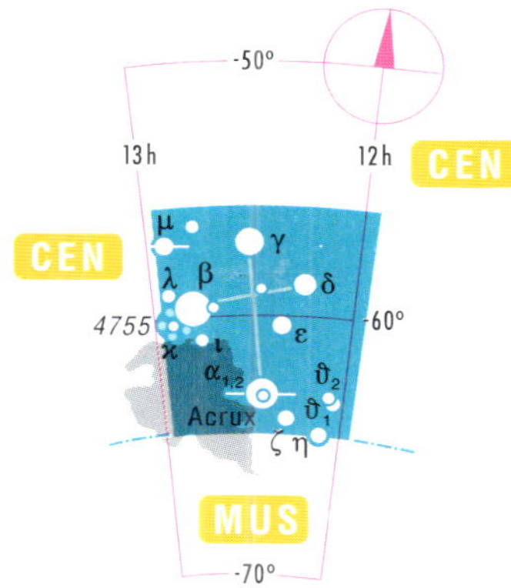

Ci-dessous : l'amas ouvert **NGC4755 – la Boîte à Bijoux**. C'est un superbe objectif

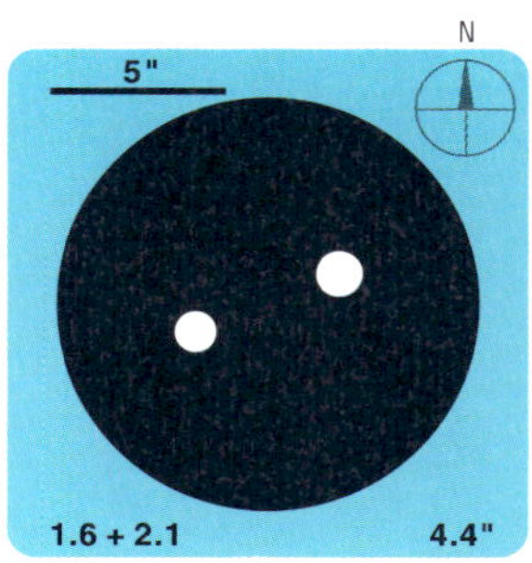

Ci-dessus : **Acrux** (α Crucis), 1,1 mag, l'une des plus belles étoiles doubles du ciel, distante d'environ 320 années-lumière.

CYGNUS

Cygni | Cyg | Le Cygne

Le Cygne est une ancienne constellation classique associée à de nombreux mythes. Selon l'un d'eux, c'est la forme que prit Zeus pour séduire la belle Léda de Sparte. Dans le ciel, le Cygne offre une configuration très caractéristique qui lui vaut le nom – non officiel – de « Croix du Nord ». Il n'est guère difficile d'imaginer un cygne volant toutes ailes déployées le long de la Voie lactée.

α Cygni, 1,2 mag, est appelée **Deneb** (« la Queue » en arabe) ; c'est une étoile brillante de la queue du Cygne qui forme l'un des trois sommets du Triangle d'été. C'est l'une des plus grosses et plus lumineuses supergéantes, avec un diamètre équivalent à soixante soleils, une masse de quelque vingt-cinq masses solaires et une luminosité de soixante mille soleils ! L'étoile double, assez insignifiante, **61 Cygni**, aux composantes de 5,2 et 6,1 mag, est néanmoins historique : c'est la première étoile dont on a réussi à mesurer le parallaxe et la distance par rapport au Soleil (F.W. Bessel, 1838). Cette dernière est de 11,4 années-lumière.

La nébuleuse diffuse **America** (ou Amérique du Nord, NGC7000, ci-dessous) peut être observée à l'œil nu ou aux jumelles ; elle apparaît comme un nuage brumeux d'environ 1,5° dans la Voie lactée. Située à environ 2 700 années-lumière, elle a un diamètre réel est de 100 années-lumière.

La nébuleuse **America** (NGC7000).

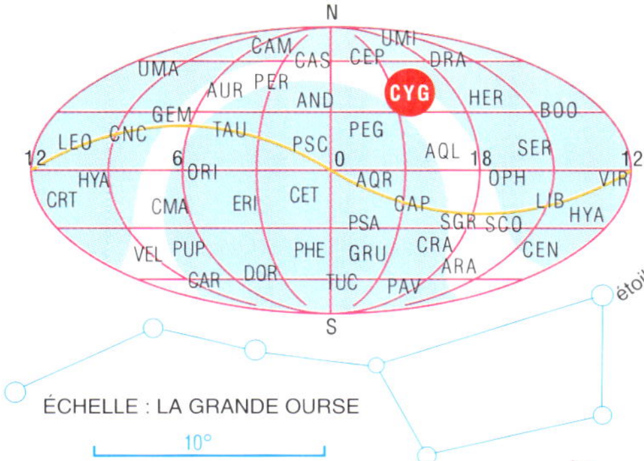

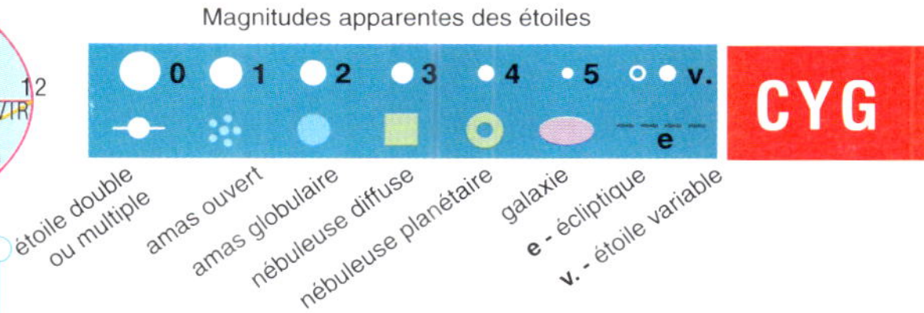

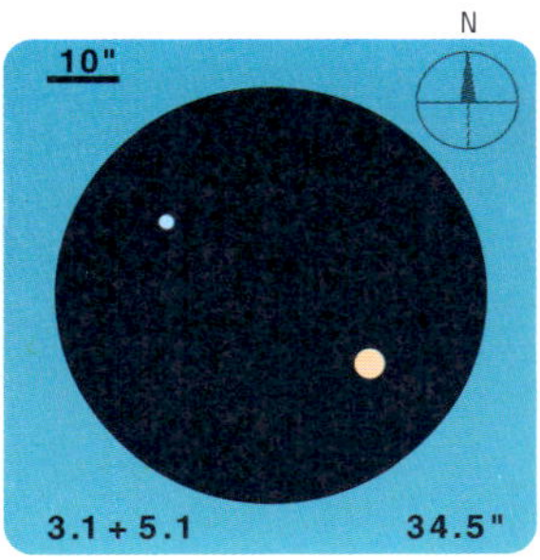

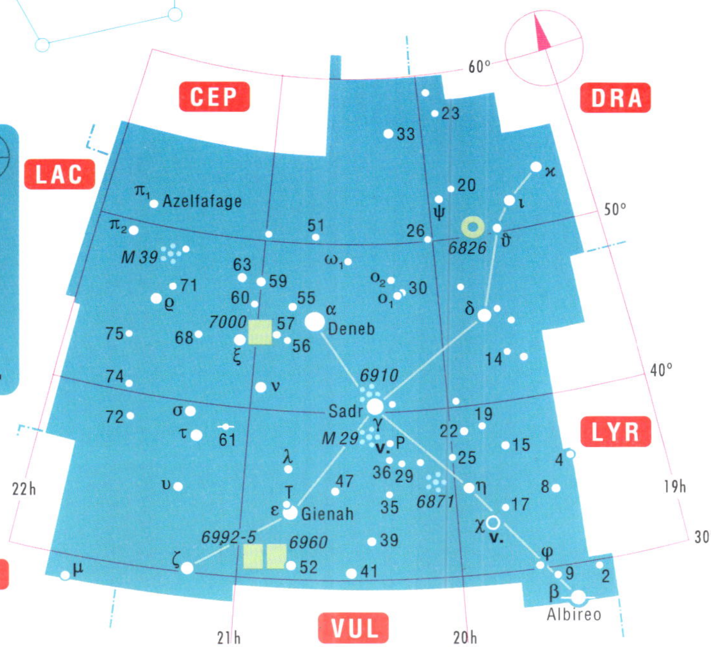

Ci-dessus : **Albiréo** (β Crucis, en arabe « le Biseau »), l'une des plus belles étoiles doubles montrant un contraste de couleurs marqué. Ses composantes sont de types spectraux K3 et G0. Le système est situé à 380 années-lumière.

À droite : l'amas ouvert **M39** (NGC7092), 5,0 mag, contient environ vingt-cinq étoiles de 7 à 10 mag. D'un diamètre apparent de 30', il est distant d'environ 900 années-lumière.

DELPHINUS

Delphini Del Le Dauphin

Cette constellation fut sûrement proposée par les anciens navigateurs qui connaissaient les dauphins et les relations amicales qu'ils entretenaient avec les hommes. L'un des mythes nous dit que ce dauphin sauva le fameux poète grec Arion. Selon la mythologie grecque, le Dauphin fut placé parmi les constellations par Poséidon, frère de Zeus, car l'animal lui avait indiqué la cachette de sa bien-aimée, Amphitrite. Située à proximité d'Altaïr, cette constellation, petite mais caractéristique, ne fait que 6° de long et tient dans le champ de vision de nombreuses jumelles.

Sualocin (α Delphini), 3,8 mag, est une étoile multiple dont un compagnon de 13,3 mag est situé à 30", et une autre composante, de 6,0 mag, est à 9' au sud-ouest de l'étoile principale. La lumière du système met deux cent quarante ans à atteindre la Terre. **Rotanev** (β Delphini), 3,6 mag, fut résolue en une binaire par J.W. Burnham en 1873, au moyen d'une lunette de Clark de 150 mm de diamètre ; les composantes, de 4,0 et 4,9 mag, étaient alors séparées de 0,7" (de 0,2" seulement, à présent). Le système se trouve à environ 120 années-lumière. Les noms mystérieux de ces deux étoiles se comprennent mieux lorsqu'on les lit à l'envers : ils donnent alors Nicolaus Venator – le nom latinisé de l'italien Niccolo Cacciatore, assistant de l'astronome bien connu Giuseppe Piazzi.

L'objet **NGC7006**, 11,5 mag, au diamètre angulaire de 1', est l'un des plus lointains amas globulaires d'étoiles : il se trouve à plus de 110 000 années-lumière de la Terre.

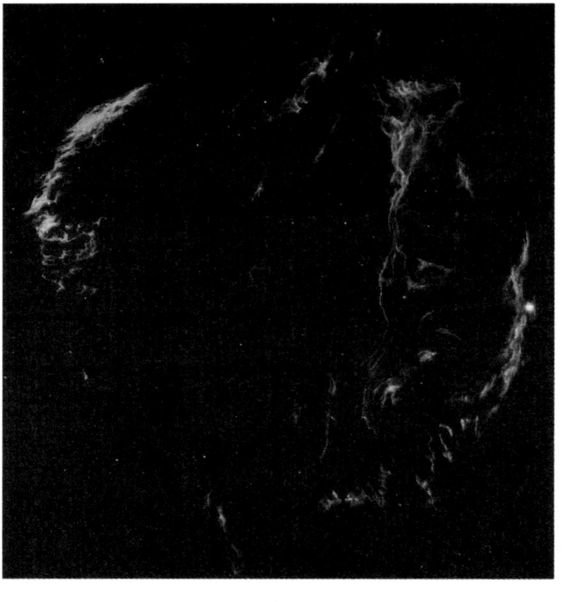

La **Dentelle du Cygne** (NGC6960 et NGC6992-5). L'ensemble du complexe nébulaire a un diamètre angulaire de 2,6°. C'est une partie d'une « bulle » en expansion engendrée par l'explosion d'une étoile distante de quelque 2 500 années-lumière en supernova, il y a environ quinze à trente milliers d'années. (Cette illustration se rapporte à la constellation précédente, le Cygne.)

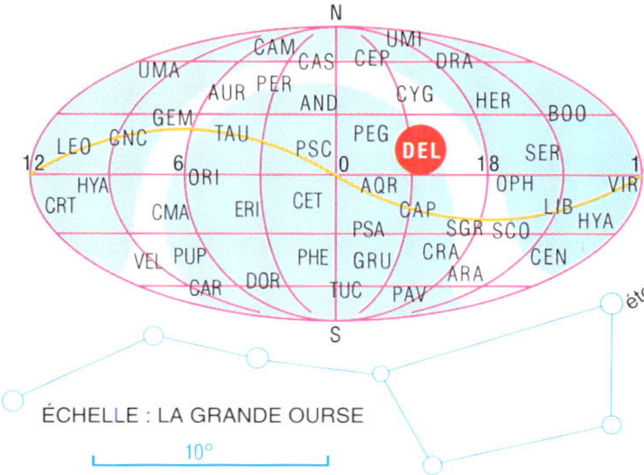

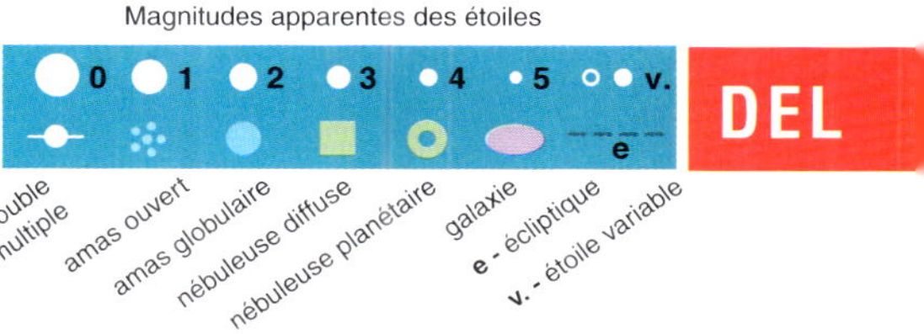

Le Dauphin selon l'atlas stellaire de J. Hevelius (1690).

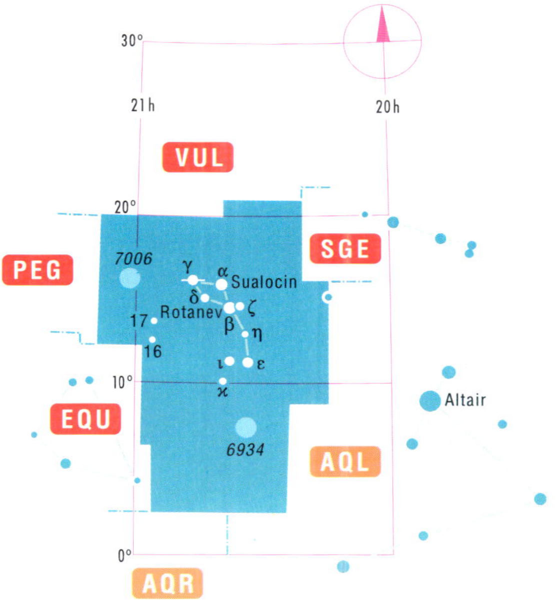

À droite : γ **Delphini**, une belle étoile double pouvant être observée avec un petit instrument.

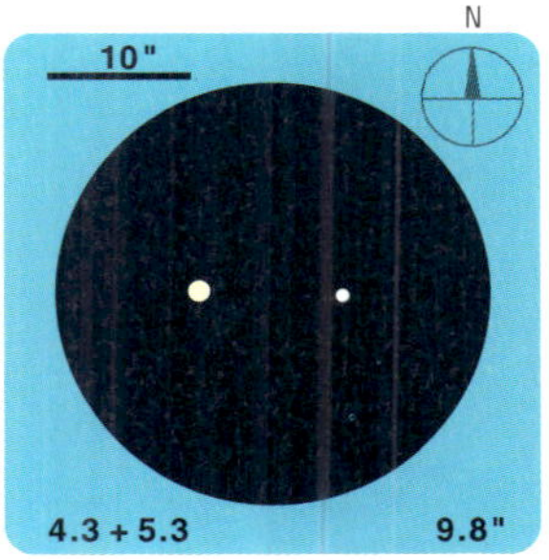

DORADO

Doradus Dor La Dorade

Cette constellation fut proposée par le navigateur hollandais P.D. Keyser en 1536 et présentée par l'astronome bavarois Johann Bayer dans son atlas stellaire *Uranometria* de 1603. On la trouve en s'aidant de l'étoile Canopus et du Grand Nuage de Magellan, dont une partie importante se trouve dans les limites de la constellation.

β **Doradus**, l'une des plus belles céphéides (voir page 25), voit son éclat passer de 3,5 à 4,1 mag sur une période de 9,8 jours. C'est une supergéante jaune située à quelque 1 000 années-lumière.

Le **Grand Nuage de Magellan** (ci-dessous), noté LMC sur les cartes célestes, petite galaxie voisine, est, avec le Petit Nuage de Magellan (noté SMC), satellite de notre galaxie. Le diamètre du LMC est d'environ 26 000 années-lumière et il est situé à environ 180 000 années-lumière de la Terre. De si près – à l'échelle des galaxies –, nous pouvons observer les étoiles individuelles, les amas stellaires et les nébuleuses de chacun des Nuages. En février 1987, une brillante supernova flamba dans le Grand Nuage, au voisinage de la nébuleuse de la Tarentule ; elle était visible à l'œil nu. Le LMC contient un grand nombre de supergéantes extraordinairement brillantes dont la luminosité atteint jusqu'à un million de soleils.

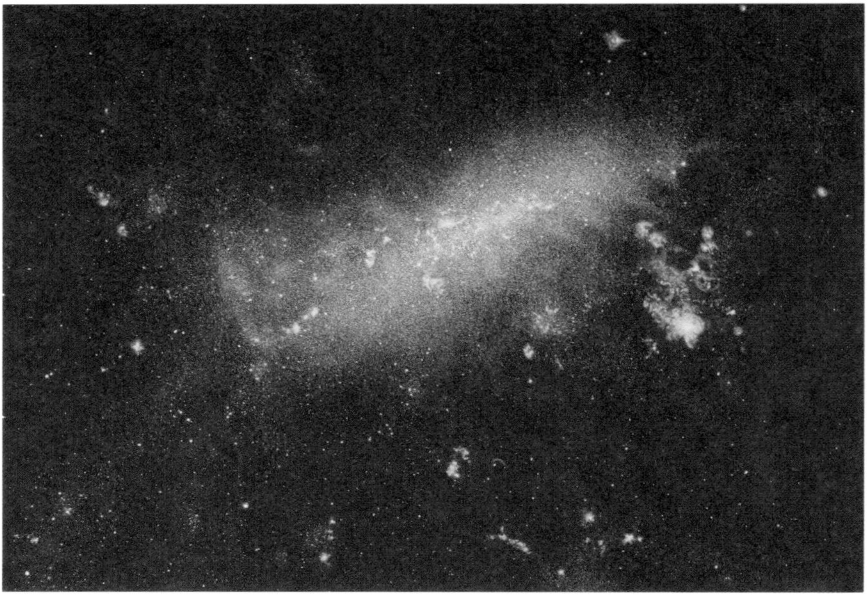

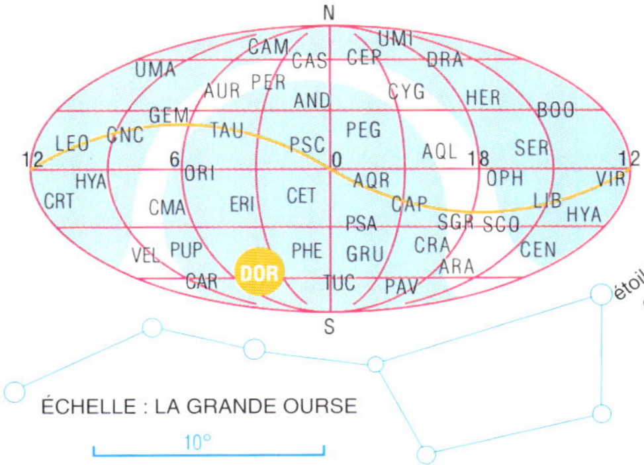

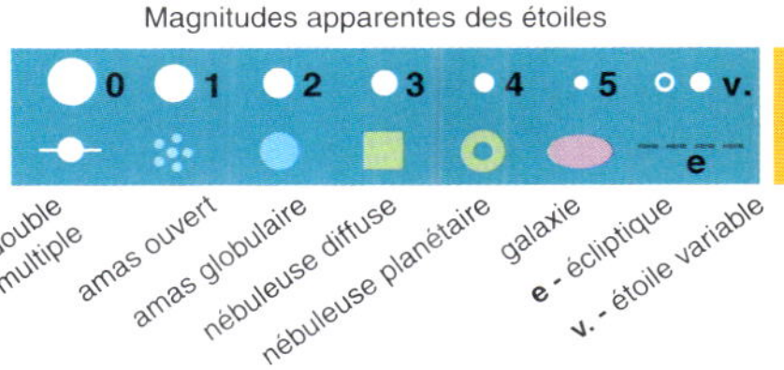

DOR

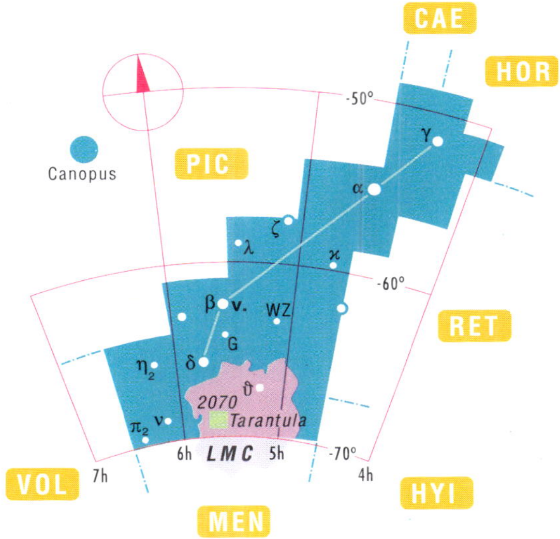

Le **Grand Nuage de Magellan** (LMC) est à cheval sur la Dorade et la Table (*Mensa*). Visible à l'œil nu, il apparaît comme un nuage brumeux lumineux d'un diamètre angulaire de 6° environ. Un télescope permet de distinguer ses étoiles individuelles.

À droite : l'énorme **nébuleuse** diffuse **de la Tarentule**, NGC2070, est le plus gros objet connu de ce type. Elle est observable à l'œil nu à la lisière du LMC. Son diamètre est de 800 années-lumière, mais ses filaments s'étendent jusqu'à 1 700 années-lumière. Si elle se trouvait à la place de la célèbre grande nébuleuse d'Orion, elle couvrirait toute la constellation d'Orion et serait trois fois plus brillante que Vénus.

DRACO

Draconis Dra Le Dragon

D'après les illustrations des anciennes cartes, il s'agit plutôt d'un serpent que d'un dragon (habituellement doté de pattes et d'ailes membraneuses) ; et de fait, en grec, *draco* signifie « serpent ». Selon une légende, le dragon Ladon, qui surveillait les pommes d'or du jardin des Hespérides, fut tué par Hercule. Dans le ciel, la tête du Dragon repose aux pieds d'Hercule, non loin de la brillante étoile Véga ; son corps serpentin sinue entre les deux Ourses.

α Draconis ou **Thuban** (3,6 mag) est une étoile géante de type spectral A0, distante de 310 années-lumière. Située à 10' à peine du pôle Nord céleste en 2830 avant notre ère, c'était alors l'Étoile polaire des anciens Égyptiens ; du fait de la précession de l'axe de la Terre, elle se trouve à présent à plus de 25° du pôle. **Kuma** (ν Draconis) est une jolie étoile double observable à l'aide de jumelles ou avec un petit instrument ; ses composantes blanches, de 4,9 mag chacune, sont séparées de 62". Le système se trouve à 100 années-lumière. En revanche, **Arrakis** (μ Draconis), située à 88 années-lumière, est plus difficile à observer avec ses composantes de 5,8 mag chacune, séparées de 2" seulement. Un compagnon très pâle (14,0 mag seulement) escorte **Rastaban** (β Draconis), placée dans la « tête » du Dragon. Située à 4,2" de son compagnon, l'étoile principale (2,8 mag) est une supergéante jaune distante d'environ 360 années-lumière.

La position de la nébuleuse planétaire **NGC6543** (ci-dessous) est presque confondue avec le pôle Nord de l'écliptique. Ce dernier, indiqué par la normale au plan de l'écliptique, est le centre du cercle que décrit l'axe de la Terre durant son mouvement de précession (voir son analogue pour le Sud, page 156).

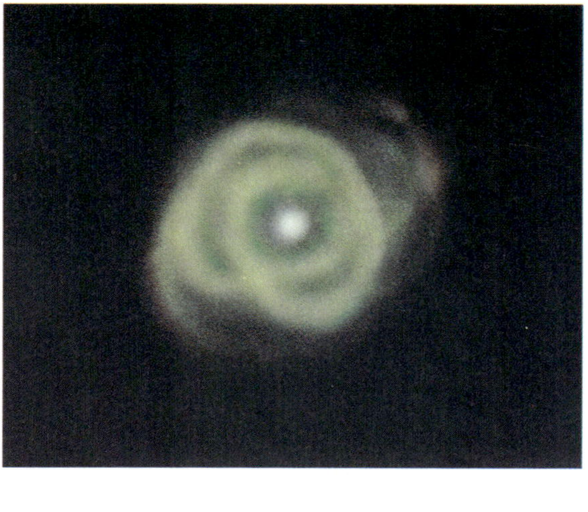

La nébuleuse planétaire NGC6543, ou **l'Œil de Chat**, possède une structure complexe composée de bulles, arcs et nœuds brillants formés des gaz éjectés par l'étoile centrale il y a environ mille ans. Située entre 2000 et 3000 années-lumière, elle nous apparaît comme un disque brillant (9,0 mag) au diamètre angulaire de 20".

DRA

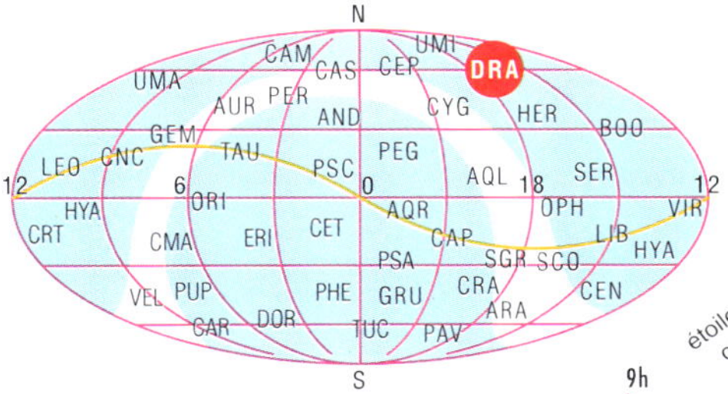

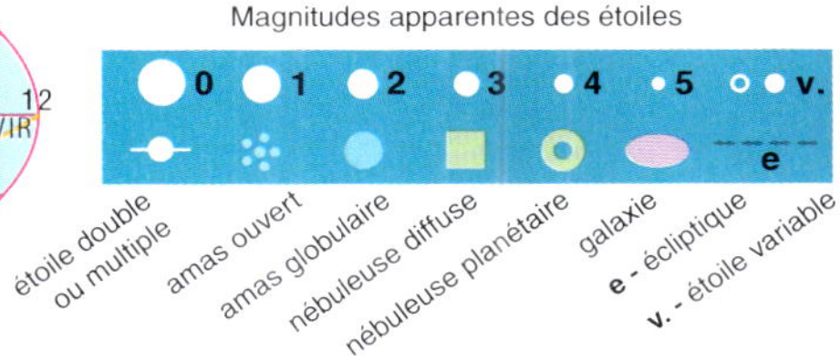

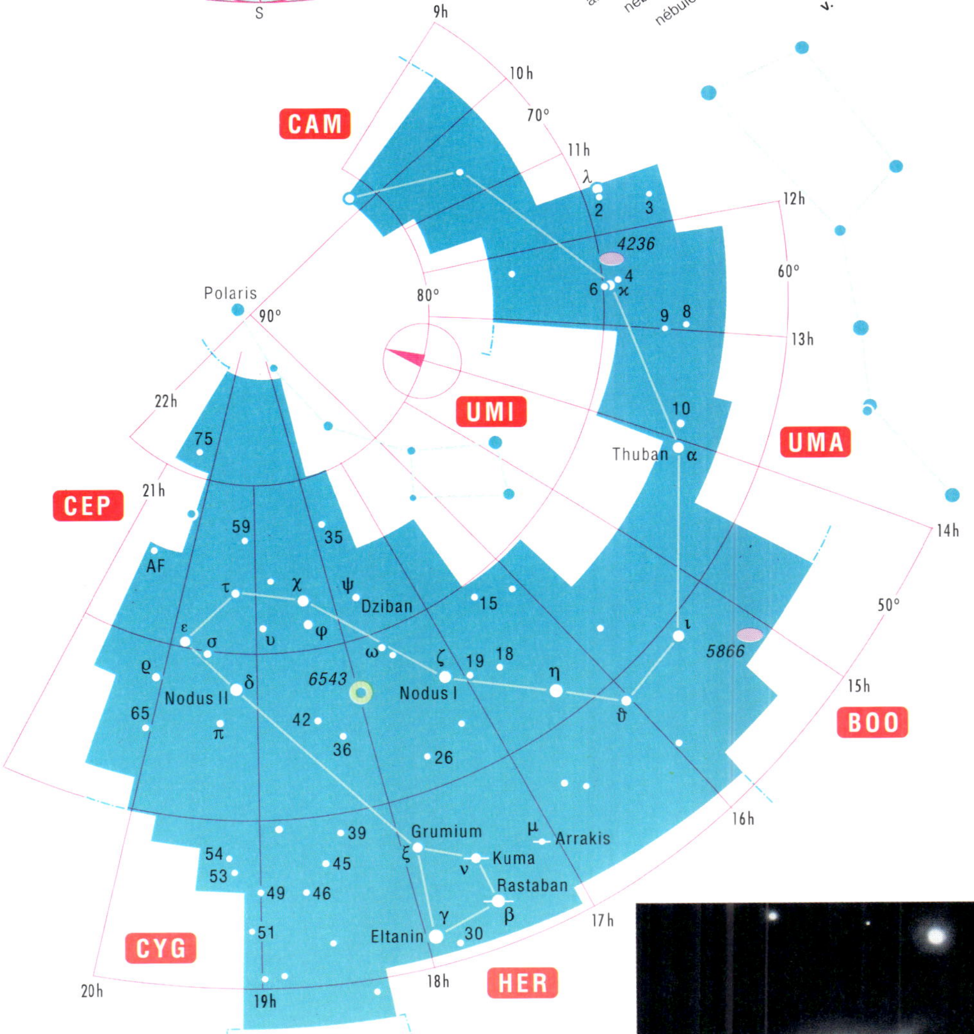

NGC5866 (11,0 mag) est une galaxie vue par la tranche.

EQUULEUS

Equulei Equ Le Petit Cheval

Dans la mythologie grecque, Equuleus – s'appelant en réalité Celeris – était le frère du cheval ailé Pégase, né du sang de la terrible méduse décapitée par Persée, le sauveteur d'Andromède. Dans le ciel comme dans les légendes, les acteurs d'histoires différentes se rencontrent ; ainsi, Equuleus fut donné par Mercure à Castor, l'un des Gémeaux (*Gemini*).

Le Petit Cheval figure parmi les quarante-huit constellations classiques établies par Ptolémée. C'est, après la Croix du Sud, la seconde plus petite constellation du ciel. Mais, contrairement à cette dernière, le Petit Cheval se discerne difficilement car il n'est constitué que de petites étoiles de 4 et 5 mag. Vous trouverez la constellation entre le Dauphin (*Delphinus*) et la « tête » de Pégase.

α Equulei – **Kitalpha** ou « Petit Cheval » – est l'étoile la plus brillante de la constellation. C'est une géante jaune de 3,9 mag de magnitude apparente, de type spectral G0, située à 186 années-lumière. δ **Equulei**, 4,5 mag, est une étoile similaire au Soleil distante de 60 années-lumière. γ et ε **Equulei** sont des étoiles doubles, mais un instrument puissant révèle que la dernière est en fait triple (ci-contre à droite).

Comment voir l'Univers en trois dimensions ?

Lorsque nous observons le ciel, nos sens nous informent de la position des objets célestes mais pas de leur distance. En dehors de la Terre, tout semble fixé à la même distance sur la sphère céleste ; seuls les corps du système solaire laissent deviner leur proximité par leurs mouvements relativement rapides sur l'arrière-plan des étoiles distantes.

Plusieurs étoiles dans le voisinage du Soleil présentent un mouvement suffisamment perceptible pour être décelé par nos propres yeux avec l'aide d'un petit télescope ou d'une lunette. Mais cela nous prendrait plusieurs années, voire des décennies d'observations laborieuses.

Toutefois, nous pouvons nous servir de notre imagination en l'étayant de notre connaissance des distances véritables des objets de l'univers stellaire. Si nous regardons, par exemple, la constellation d'Andromède, nous arrivons presque à réaliser que Sirrah est distante d'environ 100 années-lumière, Alamak, deux fois et demie fois plus éloignée, et la brume lumineuse de la galaxie M31, vingt-cinq mille fois plus ! Dans la constellation du Petit Cheval, les distances des étoiles les plus brillantes sont à peu près de 50, 100, 150 et 200 années-lumière. C'est un jeu intellectuel, mais de telles tentatives nous aident, au moins en imagination, à replacer la sphère céleste dans une perspective d'espace illimité. Pourquoi ne pas essayer ?

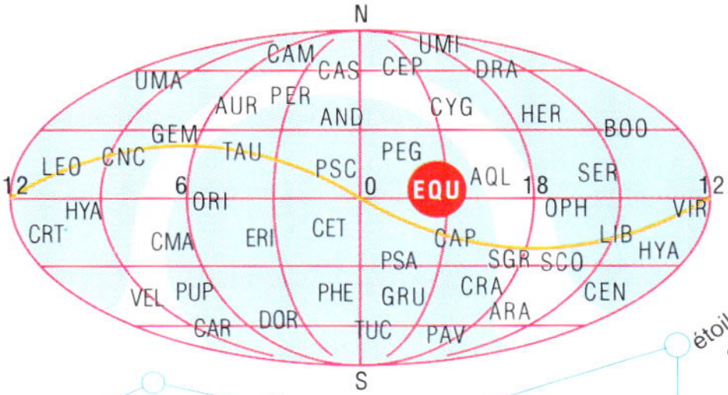

Magnitudes apparentes des étoiles

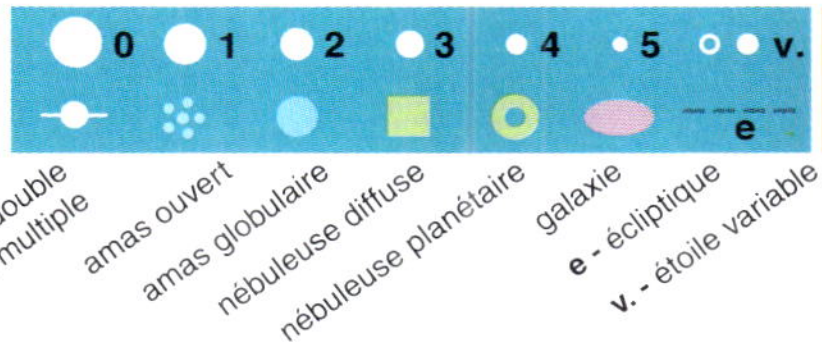

EQU

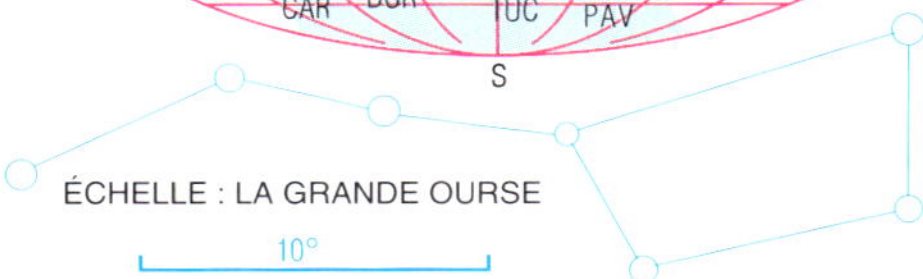

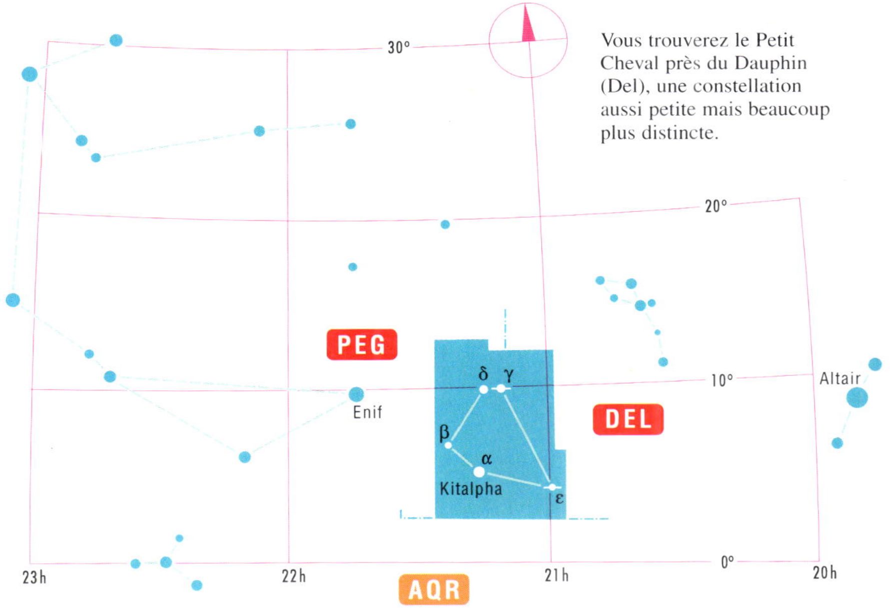

Vous trouverez le Petit Cheval près du Dauphin (Del), une constellation aussi petite mais beaucoup plus distincte.

Ci-dessous : γ **Equulei** est une étoile double située à 115 années-lumière du Soleil.

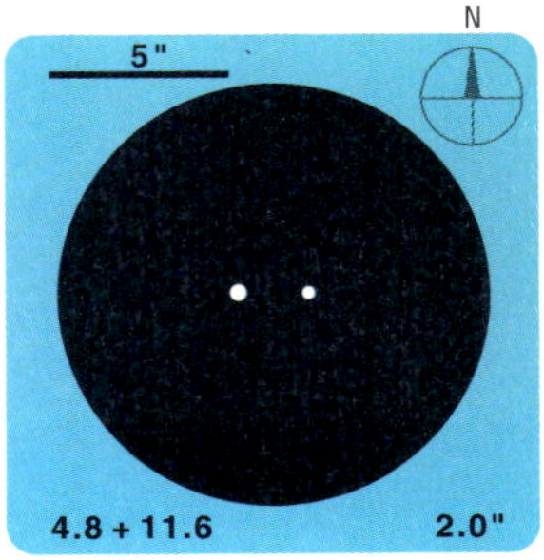

Ci-dessous : l'étoile triple γ **Equulei**. Les composantes A et B (à droite) ont une période de révolution de cent un ans.

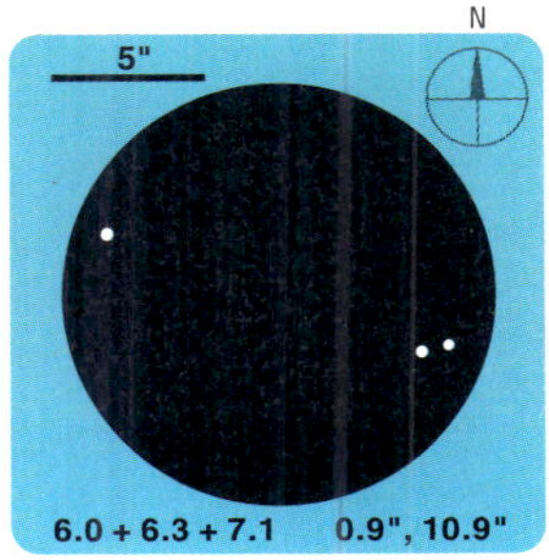

ERIDANUS

Eridani Eri Éridan

Éridan était le fleuve des Enfers où Phaéton tomba lorsqu'il perdit le contrôle de son attelage aux chevaux emballés qui tiraient le chariot de son père Hélios, dieu du Soleil. Éridan est la sixième d'entre les constellations les plus étendues.

α Eridani ou **Achernar** (« l'Estuaire » ou « le Bout du fleuve ») est une géante bleue très brillante (0,5 mag) de type spectral B3 ; distante de 144 années-lumière, sa luminosité est celle de six cent cinquante soleils. ε **Eridani**, 3,7 mag, est l'une des plus proches voisines de notre Soleil ; sa distance n'étant que de 10,5 années-lumière. Elle est similaire au Soleil tant par ses dimensions, son type spectral que sa luminosité ; elle est donc devenue l'un des objets de nos recherches – restées vaines – quant à l'existence d'une civilisation extraterrestre. L'étoile triple **Keid** (o2 Eridani) est un objet extraordinairement intéressant. De par son faible éloignement – 16,5 années-lumière –, même un petit télescope vous permet d'observer une naine blanche ; c'est la composante B du système, au diamètre double de celui de la Terre mais de près de la moitié d'une masse solaire. La composante C est également intéressante : c'est une naine rouge de 0,2 masse solaire. **Acamar**, ou ϑ Eridani, est une très jolie étoile double avec des composantes de 3,4 et 4,5 mag séparées de 3,1".

NGC1300 (ci-dessous) est l'un des meilleurs exemples de galaxie spirale barrée de type SBb.

La galaxie **NGC1300**, 10,4 mag, de dimensions angulaires 7' × 6'.

ERI

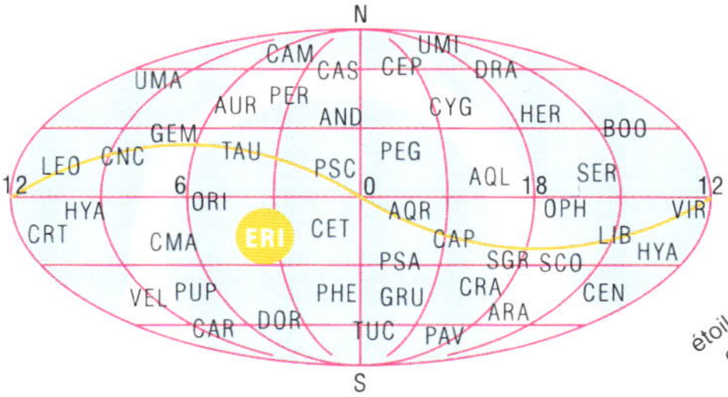

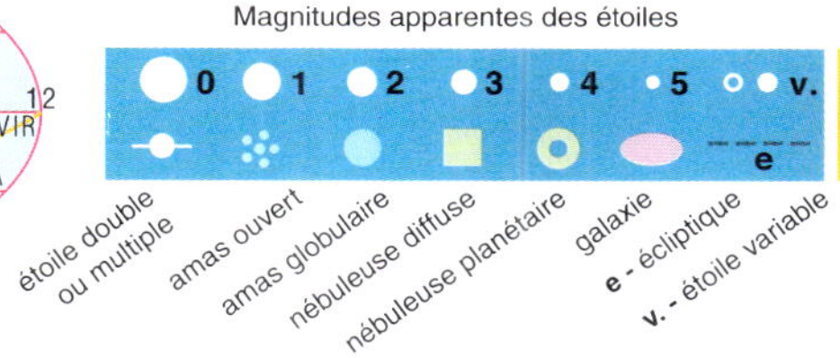

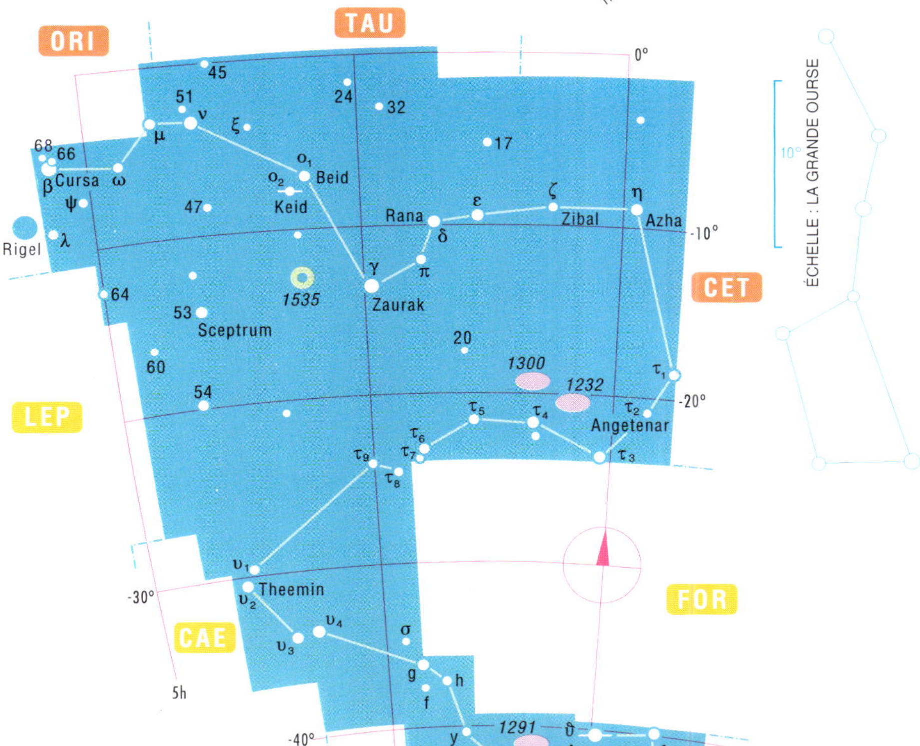

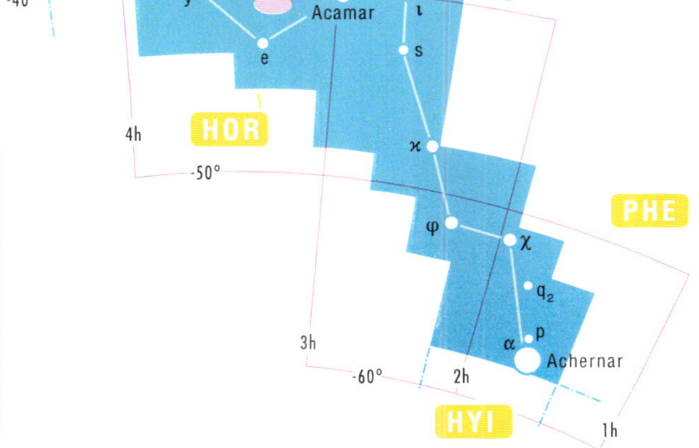

L'étoile triple **Keid** (o2 Eridani) vue d'un télescope. B et C sont des naines, respectivement blanche et rouge.

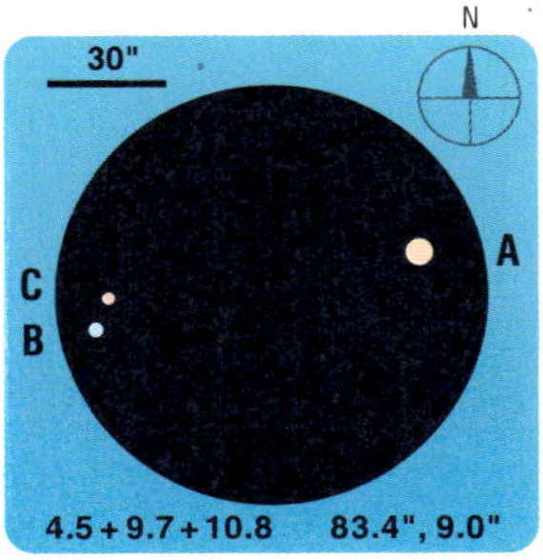

FORNAX

Fornacis For Le Fourneau

L'une des constellations « modernes » les moins distinctes introduites par Nicolas Louis de Lacaille au XVIIe siècle. Son nom initial était *Fornax Chemica* – le Fourneau chimique. Le Fourneau se trouve dans un méandre d'Éridan, adjacent à la constellation du Sculpteur où est situé le pôle Sud galactique. En regardant en direction du Fourneau, nous observons le ciel dans une direction perpendiculaire au plan galactique ; nous pouvons y voir l'un des plus gros amas de galaxies distantes.

α **Fornacis** est une étoile double dont les composantes de 3,8 et 6,5 mag sont séparées par 4" ; leur période orbitale est de trois cent quatorze ans. Le système se trouve à 46 années-lumière.

Le système du Fourneau ou **Fornax dE** (ci-dessous à droite) est la plus grande des sept galaxies naines que compte notre Groupe local. Toutes se trouvent à environ 700 000 années-lumière et sont manifestement des galaxies satellites de la nôtre. Fornax dE a un diamètre d'environ 15 000 années-lumière.

L'amas de galaxies du Fourneau (Fornax I) est situé à la frontière du Fourneau et d'Éridan, à quelque 50-60 millions d'années-lumière. Il comprend notamment **NGC1365**, une grosse galaxie spirale barrée dont le diamètre fait plus de 300 000 années-lumière et la masse quelque cent milliards de soleils.

À gauche : la galaxie barrée **NGC1398** a un éclat global de 10,7 mag et des dimensions angulaires de 4,5' × 3,8'.

Ci-dessous : la galaxie naine **Fornax dE** ressemble à un très lâche amas d'étoiles. Ses plus brillantes étoiles n'atteignent que 19 mag. (Les lettres dE sont pour *dwarf elliptical*, c'est-à-dire « naine elliptique ».)

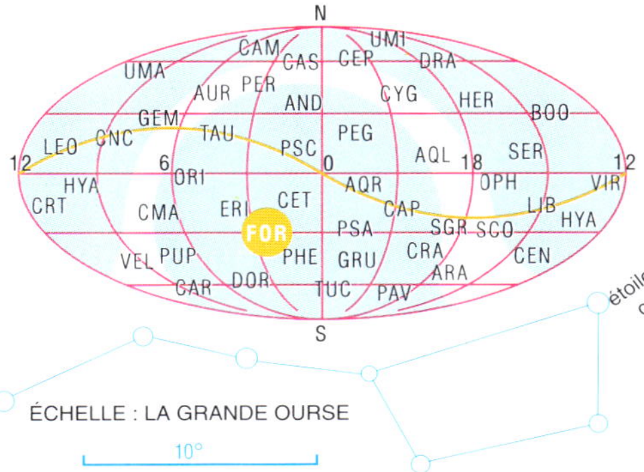

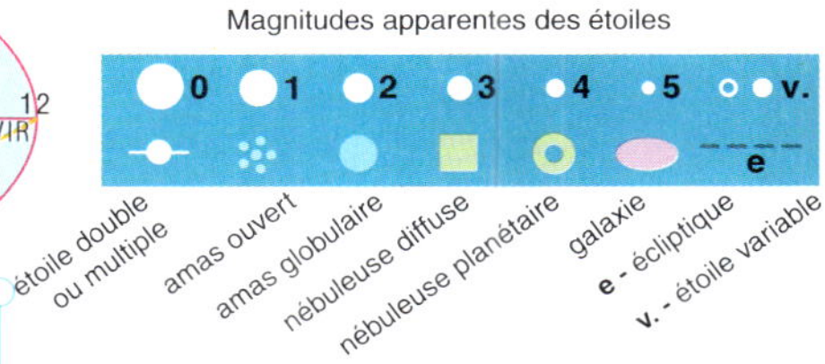

FOR

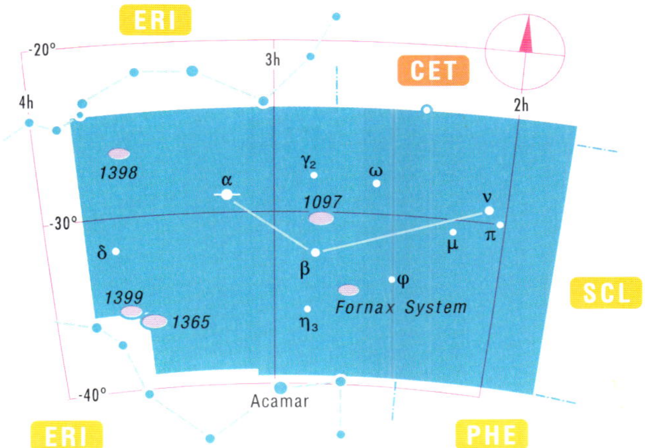

Ci-dessous : la galaxie **NGC1365**, 9,0 mag, est le troisième membre le plus brillant de l'amas de galaxies du Fourneau. Son diamètre angulaire est de 12'. La barre d'où surgissent ses bras spiraux fait 45 000 années-lumière de long. La galaxie est distante d'environ 60 millions d'années-lumière.

GEMINI

Geminorum Gem Les Gémeaux

La mère des jumeaux Castor et Pollux (dits les Dioscures) était Léda, épouse de Tyndare, roi de Sparte. Mais le père de Pollux était Zeus, qui avait séduit Léda sous l'apparence d'un cygne. Le père de Castor était, selon divers mythes grecs, Zeus ou Tyndare. Dans ce dernier cas, Castor était mortel, alors que Pollux était immortel. Après la mort de Castor, Pollux ne voulut pas rester seul parmi les dieux, aussi les deux frères voyageaient-ils alternativement entre l'Olympe et les Régions infernales.

L'étoile la plus brillante des Gémeaux n'est pas α mais β Geminorum – **Pollux –**, 1,2 mag, une géante orange de type spectral K0 distante de 34 années-lumière. α Geminorum, **Castor**, une demi-magnitude plus pâle (1,6 mag), est un système stellaire complexe, sextuple ; les composantes visibles A, B et C sont des binaires spectroscopiques, comme le révèlent les raies dédoublées de leur spectre. Les six étoiles tournent autour d'un centre de gravité commun. Castor se trouve à 52 années-lumière.

M35 (NGC2168, ci-dessous), 5,5 mag, est l'un des plus beaux amas ouverts observables. Dans un cercle de 0,5° il est possible de distinguer quelque deux cents étoiles, les plus brillantes faisant 8,0 mag. L'amas, distant d'environ 2 800 années-lumière, s'observe facilement à l'aide de jumelles.

L'amas ouvert **M35** (NGC2168).

GEM

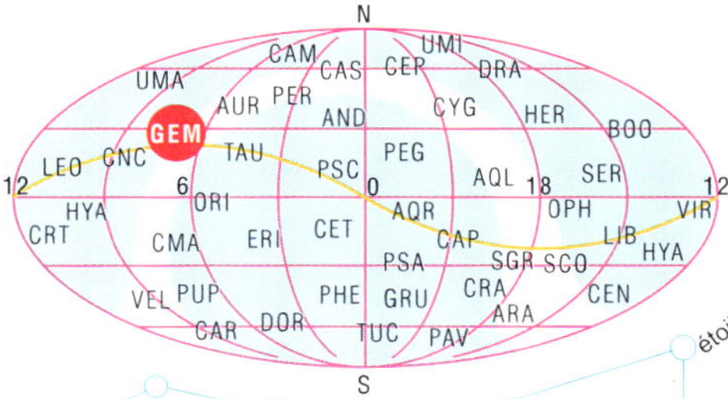

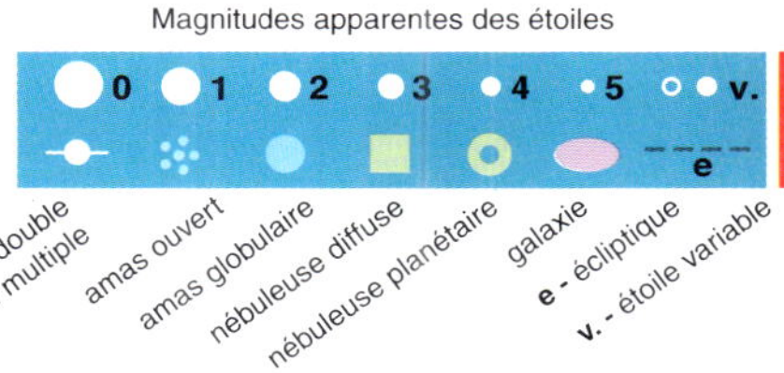

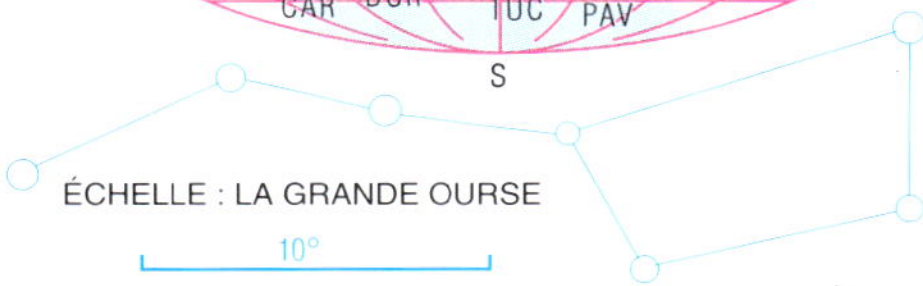

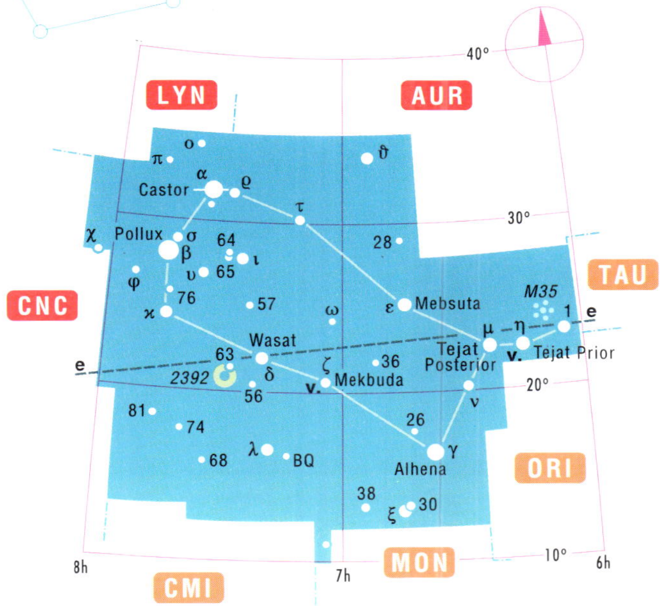

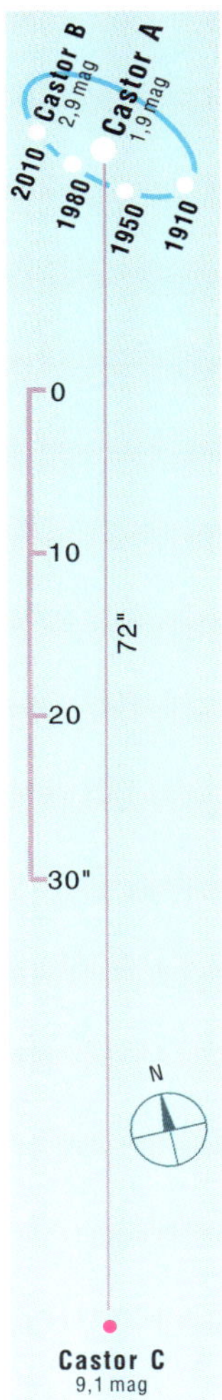

À droite : la lumineuse nébuleuse planétaire **NGC2392**, 8,9 mag, est appelée la **Tête du Clown** ou l'Eskimo. Sa distance est estimée entre 1 400 et 3 600 années-lumière.

À gauche : les composantes lumineuses A et B de l'étoile multiple **Castor** sont remarquables. Leur distance angulaire en l'an 2000 sera d'environ 4".

GRUS

Gruis Gru La Grue

La Grue fut ajoutée au zoo céleste en 1603 par Johann Bayer dans son atlas *Uranometria*. Dans l'ancienne Égypte, la grue était le symbole des astronomes. La ligne reliant ses étoiles les plus brillantes rappelle un oiseau échassier au cou allongé et à la tête dressée. Pour trouver la Grue, cherchez la brillante Fomalhaut, située un peu plus au nord.

L'étoile la plus lumineuse de la Grue est **Alnaïr** (α Gruis), une étoile de type spectral B7, de trois diamètres solaires et demi et six masses solaires. Distante de 101 années-lumière pour un éclat de 1,7 mag, elle est cinquante-huit fois plus lumineuse que le Soleil. Alnaïr a un compagnon de 11,8 mag distant de 28,4". Les étoiles **δ1** et **δ2**, ainsi que **μ1** et **μ2**, sont des doubles optiques observables à l'œil nu. En fait, chacune des étoiles δ est elle-même double ; δ1 a des composantes de 4,0 et 12,8 mag séparées de 5,6", δ2 étant décrite page ci-contre.

La nébuleuse planétaire **NGC5148** est un objet pâle (14,2 mag, ci-contre en bas) de petites dimensions angulaires (0,9' × 0,8').

L'observation aux jumelles

Tout débutant, mais aussi tout astronome amateur confirmé appréciera une bonne paire de jumelles. Cet instrument utile, qui peut aussi être utilisé pour observer la nature, est toujours à portée de main et relativement bon marché. Des jumelles de puissance moyenne, par exemple de type 7 mm × 50 mm (où 7 représente le grossissement et 50 le diamètre des lentilles), suffisent : elles vous révéleront les cratères de la Lune, les lunes de Jupiter, et quelques étoiles doubles, amas d'étoiles et nébuleuses. C'est l'instrument le plus adéquat pour observer les comètes brillantes, les constellations et objets pâles invisibles à l'œil nu. Leur champ de vision est également appréciable ; il nous dévoile des régions du ciel beaucoup plus grandes qu'il n'est possible d'en dévoiler avec une lunette astronomique. Avant d'acheter des jumelles, vérifiez si l'image est nette ; non seulement au centre mais aussi sur les bords du champ de vision ; si la mise au point se fait correctement et si l'image n'est pas dédoublée.

Lors d'une observation, l'instrument doit toujours avoir un support stable (un arbre, l'appui d'une fenêtre, une barrière, etc.) ; l'idéal étant son installation sur un trépied. C'est seulement ainsi que vous exploiterez au mieux ses qualités optiques. Cela s'applique tout particulièrement aux jumelles puissantes (grossissement de 10, 12 et au-delà), qui ne peuvent être tenues en main sans que l'image tremble de façon indésirable.

GRU

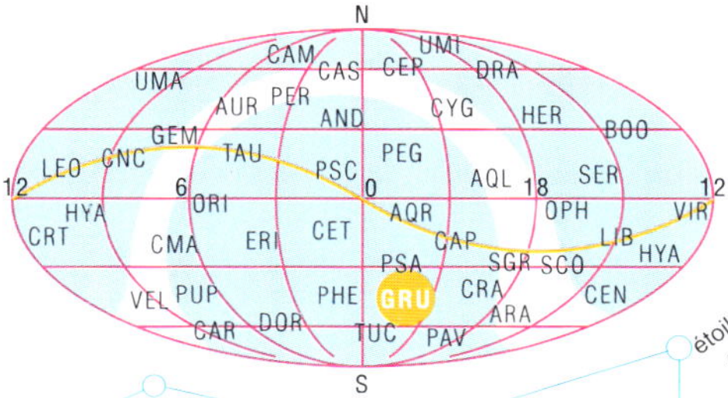

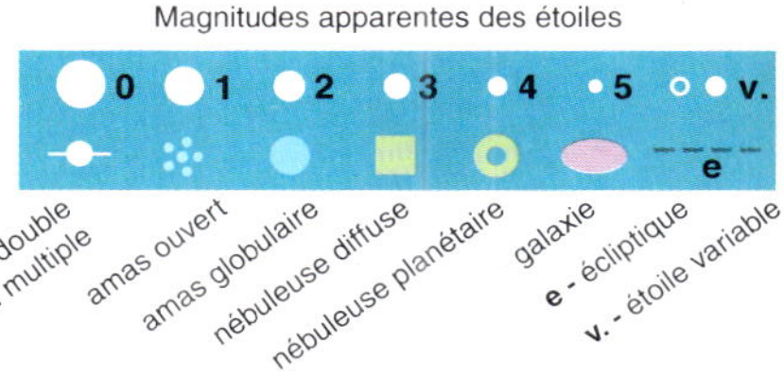

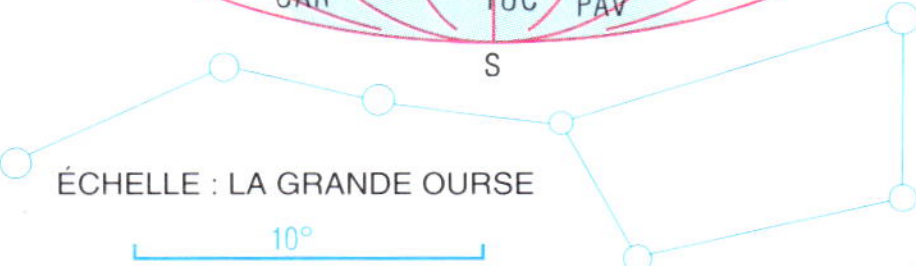

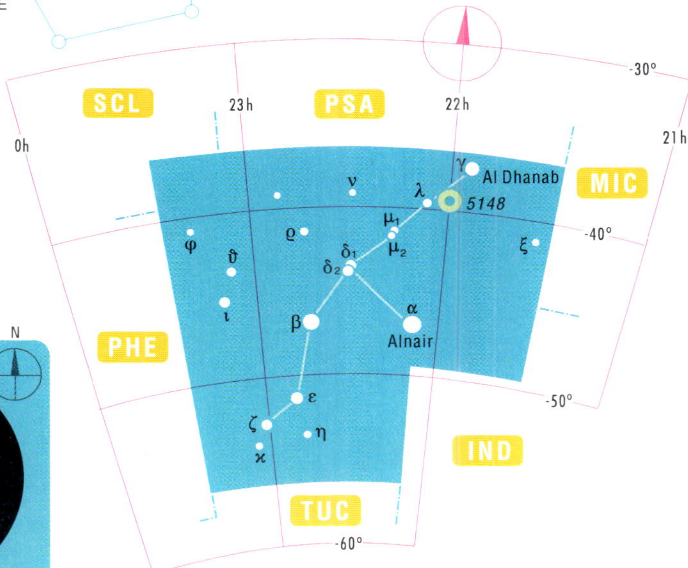

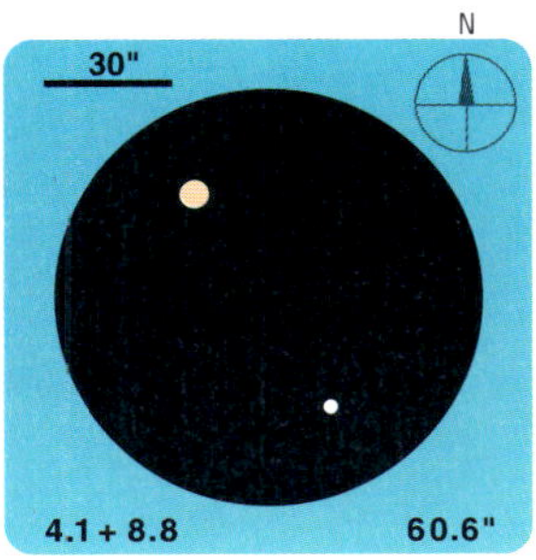

Ci-dessus : l'étoile double **δ1 Gruis**. Sa composante la plus lumineuse est une étoile orangée de type spectral M4.

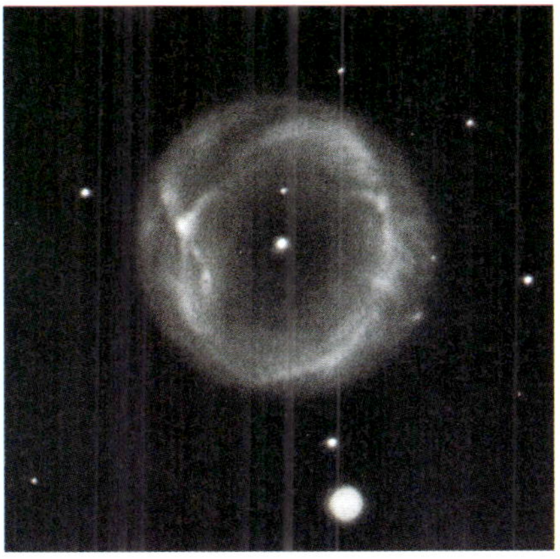

À droite : la nébuleuse planétaire **NGC5148** a une forme très régulière. Vous pouvez clairement voir son étoile centrale et ses enveloppes sphériques.

HERCULES

Herculis Her Hercule

Hercule, avatar romain du héros grec Héraclès, à la force surnaturelle, avait pour père Zeus (Jupiter), et pour mère Alcmène, l'une des amantes de Zeus. La mythologie grecque relate de nombreux actes héroïques de cet archétype du « superman ». Les plus importants sont les célèbres Douze Travaux imposés à Hercule par le roi Eurysthée. Finalement, Zeus éleva Hercule au rang divin et le plaça dans le ciel. Hercule incarne la cinquième plus grosse constellation. Située à l'ouest de la brillante Véga, sa forme rappelant un K inversé.

Ras Algethi (en arabe : « la Tête de l'homme agenouillé »), ou α Herculis, est un astre remarquable : c'est à la fois une étoile variable, une superbe étoile double (ci-contre en bas) et l'une des plus grosses étoiles connues. Cette supergéante rouge de type spectral M5, dont le diamètre est de quatre à six cents fois celui du Soleil, a une luminosité équivalente à dix mille soleils. L'étoile voit son éclat varier de 3,0 à 4,0 mag sur une période d'environ cent quatre-vingts jours. Sa distance est d'environ 380 années-lumière. **Marfak** (κ Herculis) est aussi une jolie étoile double ; ses composantes de 5,3 et 6,5 mag sont séparées de 30".

Avec un diamètre de 12' et un éclat de 6,4 mag, l'amas globulaire **M92** (NGC6341) peut être observé aux jumelles. Il se trouve à 25 000 années-lumière du Soleil.

M13 (NGC6205), ou amas d'Hercule, 5,7 mag, dont le diamètre angulaire de sa partie la plus brillante atteint environ 20', est l'amas globulaire d'étoiles le plus brillant et le plus admiré du ciel boréal. Distant de quelque 23 000 années-lumière, son diamètre réel est de 350 années-lumière environ. Il contient à peu près un million d'étoiles. Son âge est estimé à dix milliards d'années.

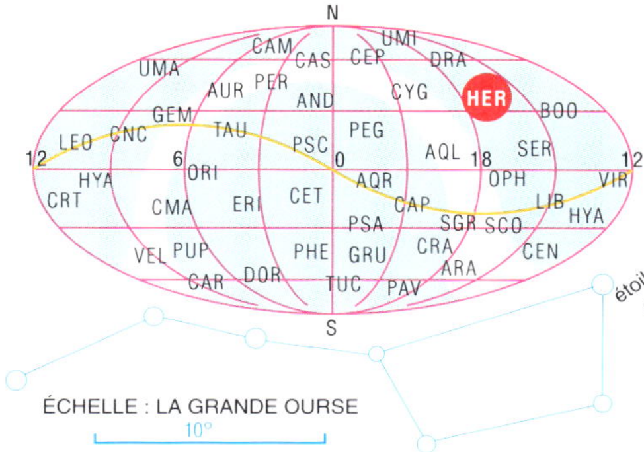

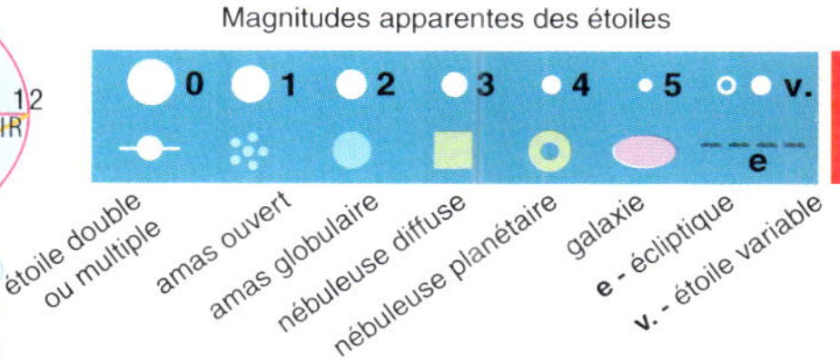

HER

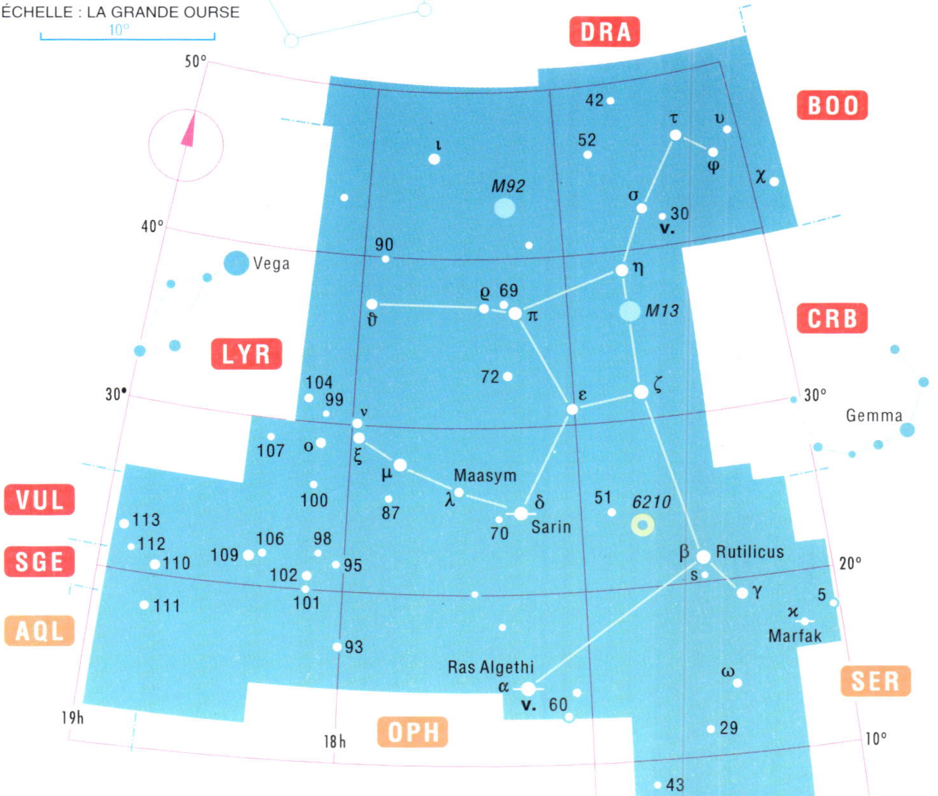

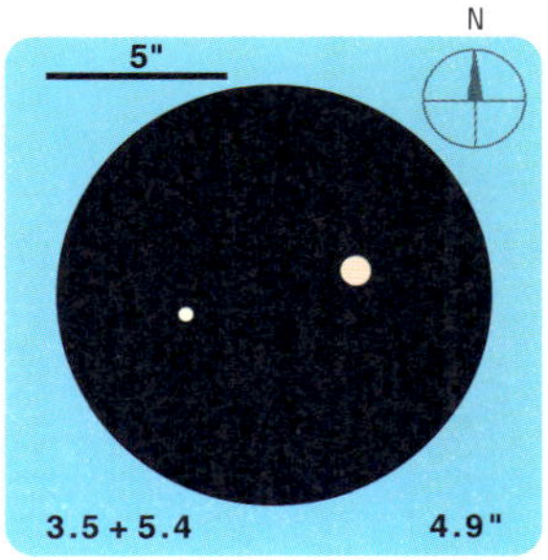

L'étoile double **Ras Algethi** (α Herculis)**,** dont les composantes présentent des couleurs contrastées.

HOROLOGIUM

Horologii Hor L'Horloge

La collection stellaire d'instruments scientifiques introduits par l'astronome français N.L. de Lacaille au XVIIIe siècle comprend aussi une horloge à pendule – un instrument inventé par le savant hollandais Christian Huygens au milieu du siècle précédent. Pourtant, ce dispositif si extraordinairement important n'a eu « droit » qu'à un groupe épars d'étoiles pâles à peine visibles situées au voisinage de la brillante Achernar, dans « l'estuaire » d'Éridan.

La constellation allongée aux frontières zigzagantes ne contient que deux étoiles d'éclat supérieur à 5 mag. La plus brillante est α **Horologii** (3,9 mag), une géante orange de type spectral K1, située à 117 années-lumière. L'étoile variable à longue période, **R Horologii**, voit sa magnitude apparente passer de 5,0 à 14,0 mag et vice versa sur une période de treize mois et demi.

Comme le montre la carte d'orientation, en haut à droite, l'Horloge est située à l'écart de la Voie lactée, dans une région offrant donc une vue dégagée sur l'univers des galaxies distantes. La composition photo ci-dessous montre une partie d'un petit groupe de galaxies, **ESO249**, distant d'environ 50 millions d'années-lumière. La galaxie spirale sur la gauche est très ténue, et des galaxies plus éloignées peuvent être vues à travers ses bras ; son diamètre est d'environ 40 000 années-lumière.

Groupe de galaxies dans la constellation de l'Horloge.

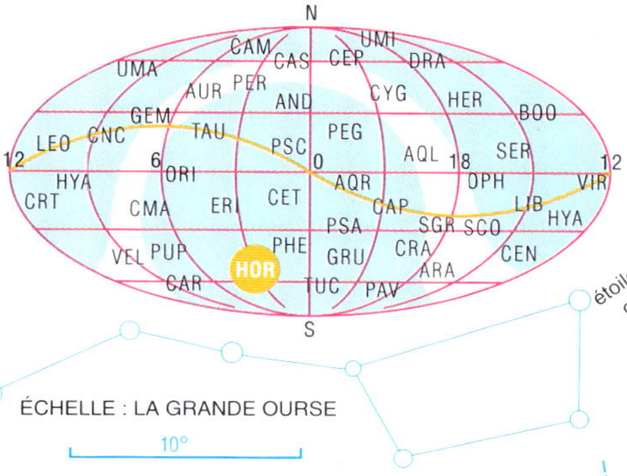

HOR

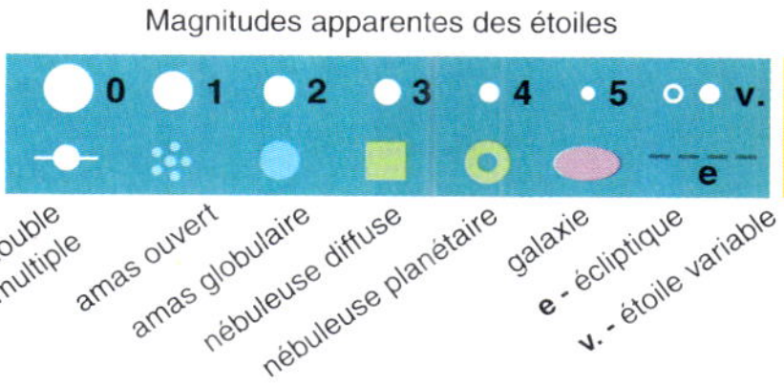

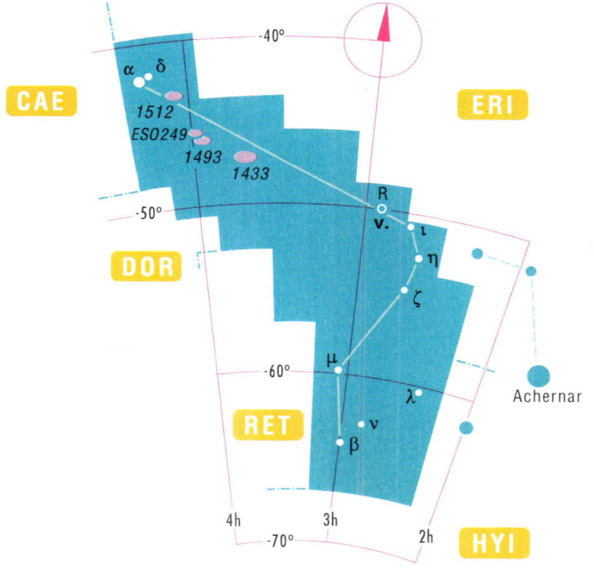

Ci-dessous : **NGC1512,** une galaxie spirale barrée de type SBa de 10,3 mag, aux dimensions angulaires de 4' × 3', distante d'environ 50 millions d'années-lumière.

HYDRA

Hydrae Hya L'Hydre femelle

L'Hydre est le plus souvent associée au monstre à têtes multiples combattu par Hercule. L'épée n'était d'aucune utilité au héros, car pour chaque tête coupée à la bête, il en repoussait deux. Finalement, Hercule en vint à bout par le feu. Les cartes illustrées représentent l'Hydre femelle sous les apparences d'un énorme serpent de mer. C'est la plus grande et la plus longue des constellations : sa tête touche le Cancer (Cnc) et sa queue s'étire jusqu'à la Balance (Lib).

Alphard (α Hydrae, signifiant « l'Étoile isolée qui est là »), 2,0 mag, est l'astre le plus brillant de cette constellation. C'est une géante orange de type spectral K3 faisant trente diamètres solaires, de luminosité égale à deux cent trente soleils, située à 177 années-lumière. **R Hydrae** est une étoile variable à longue période ; son éclat maximal est de 4,0 mag et chute au-dessous de 10,0 mag au minimum sur une période de trois cent quatre-vingt-neuf jours.

M83 (NGC5236, illustration page 128) est l'une des plus brillantes et des plus belles galaxies du ciel austral. Elle a l'aspect d'un nuage brumeux orangé de 7,5 mag aux dimensions angulaires de 11' × 10'. Son diamètre réel est d'environ 35 000 années-lumière, et sa distance, longue d'environ 12 millions d'années-lumière, en fait l'une des galaxies les plus proches.

À gauche : l'amas ouvert d'étoiles **M48** (NGC2548) a un éclat global de 5,5 mag, un diamètre angulaire de 42', et se situe à quelque 2 000 années-lumière.

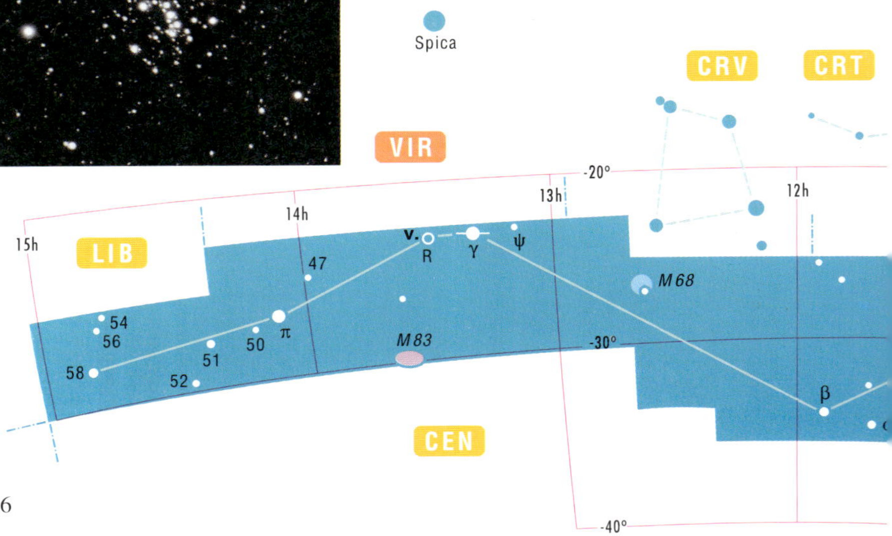

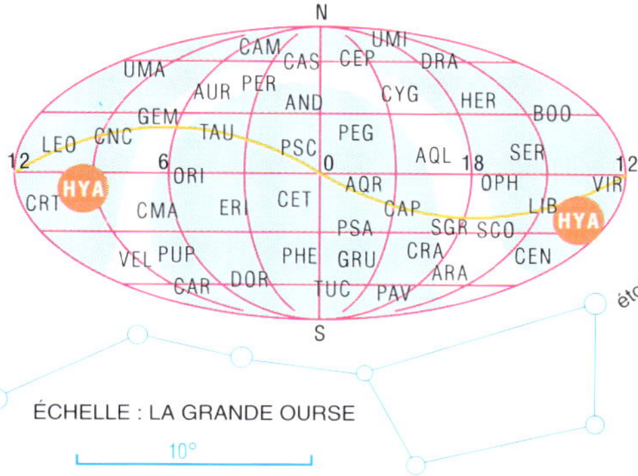

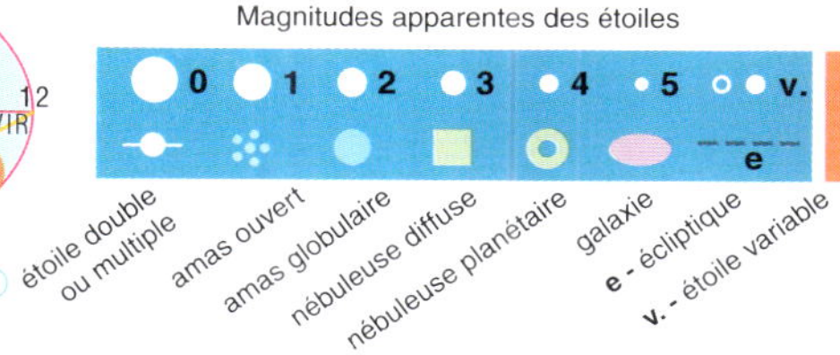

HYA

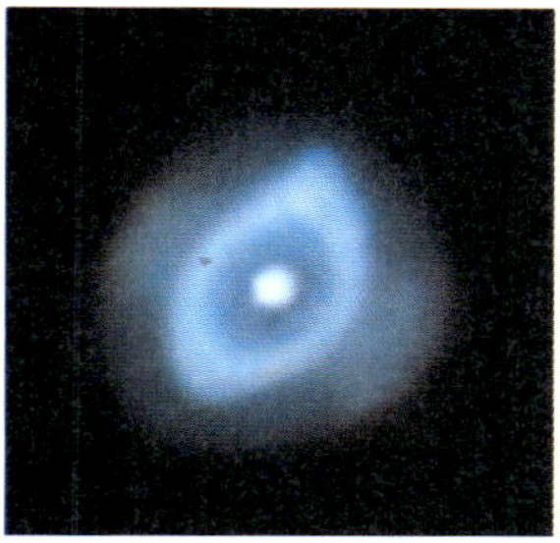

À gauche : la nébuleuse planétaire **NGC3242** (9,0 mag) a un diamètre réel dépassant la moitié d'une année-lumière ; elle est distante d'environ 2 000 années-lumière.

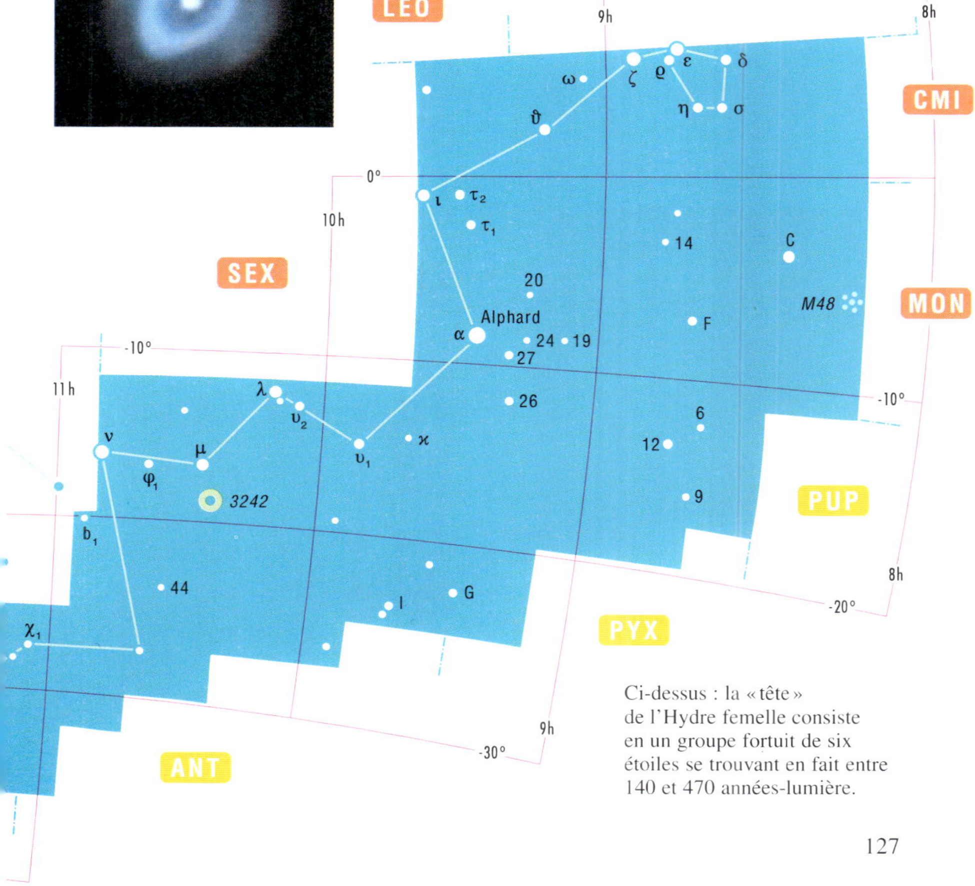

Ci-dessus : la « tête » de l'Hydre femelle consiste en un groupe fortuit de six étoiles se trouvant en fait entre 140 et 470 années-lumière.

HYDRUS

Hydri Hyi L'Hydre mâle

L'origine de cette constellation et de onze autres est le fait des navigateurs hollandais Pieter Dirckszoon Keyser et Frederick de Houtman, qui proposèrent ces ajouts aux cartes célestes australes à la fin du XVIe siècle. Les noms de leurs constellations furent adoptés et codifiés par Johann Bayer dans son atlas *Uranometria*. De ce fait, l'Hydre mâle est une constellation moderne que ne dépeint aucun mythe, contrairement à son homologue antique, l'Hydre femelle.

Son étoile la plus brillante est β **Hydri**, 2,8 mag. D'un diamètre double de celui du Soleil, sa masse est de 1,4 soleil, sa température de surface de 6 300 K, et sa distance de 24,4 années-lumière. À peine plus pâle (2,9 mag), α **Hydri** se trouve à 71 années-lumière. L'étoile la plus lointaine de la figure triangulaire de l'Hydre mâle est γ **Hydri** (3,2 mag), dont la lumière met deux cent quatorze ans à nous parvenir ; c'est une géante rouge de type spectral M2.

La galaxie **M83** (NGC5236) dans l'Hydre femelle (voir page 126).

HYI

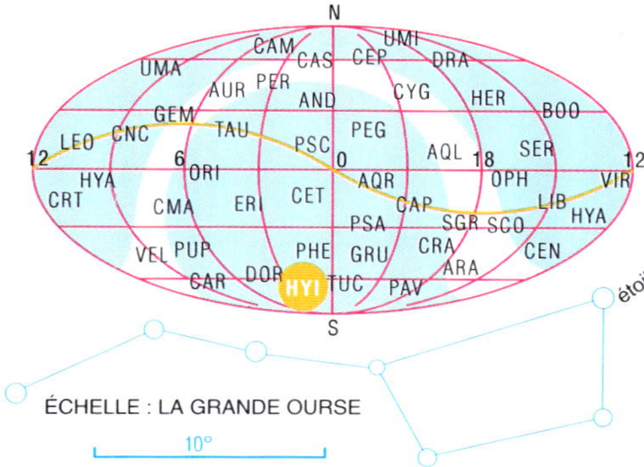

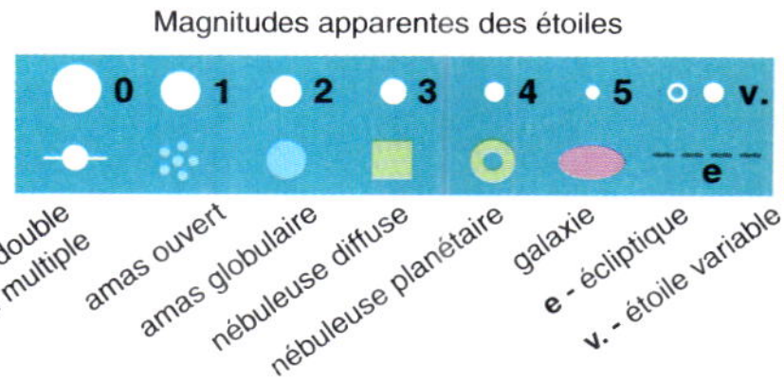

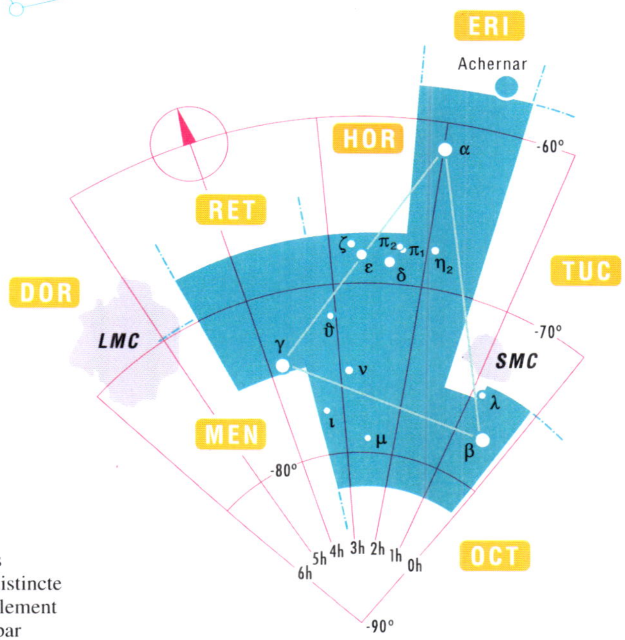

L'Hydre mâle n'est pas une constellation très distincte mais elle se repère facilement dans le triangle défini par les deux nuages de Magellan et la brillante Achernar, dans Éridan.

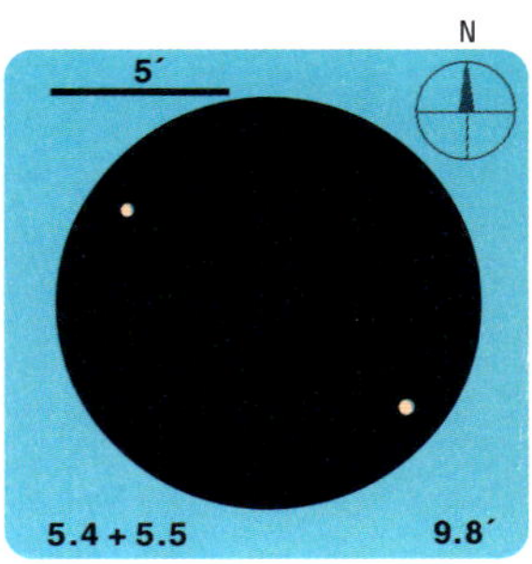

Le couple d'étoiles π1 **Hydri** et π2 **Hydri** peut être résolu à l'œil nu – si toutefois les conditions d'observation le permettent, car les étoiles sont très pâles.

INDUS

Indi Ind L'Indien

La constellation fut proposée à la fin du XVIe siècle, par le navigateur hollandais P.D. Keyser, en l'honneur des Indiens d'Amérique du Nord. Elle fut introduite dans les cartes célestes par J. Bayer en 1603. Comme pour de nombreuses autres constellations, il est bien difficile de reconnaître la silhouette d'un Indien dans ces étoiles clairsemées. La constellation se fond dans son environnement et sa présence est révélée par trois oiseaux : la Grue, le Paon et le Toucan.

ϑ **Indi** est une étoile double, observable avec un petit télescope, distante d'environ 97 années-lumière. Ses composantes, de 4,5 et 6,9 mag, sont séparées de 6,5". L'étoile ε **Indi** (4,7 mag) est remarquable ; située à 11,8 années-lumière seulement du Soleil, elle a un mouvement propre, rapide, qui la décale de 4,7" par an (voir ci-contre en bas). En 2640, elle passera dans la constellation adjacente du Toucan.

IC5152 est une galaxie irrégulière distante de moins de 15 millions d'années-lumière, ce qui permet de résoudre ses étoiles les plus brillantes. Au premier plan, vous pouvez voir une étoile brillante de 8,0 mag.

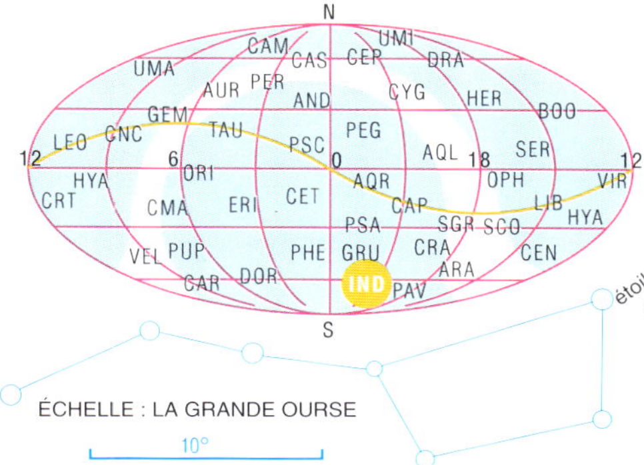

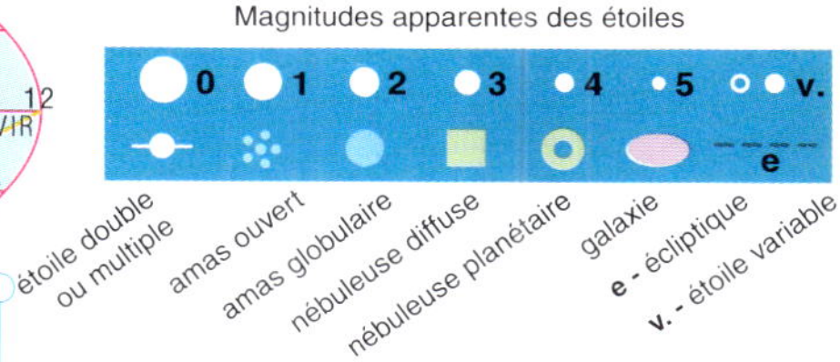

IND

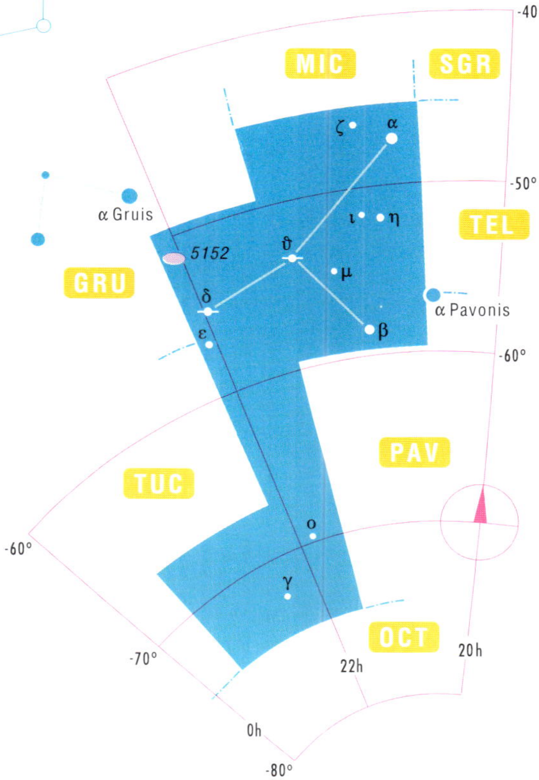

Ci-dessous : distribution des étoiles les plus proches du Soleil (**S**). Les cercles dans le plan de l'équateur céleste indiquent des distances de 5, 10 et 15 années-lumière. ε **Indi** est identique au Soleil – juste un peu plus petite, plus froide et plus pâle. C'est l'un des objets surveillés depuis les années 60 dans le but de repérer des planètes et des civilisations extrasolaires – en vain pour ce qui est de ces dernières.

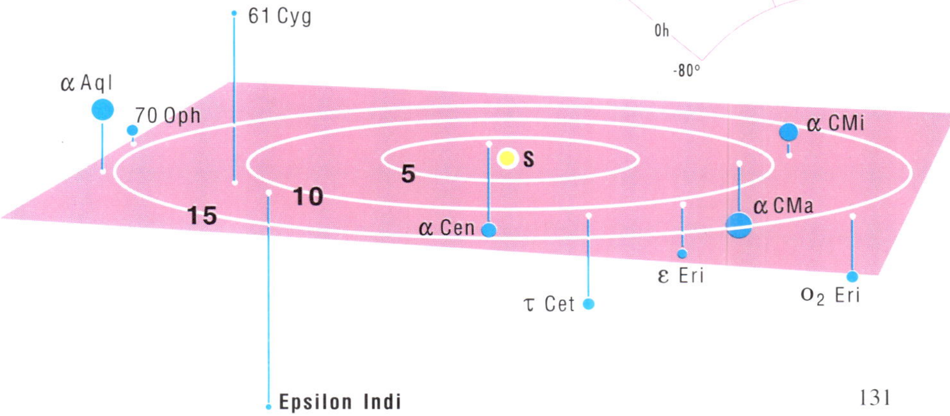

LACERTA

Lacertae Lac Le Lézard

La file zigzagante d'étoiles pâles dans la Voie lactée, entre Cassiopée et le Cygne, inspira Johann Hevelius, astronome de Dantzig à la fin du XVIIe siècle, qui les regroupa dans la constellation du Lézard. Son idée est illustrée page ci-contre, reproduite d'après son atlas de 1690. Le Lézard se repère grâce à un groupe de cinq étoiles (2, 5, 4, α et β Lacertae) qui forment la lettre W comme un astérisme miniature de Cassiopée.

La constellation ne possède qu'une étoile d'éclat supérieur à 4 mag : α **Lacertae** (3,8 mag), située à 102 années-lumière. Plus pâle mais plus intéressante, **4 Lacertae** (4,6 mag) est une supergéante blanche dont nous sommes éloignés de plus de 1 500 années-lumière. Mais ce qui retient surtout l'attention des astronomes est l'objet **BL Lacertae**, qui a donné son nom à une classe d'objets célestes. Pris d'abord pour une étoile variable d'éclat fluctuant entre 13,0 et 16,0 mag, il se révèle être le noyau d'une galaxie très lointaine d'éclat variable et contenant une source d'énergie exceptionnellement puissante.

L'amas ouvert **NGC7209**, à l'éclat global de 7,7 mag, contient une centaine d'étoiles de 10 mag ou plus pâles, dispersées sur 20'.

Les objets du catalogue Messier

Charles Messier (1730-1817) était un astronome français, excellent observateur et connaisseur du ciel étoilé, qui repéra deux cent quinze comètes. En 1758, il découvrit une nébuleuse dans la constellation du Taureau qui obtint par la suite la première place dans son catalogue – soit M1, la célèbre nébuleuse du Crabe. Pour éliminer toute possibilité de confusion avec une comète, Messier entreprit le catalogage systématique des amas d'étoiles, nébuleuses et galaxies observés par lui-même et d'autres découvreurs. En 1783, le catalogue Messier fut publié ; il comprenait cent trois objets, dont près d'un tiers était le fruit de ses propres découvertes. Les objets M104 à M110 furent ajoutés d'après des notes non publiées dont il était à l'origine.

Les objets Messier sont très populaires et font l'objet d'une production littéraire spéciale, y compris des atlas illustrés. Les « marathons Messier » sont très prisés des amateurs d'astronomie ; leur but est de trouver autant d'objets que possible au cours d'une seule nuit d'observation. Toutefois, les objets Messier ne représentent pas, loin s'en faut, tous les objets pouvant être observés à l'aide d'un petit instrument. Ils ne comprennent pas, par exemple, le magnifique amas double χ + h de Persée, ni les nombreux joyaux du ciel austral.

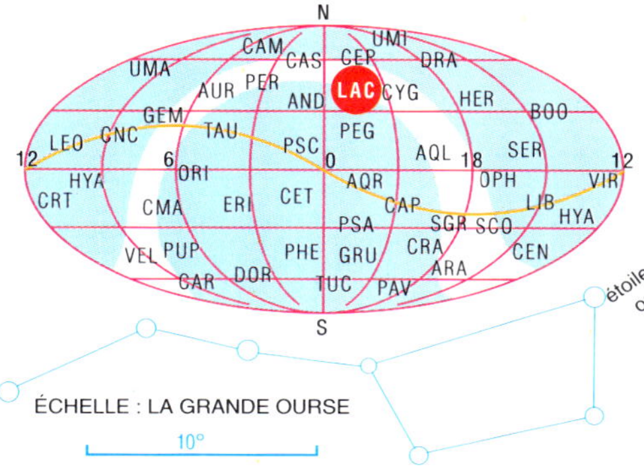

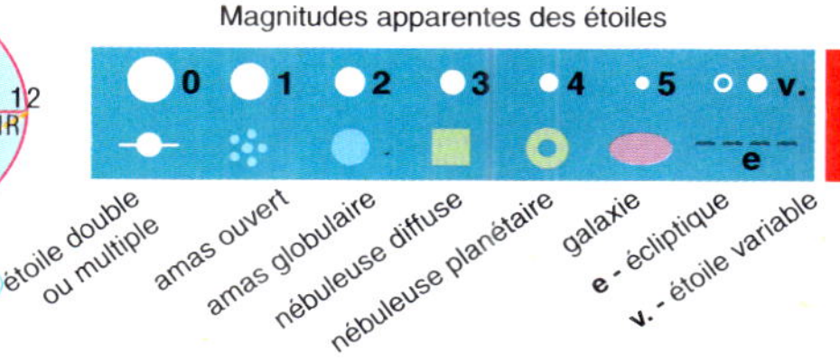

LAC

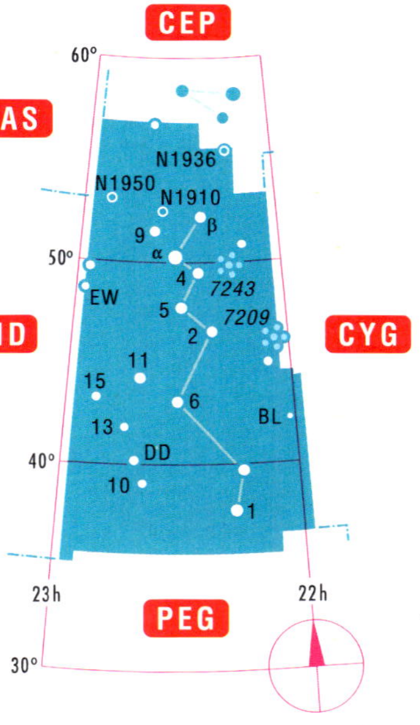

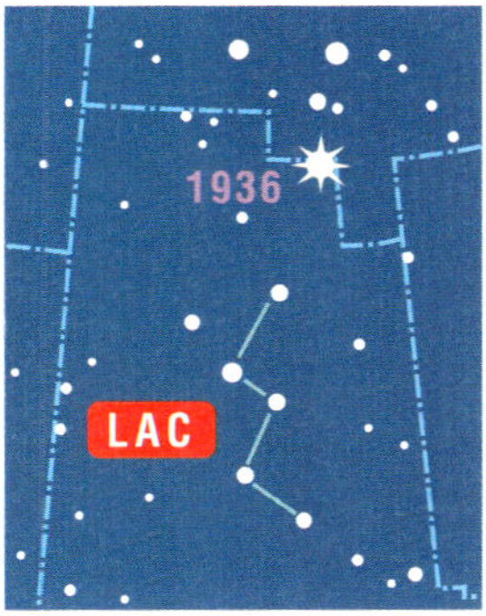

Au cours du XXe siècle, trois **novae** se sont embrasées dans le Lézard. La plus brillante a été N1936 (étoile CP Lac) qui atteignit 2,1 mag à son maximum ; elle ne faisait auparavant que 16,6 mag ! La nova N1910 (DI Lac) a atteint 4,3 mag. Quant à la plus faible des trois, N1950 (DK Lac), elle est montée jusqu'à 5,0 mag.

LEO

Leonis Leo Le Lion

Cette constellation zodiacale était déjà connue en Mésopotamie il y a plus de cinq mille ans. À cette époque, le Soleil se tenait dans le Lion au solstice d'été – une expression symbolique du pouvoir suprême du dieu Soleil. Selon la mythologie grecque, c'est le terrible lion de Némée que Hercule étouffa à la seule force de ses bras. C'est l'une des rares constellations dont la forme corresponde à la caractéristique « faucille » – où brille Régulus –, qui représente le poitrail et la tête de l'animal.

Régulus (α Leonis), 1,4 mag, est l'une des étoiles du Triangle de printemps. Elle ne se trouve qu'à 0,5° de l'écliptique **e**, aussi la Lune et les planètes brillantes passent-elles à proximité. Régulus est environ deux fois plus grosse que le Soleil, mais sa luminosité est cent vingt fois plus importante. C'est une étoile blanc-bleu de type spectral B7, située à 78 années-lumière, dont la température de surface est de 14 000 K. **Algieba** (γ Leonis), distante de 126 années-lumière, est l'une des plus belles étoiles doubles. Ses composantes, de 2,4 et 3,6 mag, sont séparées de 4,5" ; toutes deux sont de couleur jaune d'or et leur période orbitale dépasse six cents ans. **R Leonis**, géante rouge, est une étoile variable, à longue période, de type Mira Ceti. En l'espace de trois cent dix jours, son éclat fluctue entre 4,4 et 11,3 mag.

Le Lion contient de nombreuses et brillantes galaxies. Pour les petits instruments, deux couples sont particulièrement intéressants : **M65** (NGC3623) et **M66** (NGC3627), d'environ 10,0 mag, situées à quelque 30 à 40 millions d'années-lumière, ainsi que **M95** (NGC3351) et **M96** (NGC3368), qui appartiennent au même groupe de galaxies.

LEO MINOR

Leonis Minoris LMi Le Petit Lion

La constellation fut introduite par J. Hevelius dans son atlas de 1690. Il la mit entre le Lion (Leo) et la Grande Ourse (UMa) pour placer dans la cage vide du zoo céleste un animal de caractère similaire. La constellation ne comprend que cinq étoiles de magnitude supérieure à 5. Seule une étoile est notée selon le code de Bayer des lettres grecques (β) ; les autres le sont au moyen des numéros de Flamsteed. Il y a peu à dire sur cette constellation.

β **Leonis Minoris** (4,2 mag) est une étoile double dont les deux composantes, de 4,4 et 6,1 mag, sont seulement distantes de quelques dixièmes d'arc-seconde. Le système est à 146 années-lumière.

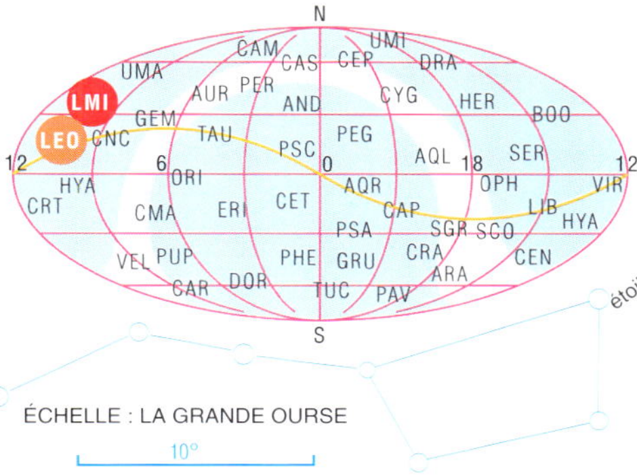

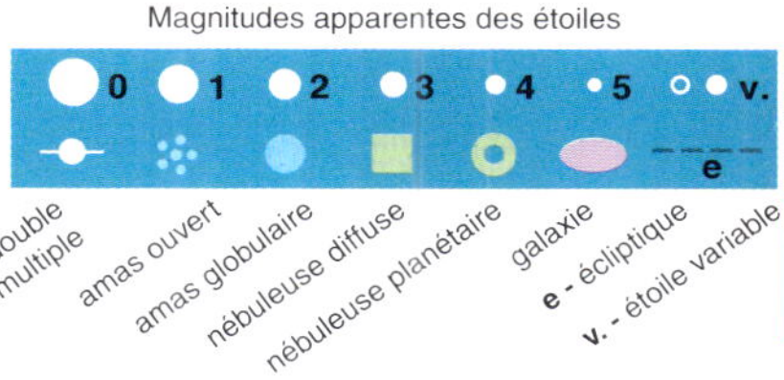

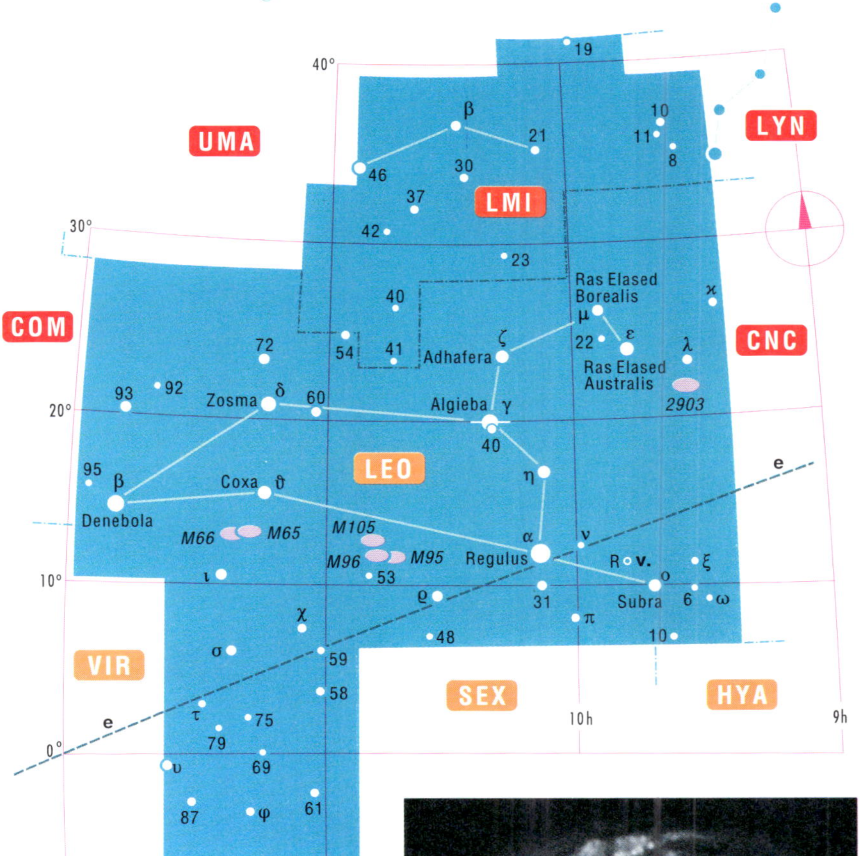

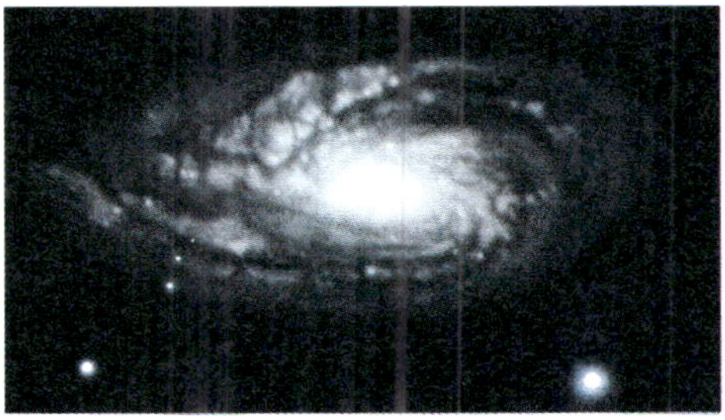

À droite : la galaxie **M66** (NGC3627) dans le Lion.

LEPUS

Leporis Lep Le Lièvre

La constellation était déjà connue sous ce nom du temps des anciens Grecs et des anciens Romains. Le Lièvre, si fréquemment chassé, est placé aux pieds d'Orion, à portée des deux chiens du Grand Chasseur. De ce fait, la constellation, assez distincte, est facile à trouver au sud d'Orion et à l'ouest de l'étoile Sirius.

Arneb (α Leporis), 2,6 mag, située à plus de 1 000 années-lumière, est une supergéante six mille fois plus brillante que le Soleil. Elle a un compagnon de 11,0 mag qui se trouve à 36" d'elle.

R Leporis – l'**étoile rouge de Hind** – est une étoile variable et irrégulière ; les fluctuations de sa luminosité sont caractérisées par la courbe de lumière ci-dessous. L'astronome britannique John Russel Hind la décrivit en 1845 comme une « étoile d'un cramoisi intense rappelant une goutte de sang sur l'arrière-plan du ciel ». R Leporis est, en effet, une étoile géante de faible température en surface – environ 2 700 K, donc rouge. En outre, son atmosphère contient des molécules de carbone qui absorbent les rayonnements de courtes longueurs d'onde (bleu) et l'étoile est entourée d'un nuage de poussières. Tout cela lui donne cette couleur si particulière, très notable au moment de son pic de luminosité. R Leporis peut s'observer avec des jumelles ; toutefois, on ne distingue clairement sa couleur qu'avec un instrument.

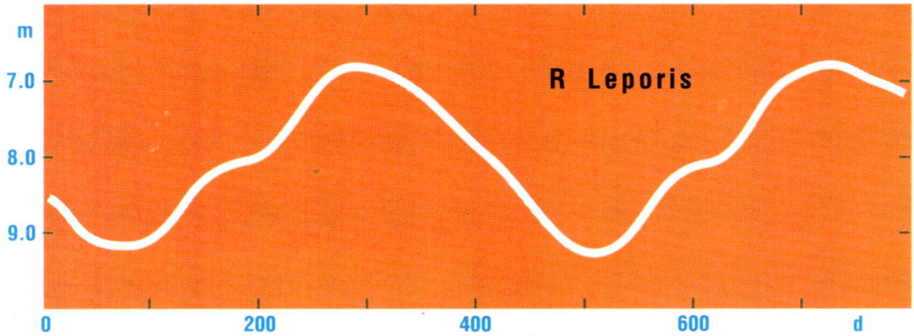

Courbe de lumière de l'étoile variable irrégulière **R Leporis**. Pendant ces dernières années, l'étoile a vu son éclat varier de 7,0 à 10,0 mag sur deux périodes qui se chevauchent : la plus courte a duré environ quatorze mois et la plus longue plusieurs décennies (environ cinquante ans).

LEP

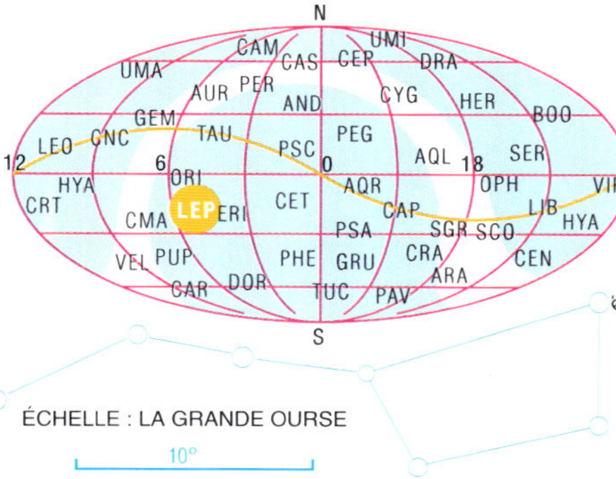

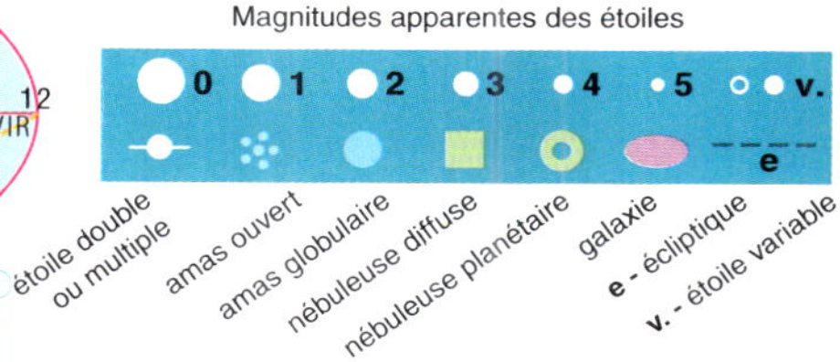

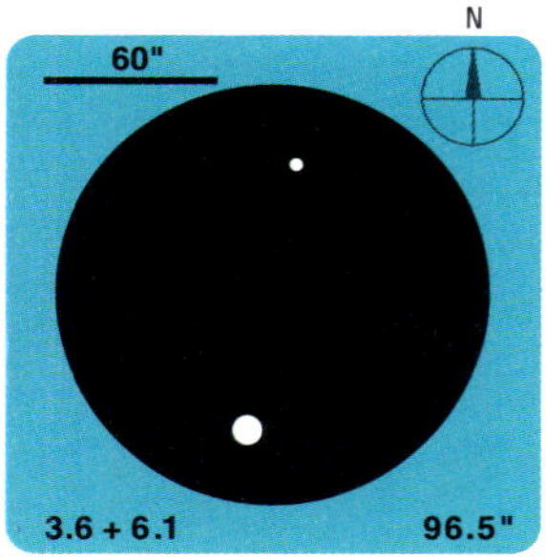

Ci-dessus : l'étoile double
γ **Leporis** se résout aux jumelles.
Située à 29 années-lumière,
elle se compose de deux naines.

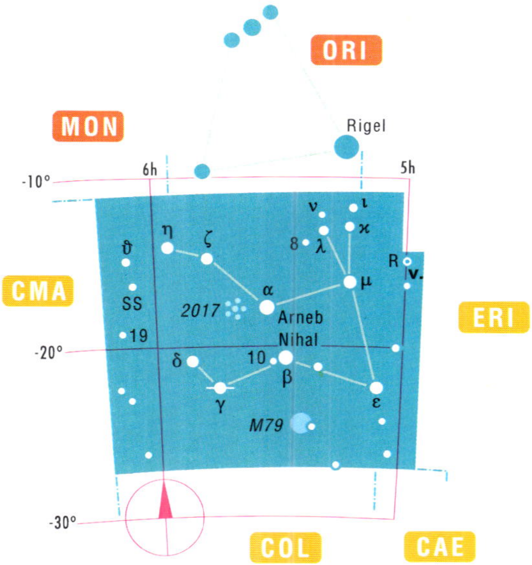

L'amas globulaire d'étoiles
M79 (NGC1904), 7,8 mag.
Le diamètre angulaire
de sa partie la plus brillante
atteint 8' et son diamètre réel
260 années-lumière.
Il se trouve à 42 500
années-lumière du Soleil
et 63 500 années-lumière
du centre de la Galaxie.

LIBRA

Librae Lib La Balance

Cette constellation zodiacale se repère facilement au milieu de la droite reliant les étoiles brillantes Spica de la Vierge (Vir) et Antarès, dans le Scorpion. Les noms des étoiles brillantes de la Balance attestent que celle-ci faisait initialement partie du Scorpion : Zuben el Genubi signifie « la Pince australe » et Zuben el Schemali « la Pince boréale ». Le Soleil entre dans le signe de la Balance – aujourd'hui dans la constellation de la Vierge (voir *La précession*, page 58) – le jour de l'équinoxe d'automne. Le nom de la constellation symbolise l'équilibre entre le jour et la nuit et entre les saisons. Depuis la Rome antique, la Balance est figurée par les deux plateaux dudit instrument, lui-même également symbole de justice. Sa représentation dans l'atlas de 1690 de J. Hevelius est illustrée page ci-contre.

ι **Librae** est une étoile multiple ; la composante A (4,5 mag) est située à 58" de la composante B (9,4 mag). La composante A est elle-même une binaire serrée dont le compagnon n'est qu'à 0,1". La composante B, pour sa part, possède aussi un compagnon de 11,0 mag, séparé de 1,9". La binaire à éclipses δ **Librae** voit son éclat passer de 4,9 à 5,9 mag sur une période de 2,33 jours ; elle est distante de 300 années-lumière.

L'amas globulaire d'étoiles **NGC5897** a un éclat global de 8,6 mag et un diamètre angulaire de 8,7'. Sa distance par rapport au Soleil est de 38 500 années-lumière tandis qu'elle est de 22 000 années-lumière par rapport au centre de la Galaxie.

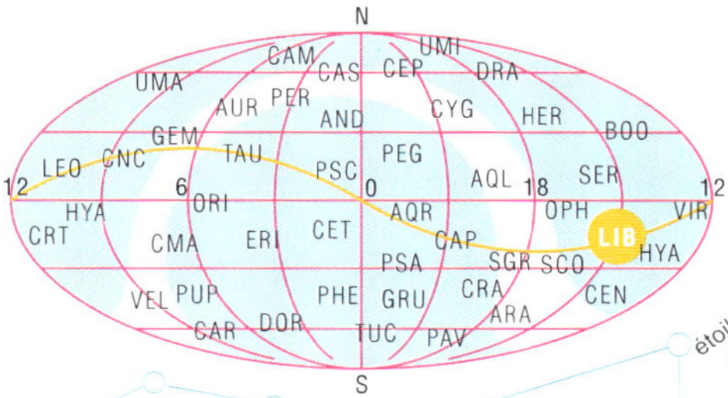

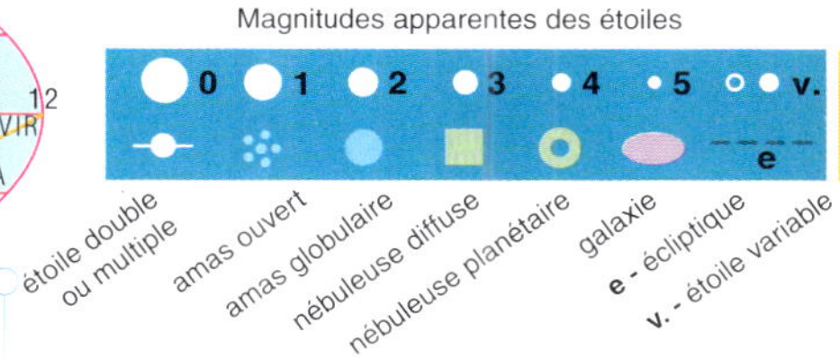

LIB

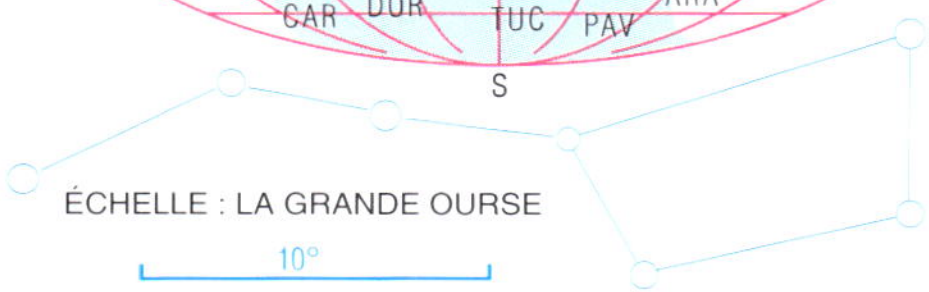

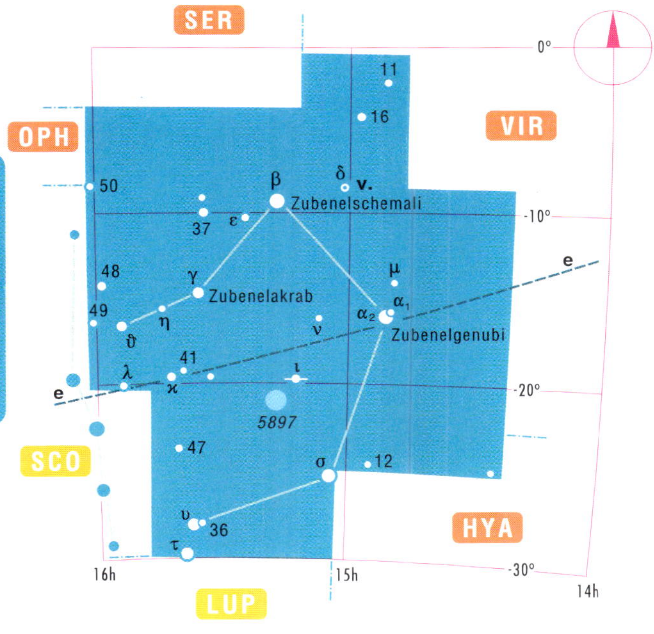

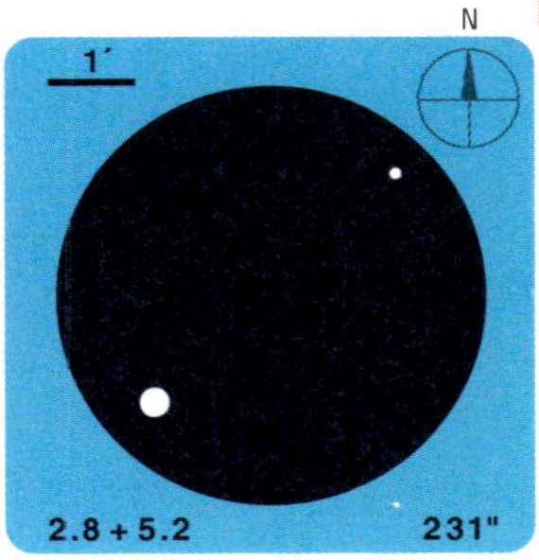

Zuben el Genubi (α Librae), jolie étoile double, observable aux jumelles, située à 77 années-lumière.

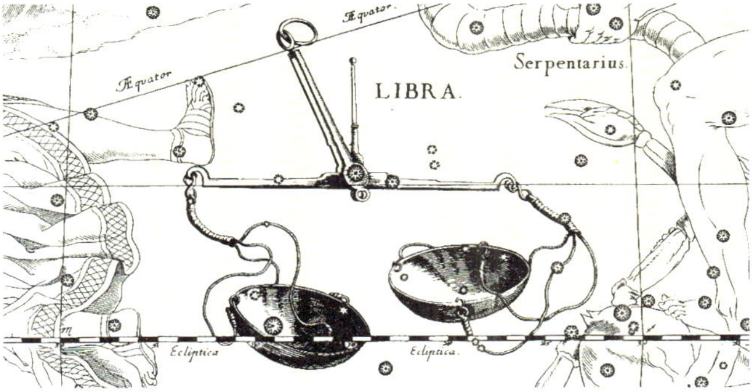

LUPUS

Lupi Lup Le Loup

Les Grecs et les Romains représentaient ce groupe d'étoiles par quelque bête sauvage. Plus tard, la constellation fut incluse dans les cartes illustrées comme le Loup tué par le Centaure. C'est aussi de cette façon que J. Hevelius la représenta dans son atlas de 1690 – voir ci-dessous. Remarquez que Hevelius dessinait les cartes stellaires avec l'ouest et l'est inversés, comme c'était alors la coutume, comme si les étoiles étaient « vues par les dieux » depuis l'autre côté de la sphère céleste. Voilà pourquoi le Centaure attaque le Loup par la gauche, alors que dans le ciel, ils se présentent dans l'autre sens à notre regard.

L'étoile la plus brillante du Loup, α **Lupi** (2,3 mag), est une étoile double dotée d'un pâle compagnon de 13,4 mag. Outre les deux étoiles doubles décrites page ci-contre, citons une autre étoile double, ξ **Lupi**, dont les composantes de 5,3 et 5,8 mag sont séparées par 10,4".

L'amas ouvert d'étoiles **NGC5822,** observable aux jumelles, a un éclat global de 6,5 mag et un diamètre angulaire de 39'. L'amas globulaire **NGC5986** (7,5 mag, au diamètre angulaire de 6') est situé à plus de 34 000 années-lumière du Soleil.

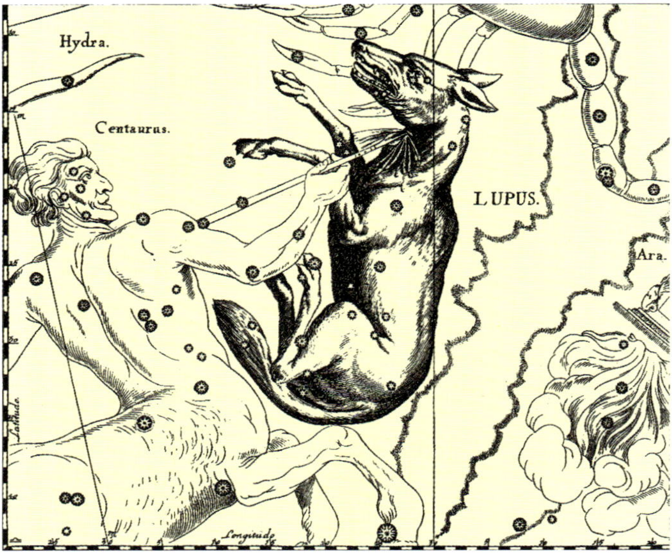

LUP

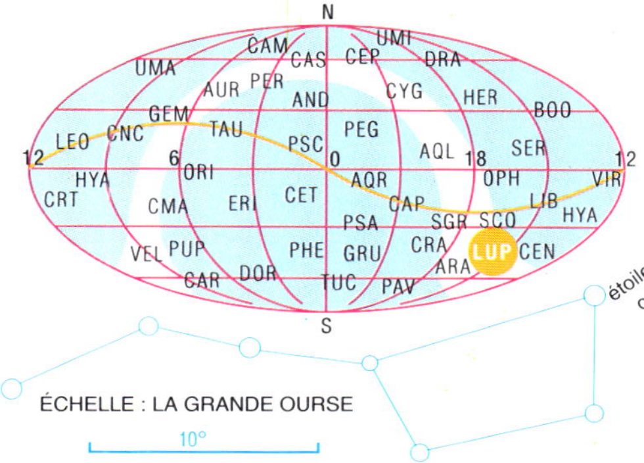

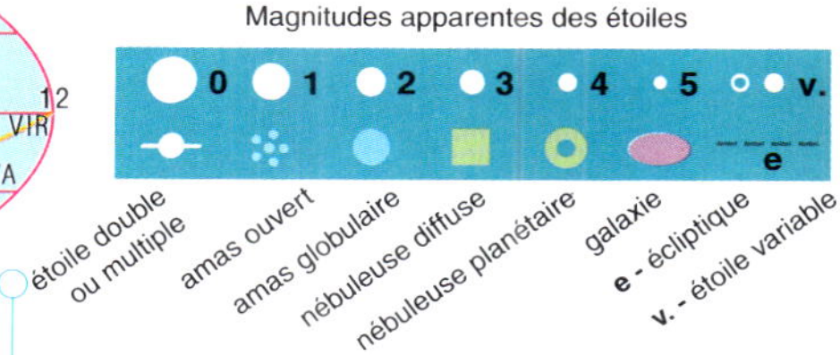

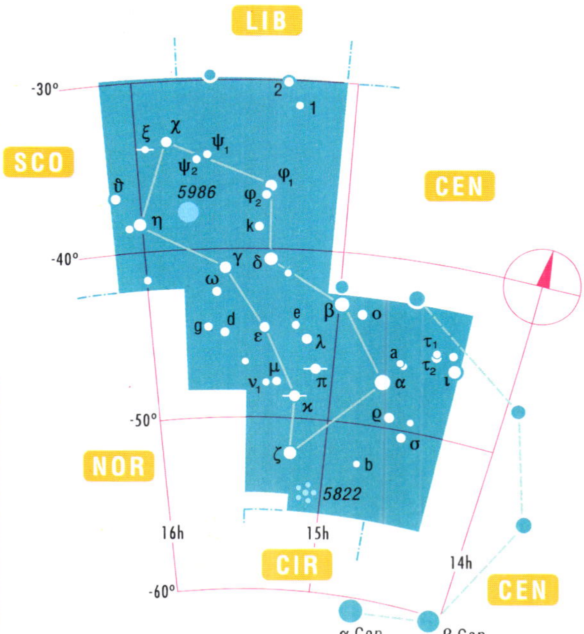

Ci-dessous : l'étoile double π **Lupi**, dont les deux composantes sont blanches, est distante de quelque 500 années-lumière.

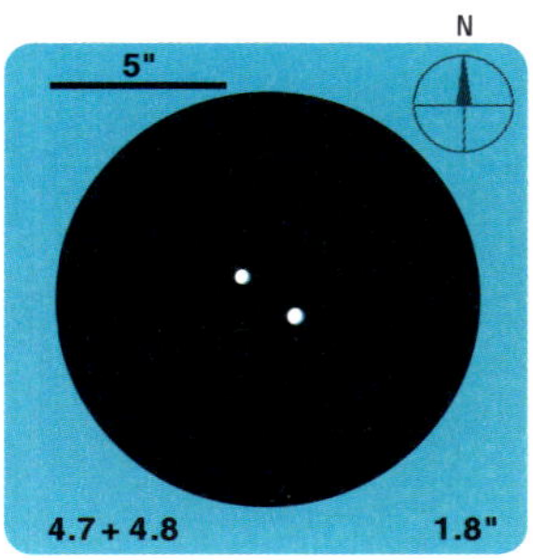

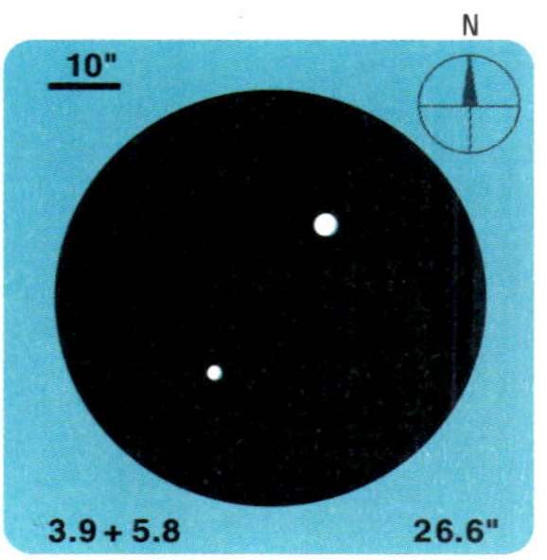

À droite : les composantes de l'étoile double κ **Lupi** sont facilement résolues à l'aide d'un petit télescope. Le système se trouve à 190 années-lumière.

LYNX

Lyncis Lyn Le Lynx

La constellation du Lynx a été introduite par J. Hevelius en 1690 pour combler le vide entre la Grande Ourse (UMa), le Cocher (Aur) et les Gémeaux (Gem). Le lynx ayant la réputation d'avoir une vue exceptionnelle, Hevelius signifiait ainsi symboliquement que seuls les gens à la vue de lynx avaient une chance de voir cette constellation (les astronomes prétendent souvent que le Lynx se trouve « là où il n'y a rien »). Il n'y a que deux étoiles d'éclat supérieur à 4 mag, et douze plus brillantes que 5 mag. Sur la carte ci-contre, vous noterez une anomalie : l'étoile 41 Lyncis se trouve en dehors des frontières du Lynx, dans la Grande Ourse, alors que l'étoile 10 UMa est dans le Lynx. C'est un héritage de l'époque où les constellations n'avaient pas encore leurs frontières fixées.

L'amas globulaire d'étoiles **NGC2419** nous apparaît très pâle (10,4 mag, voir ci-dessous) et son diamètre angulaire n'est que de 4'. Cependant, son diamètre réel est de 380 années-lumière et sa luminosité équivaut à 175 000 soleils. C'est en effet l'amas globulaire le plus éloigné appartenant néanmoins à notre galaxie : il est situé à 210 000 années-lumière du centre galactique et à 182 000 années-lumière du Soleil. Parce qu'il est plus éloigné que le Grand Nuage de Magellan – la galaxie la plus proche –, il a reçu le surnom de « Clochard intergalactique ».

LYN

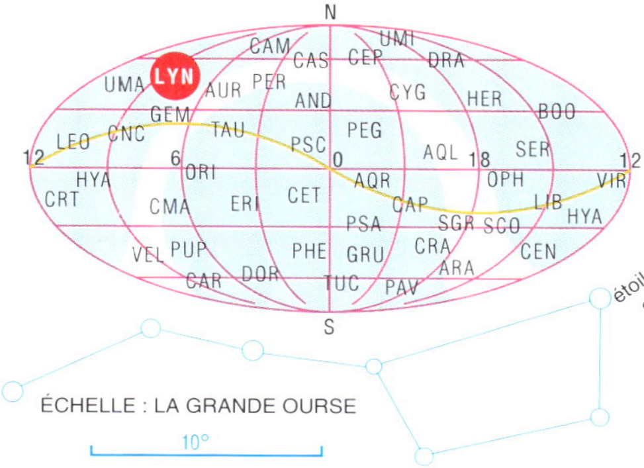

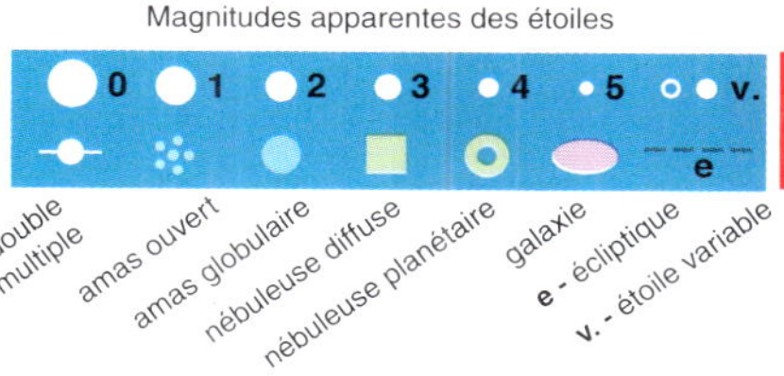

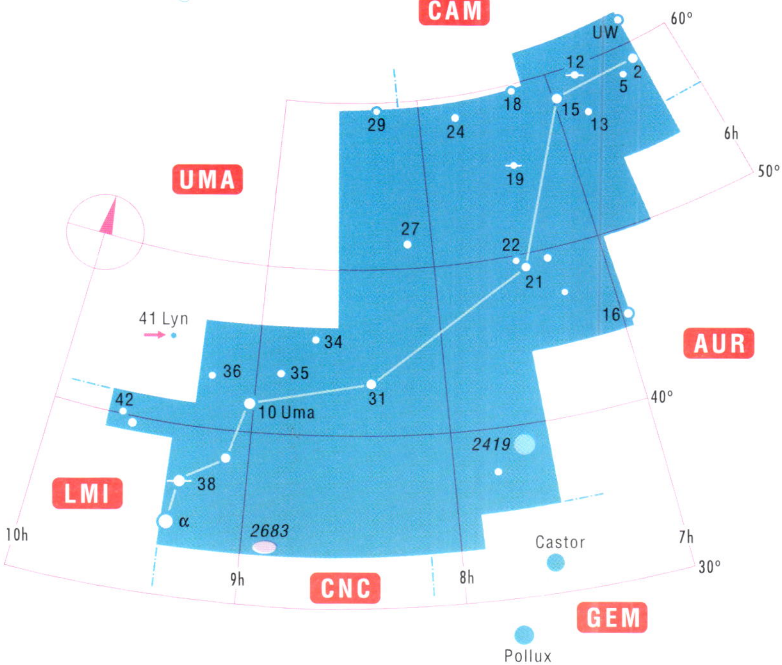

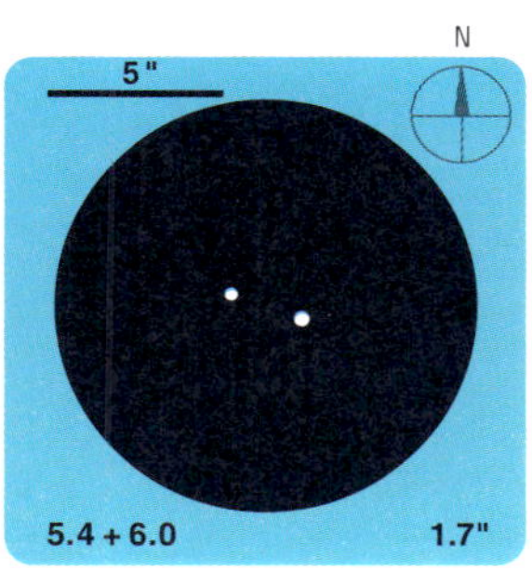

À gauche : les composantes de l'étoile double **12 Lyncis**, située à 230 années-lumière, mettent sept cents ans à effectuer une révolution.
À droite : la lumière des composantes du double optique **19 Lyncis** met trois cent soixante et quatre cent soixante-dix ans à nous parvenir. À l'œil nu, le système apparaît comme une petite étoile pâle de 5,4 mag.

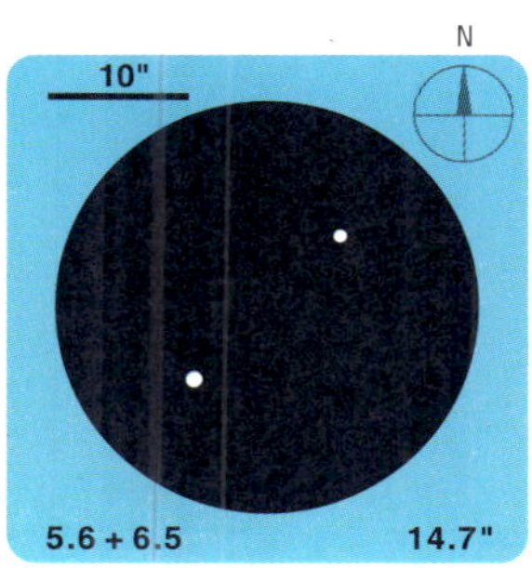

LYRA

Lyrae Lyr La Lyre

La lyre est l'instrument à cordes qu'Apollon donna à Orphée. L'histoire touchante d'Orphée et d'Eurydice fut mise en musique par Gluck et Monteverdi. Ajoutons qu'après la mort d'Orphée, Zeus plaça sa lyre dans le ciel. La constellation, petite mais caractéristique, se trouve facilement grâce à Véga, l'étoile la plus brillante du ciel estival.

Véga (α Lyrae, « Aigle en piqué » en arabe), de magnitude 0, est la cinquième étoile du ciel par l'éclat. C'est une étoile ordinaire bleutée de type spectral A0, plus chaude et trois fois plus grosse que le Soleil. La lumière de l'étoile met 25,3 ans à nous parvenir. En 1983, les détecteurs infrarouge du satellite IRAS découvrirent la présence d'un disque de poussières autour de Véga, qui deviendra peut-être un système planétaire. **Sheliak** (β Lyrae) est une binaire à éclipses remarquable, devenue la représentante d'un type spécial de systèmes stellaires où les deux étoiles sont très proches l'une de l'autre et, par suite, très déformées (allongées) par leur attraction gravitationnelle mutuelle et leur rotation rapide. Les variations de luminosité de tels systèmes sont aussi influencées par des échanges de matière d'une composante vers l'autre et dans l'espace ambiant. À son maximum, Sheliak fait 3,3 mag, et son minimum fluctue entre 3,8 et 4,1 mag ; au cours d'un cycle de treize jours, deux maxima et deux minima alternent. **δ1, δ2 Lyrae** est une étoile double que l'on peut résoudre aux jumelles ; les composantes, de 5,6 et 4,3 mag, sont distantes de 620". Le système est environné d'un amas globulaire lâche, **Stephenson 1**.

Découverte en 1779, **la nébuleuse annulaire de la Lyre** (**M57** ou NGC6720) est sans doute la nébuleuse planétaire la mieux connue. Distante de 1 500 à 2 000 années-lumière, son éclat global est de 9,0 mag et son diamètre angulaire, de 70", il vous faudra un télescope d'au moins 10 cm d'ouverture pour l'observer en détail. Ce n'est pas un simple anneau mais une structure tridimensionnelle complexe. Son étoile centrale très pâle (moins de 15 mag) est invisible avec un petit instrument.

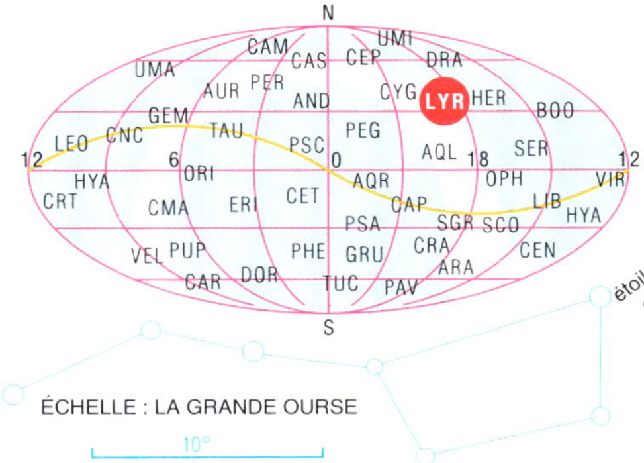

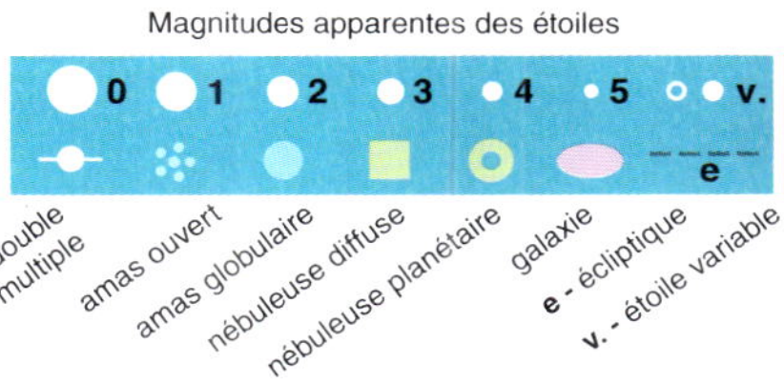

LYR

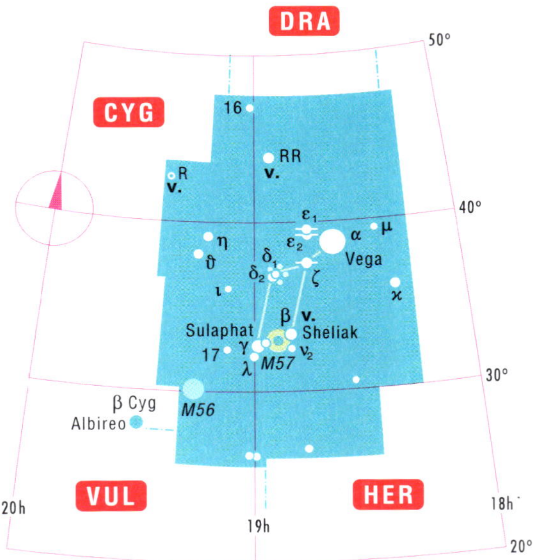

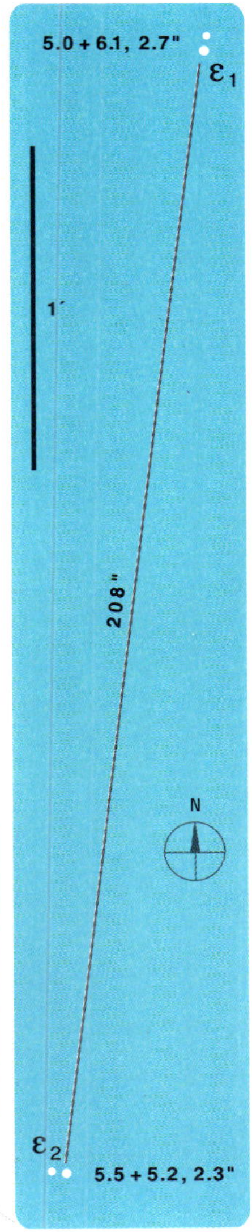

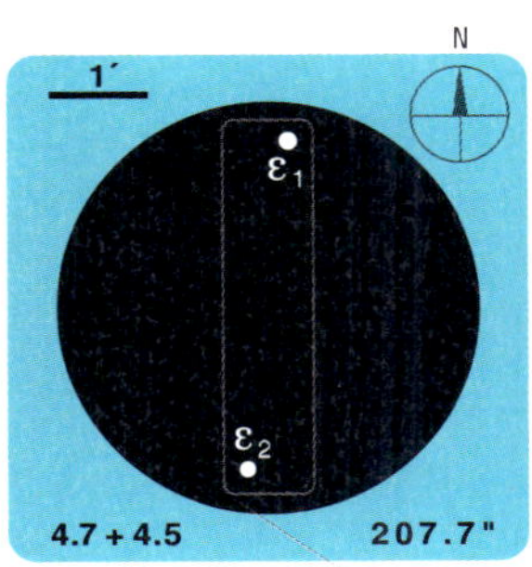

À droite : le célèbre « double double » ε **Lyrae** est l'un des systèmes multiples les mieux connus. Si votre vue est perçante, vous pourrez discerner deux composantes, et un instrument de 60 mm de diamètre vous révélera que chacune d'elles se compose de deux étoiles.

MENSA

Mensae Men La Table

Une fois de plus, voici un nom attribué par Nicolas Louis de Lacaille. Cet astronome français a rempli tous les vides entre les constellations australes connues à son époque. Dans cette région, il a immortalisé symboliquement son observatoire temporaire au pied de la montagne de la Table, près de la ville du Cap, en Afrique. De même que le sommet de la montagne était souvent masqué par les nuages, la Table est en partie recouverte par le Grand Nuage de Magellan. Cette constellation est la plus pâle du ciel : aucune étoile n'y excède 5 mag. S'il n'y avait le Grand Nuage de Magellan, la région n'attirerait en rien notre attention.

La constellation de la Table se compose de quatre étoiles. La plus brillante et la plus proche est α **Mensae** (5,1 mag), située seulement à 33 années-lumière – soit juste 8 années-lumière de plus que la brillante Véga –, mais α Men est beaucoup plus petite, plus froide et plus pâle. C'est une naine de type spectral G5, assez similaire au Soleil. γ **Mensae**, en revanche, se trouve à 100 années-lumière ; c'est une géante de type spectral K4 qui nous apparaît presque aussi brillante (5,2 mag) que α Men, pourtant beaucoup plus proche. Les étoiles η et β **Mensae** ont une magnitude apparente de 5,5 et 5,3 mag ; la première est située à 700 années-lumière, la seconde, à plus de 600.

Les Nuages de Magellan sont liés à notre galaxie non seulement par la force gravitationnelle mais aussi par un gigantesque « pont » gazeux d'hydrogène neutre. Les deux nuages sont eux-mêmes reliés par une enveloppe gazeuse invisible à l'œil humain. Le Petit Nuage est à gauche (noté SMC sur la carte), le Grand Nuage (LMC) à droite.

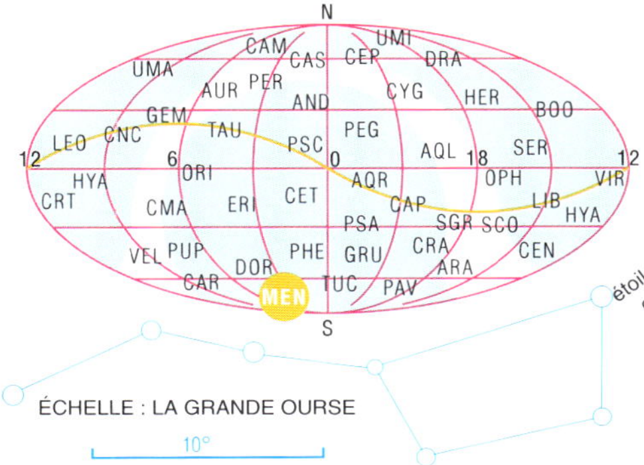

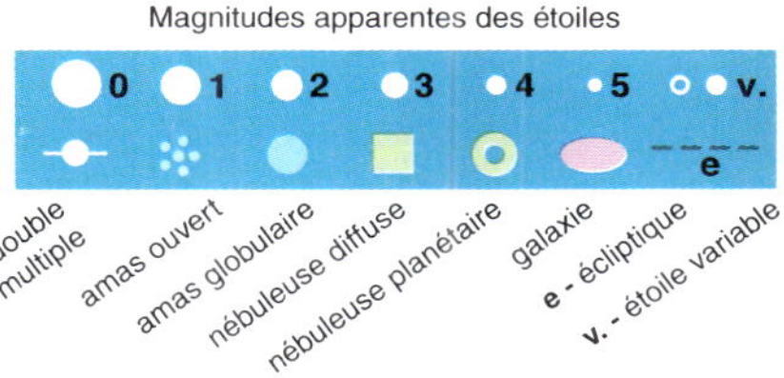

MEN

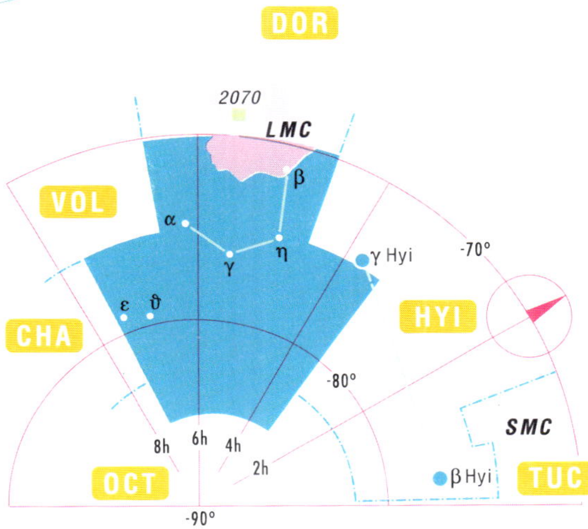

La très petite et pâle constellation de la Table se repère à l'aide du Grand Nuage de Magellan qui empiète dessus. Les Nuages de Magellan (LMC et SMC, également ci-dessous) sont situés à quelque 20° l'un de l'autre et couvrent une aire équivalente à celle des sept étoiles de la Grande Ourse.

MICROSCOPIUM

Microscopii Mic Le Microscope

L'une de ces constellations à peine perceptibles dont Nicolas Louis de Lacaille a parsemé le ciel austral au milieu du XVIIIe siècle. Il a ainsi immortalisé une invention d'une énorme importance pour l'humanité. La modeste constellation ne comprend que de petites étoiles pâles, difficiles à voir, au sud du Capricorne. L'idée initiale du Microscope est illustrée page ci-contre par un détail de la carte du ciel austral de Lacaille.

Les étoiles les plus brillantes sont γ et ε **Microscopii**, toutes deux de 4,7 mag, situées respectivement à 220 et 165 années-lumière du Soleil. γ Mic est une géante jaune de type spectral G8 qu'accompagne une étoile pâle d'à peine 13,7 mag, distante de 26". Les instruments d'amateur observeront mieux l'étoile double α **Microscopii**, sans attrait notable, décrite ci-contre.

Pourquoi avoir un instrument ?

Acheter ou ne pas acheter – telle est la question. Avez-vous réellement besoin d'un télescope ou d'une lunette ? Et pour quoi faire ? Regarder occasionnellement le ciel pour le plaisir ou faire des observations plus systématiques de type spécifique ? Pour un débutant, le marché offre d'innombrables opportunités. Il est donc conseillé de consulter quelqu'un ayant quelque expérience dans l'instrumentation astronomique (voir la liste des associations d'astronomie amateur à la fin du livre). Vous trouverez aussi de bons conseils auprès d'un planétarium ou d'un observatoire, ainsi que dans la littérature (guides d'astronomie populaire, instructions pour construire son télescope, revues spécialisées, etc.)

Le facteur crucial n'est pas le grossissement obtenu par l'instrument, mais la qualité de son optique et de sa monture. Sans une monture stable, les meilleures optiques ne sont d'aucune aide ; méfiez-vous des beaux instruments montés sur des trépieds chancelants proposés dans les grandes surfaces ! À grossissement égal, le choix entre une lunette et un télescope dépend des objets que vous préférez observer ; pour des objets pâles, choisissez une lunette, qui offre une meilleure intensité lumineuse, tandis qu'un télescope vous donnera une meilleure résolution pour séparer des objets très proches comme les étoiles multiples ou les amas d'étoiles.

S'il s'agit d'un instrument « familial », optez pour une petite lunette (équipée d'une lentille achromatique) avec un objectif de 50 à 70 mm de diamètre et une longueur focale de 500-800 mm. Un tel instrument permet un grossissement de cinquante à cent fois selon l'oculaire utilisé (le grossissement offert par un instrument se calcule en divisant la distance focale de son objectif par celle de son oculaire).

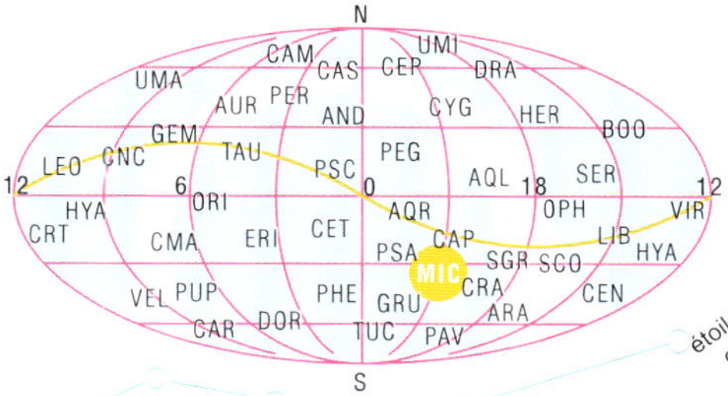

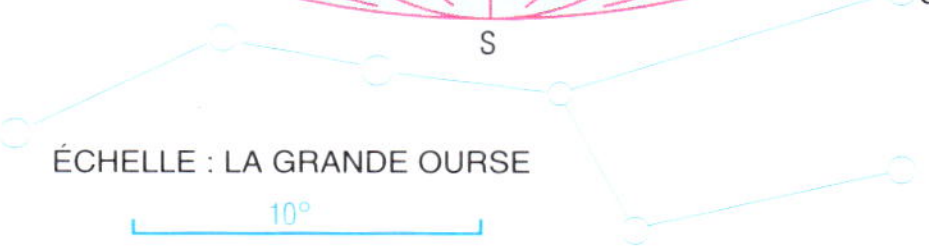

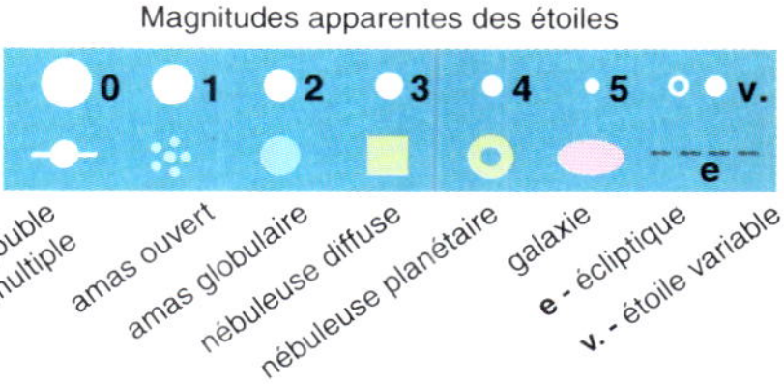

MIC

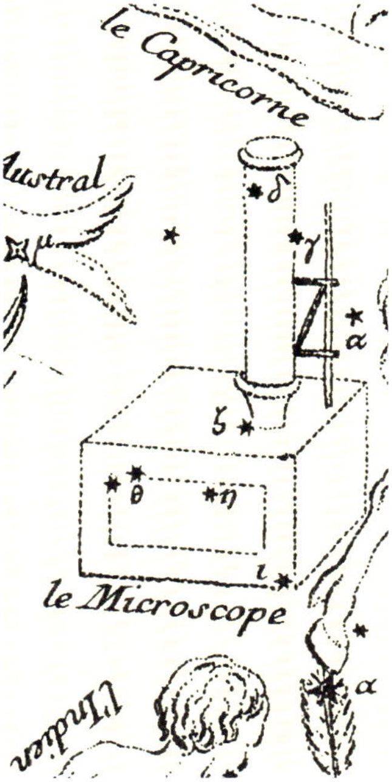

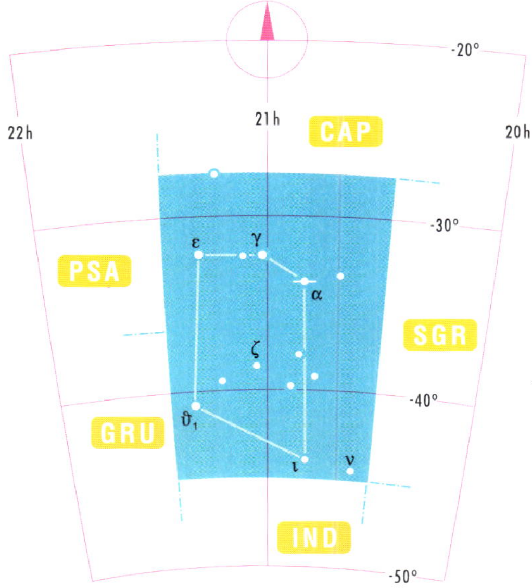

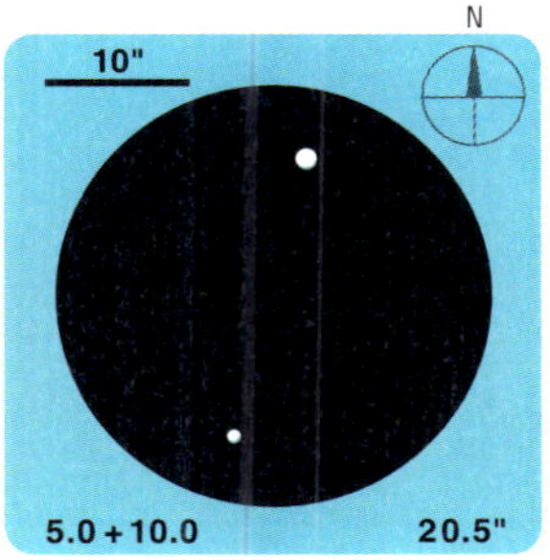

À droite : l'étoile double α **Microscopii**, d'un éclat global de 5,0 mag, se trouve à 380 années-lumière. Sa composante principale est une géante jaune de type spectral G6.

MONOCEROS

Monocerotis Mon La Licorne

La licorne mythologique, qui était habituellement figurée par un cheval au front orné d'une longue corne droite, a sans doute été inspirée par le narval. La constellation de la Licorne a été décrite pour la première fois par Jacob Bartsch (beau-fils du célèbre astronome J. Kepler) dans sa carte datant de 1624. On la retrouve dans le relevé stellaire de J. Hevelius remontant à 1690. La constellation, formée d'étoiles de quatrième magnitude ou plus pâles, n'est pas très notable dans le ciel ; vous la trouverez cependant facilement à l'intérieur du Triangle d'hiver défini par les brillantes Procyon, Bételgeuse et Sirius.

L'étoile la plus brillante est α **Monocerotis** (3,9 mag), une géante orange distante de 144 années-lumière. ε **Monocerotis** est une étoile double dont les composantes, de 4,5 et 6,5 mag, sont séparées de 13". **S Monocerotis**, de 4,7 mag, est une étoile aux caractéristiques extraordinaires : géante blanc bleuté, de type spectral O7, sa température de surface atteint 30 000 K et sa luminosité est équivalente à celle de 8 500 soleils ! Cette étoile est le membre le plus brillant de l'amas stellaire NGC2264 (voir ci-dessous).

L'amas ouvert **NGC2244**, entouré de la nébuleuse diffuse **NGC2237-9** appelée **la Rosette**, est l'un des plus beaux objets de l'espace profond (voir page 152). L'amas est visible même aux jumelles, mais la nébuleuse est pâle et ne ressort qu'en photographie.

MON

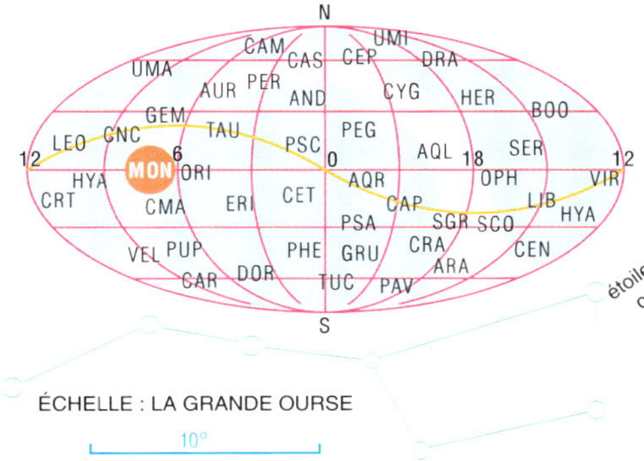

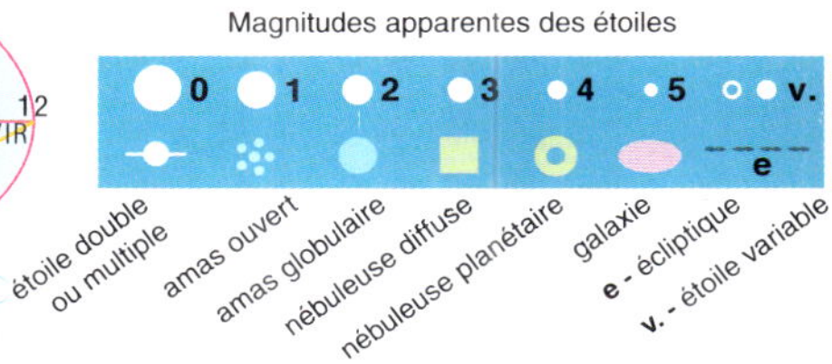

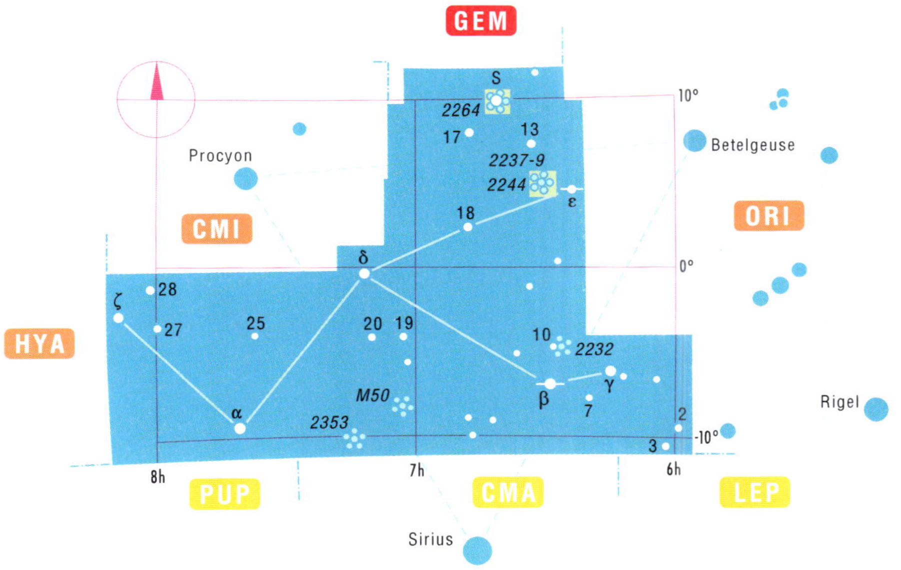

Ci-dessous : β **Monocerotis**, une superbe étoile triple qu'un petit instrument montrera comme une étoile double.

Ci-contre à gauche : **NGC2264** est un amas ouvert, observable aux jumelles, appelé **l'Arbre de Noël**. Sa hauteur angulaire, de 26' (presque le diamètre de la Lune), correspond en réalité à 20 années-lumière. L'amas est immergé dans une nébuleuse dont il est manifestement issu. À l'avant de la nébuleuse lumineuse se trouve la remarquable **nébuleuse** obscure **du Cône** (ci-contre à droite) ; située à quelque 3000 années-lumière, son cône sombre se détache clairement sur le fond lumineux.

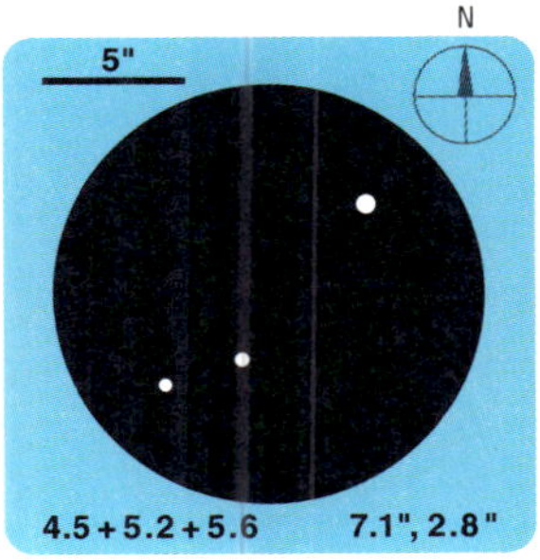

MUSCA

Muscae Mus La Mouche

Cette constellation a été introduite par Johann Bayer dans son atlas *Uranometria* de 1603, où elle s'appelait alors *Apis* (l'Abeille). Elle fut rebaptisée plus tard *Musca Australis* (la Mouche australe) par N.L. de Lacaille, afin qu'elle ne soit pas confondue avec la Mouche boréale qui figurait alors sur les cartes à proximité du Bélier (*Aries*). Par la suite, la Mouche boréale fut supprimée et la constellation prit simplement le nom de la Mouche. Grâce à la proximité de la célèbre Croix du Sud (*Crux*), l'insignifiante Mouche se repère assez facilement.

α **Muscae** (2,7 mag) est une étoile double dotée d'un très pâle compagnon (12,8 mag) écarté de 29,6".

En 1991, une **nova** (**N1991** sur la carte) flamboya dans cette constellation ; pour une brève période, elle devint, dans le ciel, l'une des plus brillantes sources de rayons X. Elle se révèle être une binaire serrée où une étoile ordinaire de type spectral K tourne autour d'un objet central de trois à huit masses solaires. Cet objet est très probablement un trou noir – c'est-à-dire une étoile effondrée à la densité gigantesque, qui empêche toute émission de rayonnements mais qui se manifeste par ses effets gravitationnels. Dans son voisinage, un trou noir peut aussi induire des processus engendrant d'intenses rayonnements X.

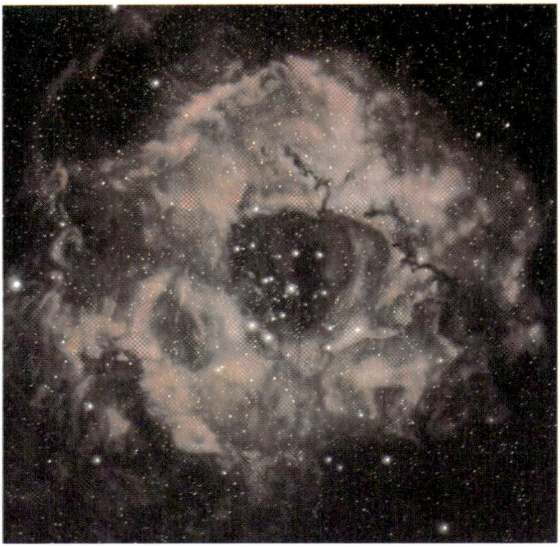

La nébuleuse diffuse **la Rosette** (NGC2237-9), qui entoure l'amas ouvert **NGC2244**. L'amas contient de jeunes étoiles chaudes, physiquement rattachées à la nébuleuse. Le diamètre de la nébuleuse, distante de quelque 3000 années-lumière, est d'environ 55 années-lumière. (Cette illustration se rapporte à la page 150.)

MUS

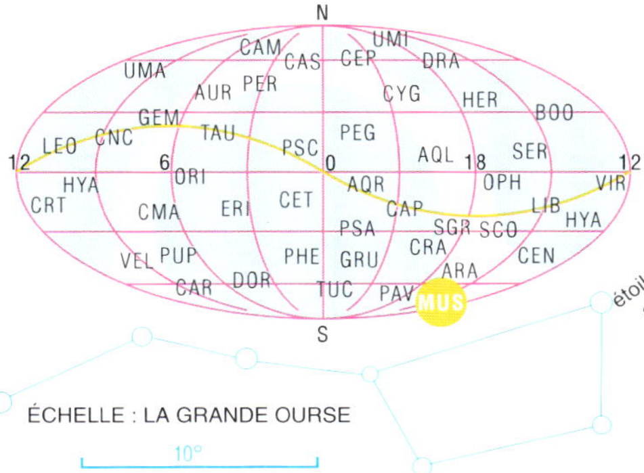

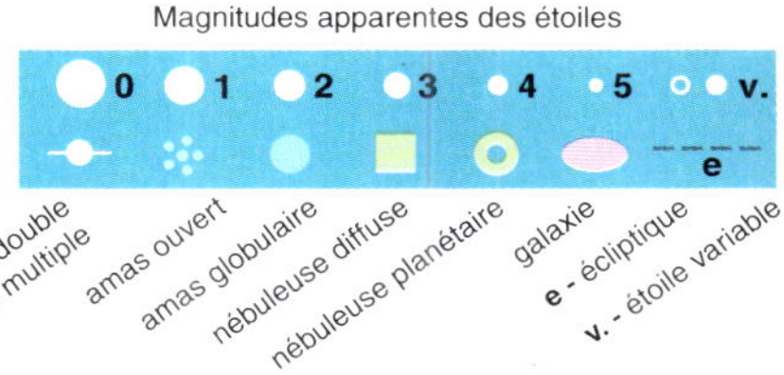

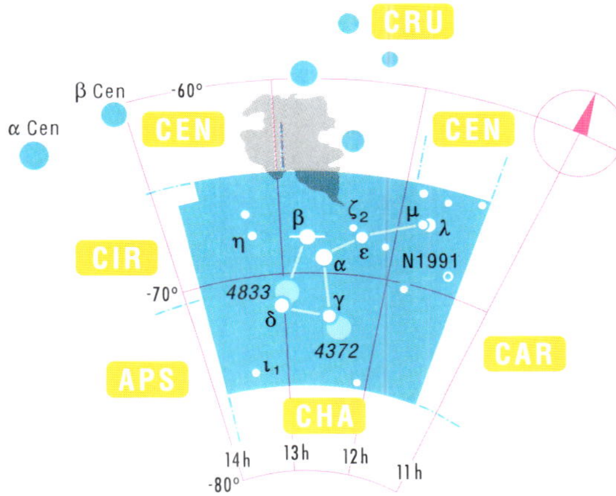

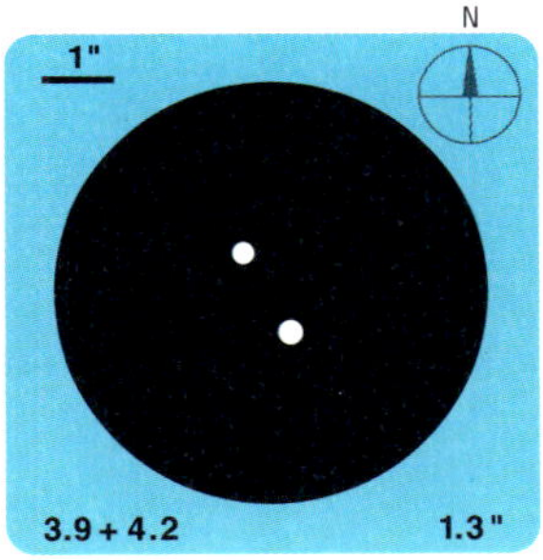

Ci-dessus : β **Muscae** est une binaire dont les composantes ont une période de révolution égale à trois cent quatre-vingt trois ans. Sa résolution en deux étoiles distinctes nécessite un télescope doté d'un objectif d'au moins 100 mm de diamètre.

À droite : comparez la carte ci-dessus montrant la Mouche et la Croix du Sud avec cette composition photo de la région correspondante du ciel. La nébuleuse obscure appelée le Sac à Charbon se détache nettement sur l'arrière-plan de la Voie lactée.

NORMA

Normae Nor La Règle

L'une des quatorze petites constellations introduites par l'abbé de Lacaille sur sa carte du ciel austral au milieu du XVIIIe siècle. Depuis, cette constellation – que d'aucuns seraient tentés de qualifier de « superflue » – a plusieurs fois changé de nom et de frontières. Elle devait initialement immortaliser les outils des artisans : le niveau à bulle et l'équerre de charpentier. Vous ne trouverez pas α et β Normae, supprimées de la constellation lors de la fixation de ses frontières définitives en 1930.

Les étoiles γ1 et γ2 Nor ne forment pas un système physique : **γ1 Normae**, 5,0 mag, est une supergéante blanche située à plus de 1 500 années-lumière ; **γ2 Normae** est « seulement » distante de 128 années-lumière. Cette dernière est une étoile double, dont la composante principale de 4,0 mag est située à 45" de son pâle compagnon (10,0 mag). Les composantes de l'étoile double ι1 **Normae**, de 4,9 et 8,1 mag, sont écartées de 10,8" l'une de l'autre.

La nébuleuse **NGC6164-5** (ci-dessous) est assez similaire à une nébuleuse planétaire. Son étoile centrale fait 6,8 mag. L'objet a l'aspect d'un S inversé, mais sa distribution spatiale réelle est encore inconnue.

La nébuleuse **NGC6164-5** est un objet faiblement lumineux qui ne se distingue bien que sur photographie. Son diamètre angulaire est de 370". Elle se trouve à la limite de la constellation adjacente de l'Autel (Ara).

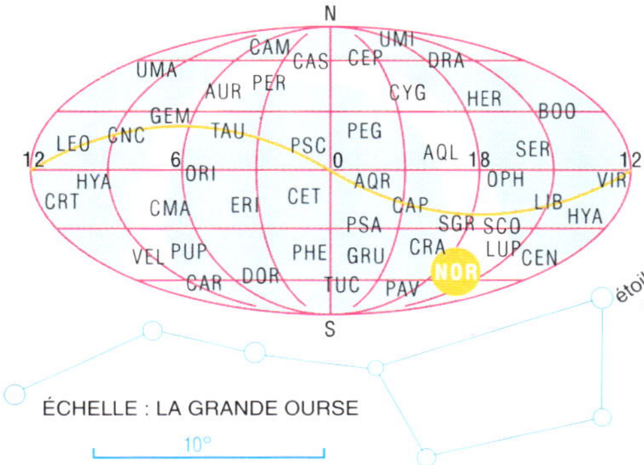

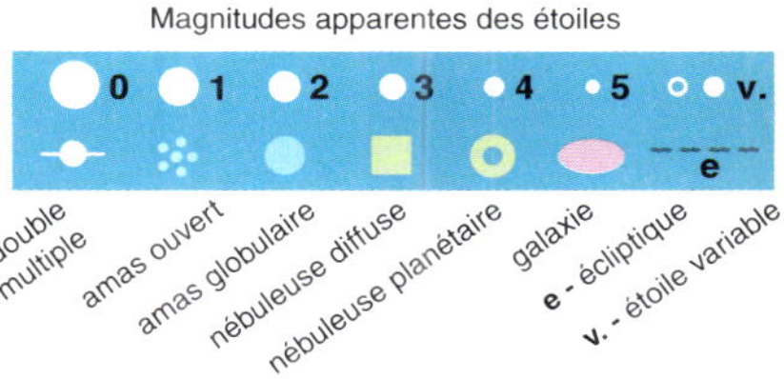

NOR

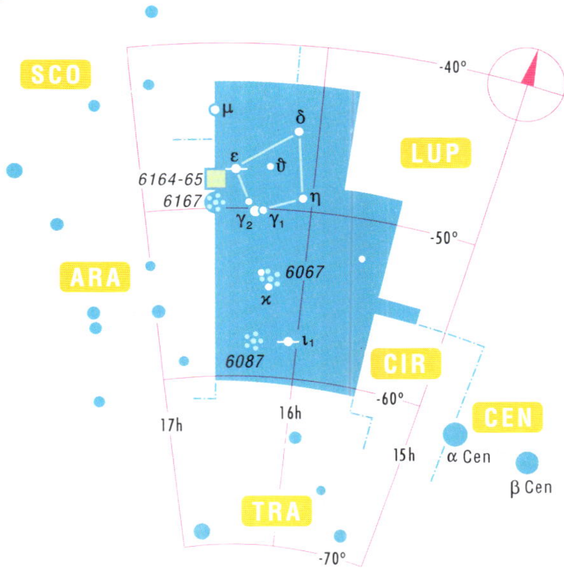

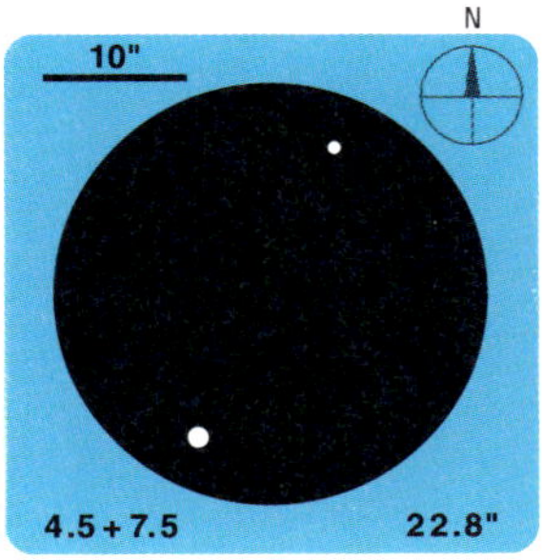

Ci-dessus : le système ε **Normae** est une étoile quadruple. Les deux composantes visibles au télescope sont elles-mêmes des binaires spectroscopiques.

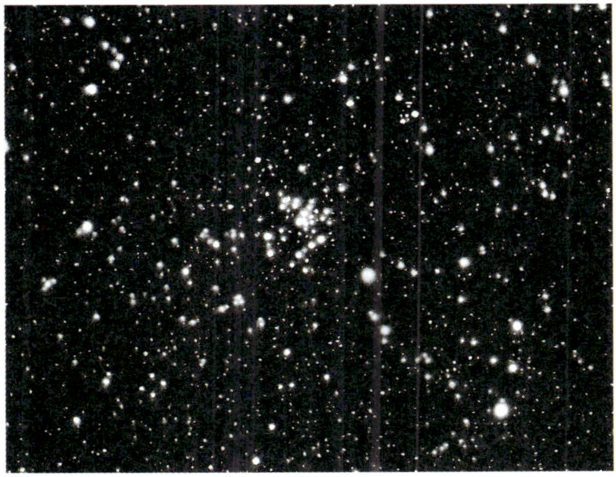

À droite : l'amas ouvert **NGC6087** est observable aux jumelles. Son éclat global est de 5,4 mag, son diamètre angulaire, de 12', et sa distance, d'environ 2 900 années-lumière. Il contient une quarantaine d'étoiles entre 8 et 10 mag.

OCTANS

Octantis Oct L'Octant

Avec cette constellation insignifiante, N.L. de Lacaille commémorait l'apparition d'un important instrument goniométrique inventé par John Hadley en 1730; son nom original était d'ailleurs *Octans Hadleianus* (l'octant de Hadley). Prédécesseur du sextant, l'octant était employé pour mesurer l'altitude angulaire des corps célestes au-dessus de l'horizon – l'une des tâches principales pour la navigation et la détermination des coordonnées terrestres et célestes.

L'Octant contient le **pôle Sud céleste** mais ne compte aucune étoile brillante pour indiquer la position de ce point important, à l'instar de l'Étoile polaire dans le ciel boréal. Le rôle de gardien du pôle Sud est tenu par une étoile peu visible, de 5,5 mag, nommée σ **Octantis**. Comme il est indiqué ci-dessous, ce n'est qu'un rôle temporaire du fait de la précession de l'axe de rotation de la Terre, qui déplace les pôles célestes le long d'orbites circulaires dont les centres sont alignés avec le centre de l'écliptique (noté P.E.). σ Oct était au plus près du pôle Sud en 1870. Mais elle perd peu à peu son rôle; en l'an 2000, sa distance angulaire au pôle Sud sera d'environ 1°. Entre l'an 5000 et l'an 11000 de notre ère, les habitants de l'hémisphère sud jouiront de la présence des plus brillantes étoiles polaires; le pôle Sud traversant les constellations de la Carène (*Carina*) puis des Voiles (*Vela*); entre 8000 et 9000, la Fausse Croix fera un superbe indicateur polaire.

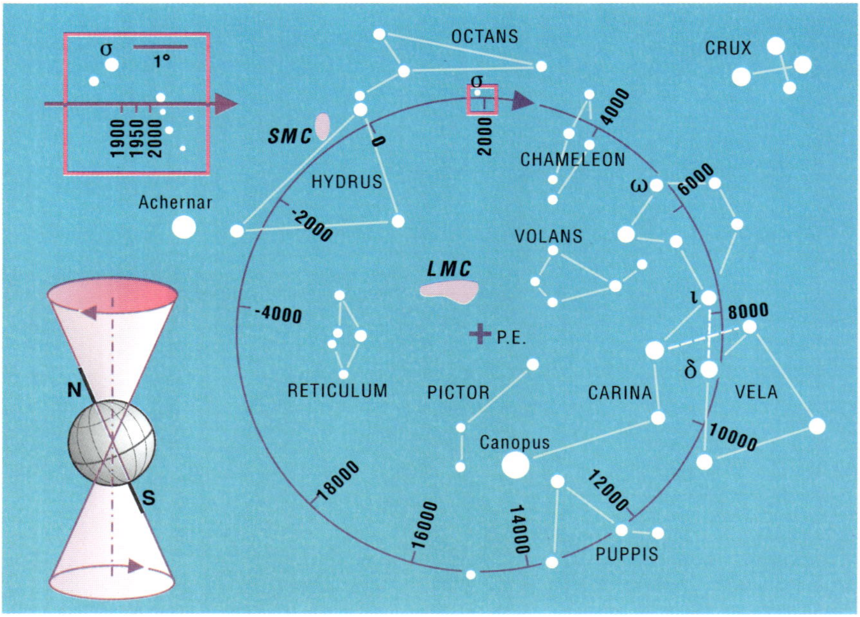

OCT

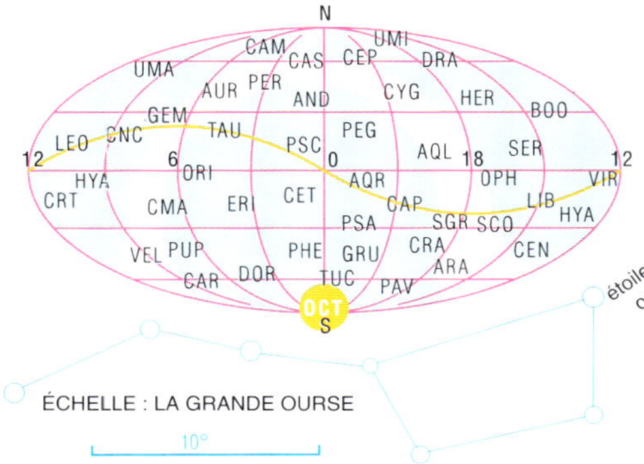

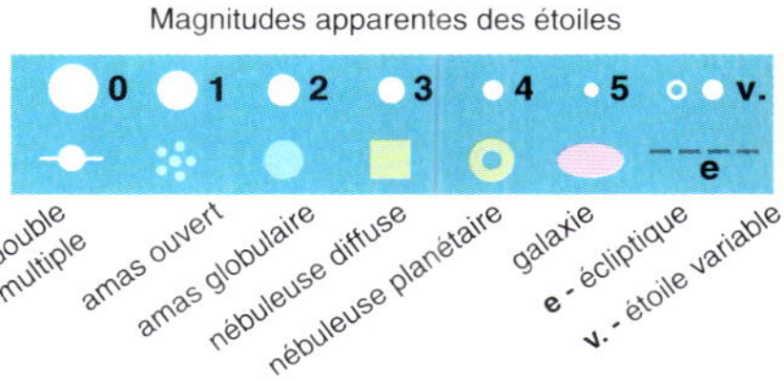

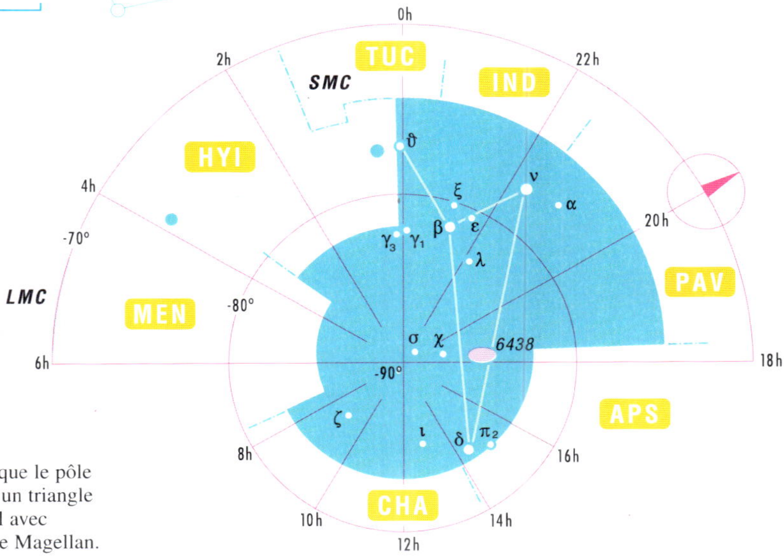

Cette carte révèle que le pôle Sud céleste forme un triangle presque équilatéral avec les deux Nuages de Magellan.

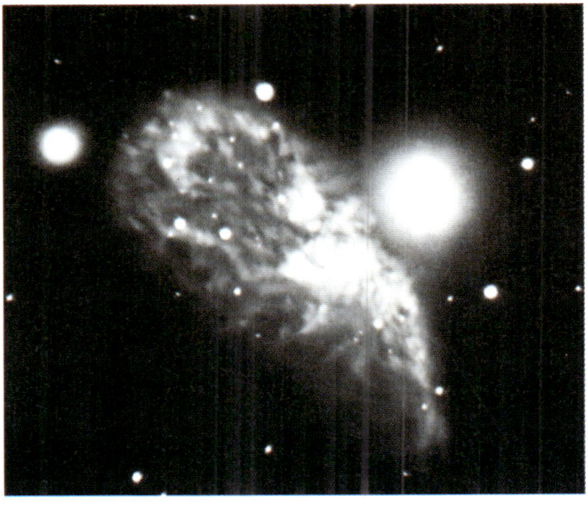

Le couple de galaxies formé par **NGC6438** et **6438A**, situées à quelque 110 millions d'années-lumière et probablement liées par la gravitation. NGC6438 est une galaxie de type S0, tandis que NGC6438A est une galaxie irrégulière géante dotée de deux larges bras.

OPHIUCUS

Ophiuci Oph Ophiucus, le Serpentaire

Parfois orthographiée Ophiuchus, appelée le Serpentaire sur les anciennes cartes, la constellation figure Esculape (en grec, Asclepios), dieu de la Médecine. Selon la mythologie grecque, il avait appris d'un serpent le secret des vertus des plantes. On le disait capable de ressusciter les gens, c'est pourquoi Hadès, dieu du Royaume des Morts, demanda à Zeus, son frère, de le tuer d'un éclair. Zeus immortalisa Esculape et son serpent dans le ciel. (Par la suite, le Serpent devint une constellation distincte.) Ophiucus n'a jamais appartenu aux constellations du zodiaque, bien que l'écliptique le traverse sur une longueur trois fois plus grande que le Scorpion, qui lui est adjacent. En 1604, la dernière supernova qui éclata dans notre galaxie y explosa. Notée SN1604 sur la carte, elle reste connue sous le nom d'**étoile de Kepler**.

L'**étoile de Barnard**, aussi appelée Velox Barnadii, est une pâle naine rouge de 9,5 mag, dont la luminosité est 2 500 fois plus faible que celle du Soleil et dont le diamètre est d'environ 225 000 km. L'étoile détient un record : celui du mouvement propre le plus rapide actuellement connu ; elle se décale d'un diamètre lunaire tous les cent soixante-quinze ans par rapport à l'arrière-plan des étoiles lointaines. Située à 5,9 années-lumière seulement, c'est aussi, après Proxima du Centaure, la seconde étoile par sa proximité. Se rapprochant, elle passera dans neuf mille sept cents ans au plus près de nous, à 3,8 années-lumière ; elle se situera alors près de la tête du Dragon. ρ **Ophiuci**, observable aux jumelles, est une étoile triple. Les composantes les plus pâles font 7,0 et 8,0 mag et se situent chacune à 2,5' de la composante principale de 5,0 mag.

Ci-dessous à gauche : orbite apparente de l'étoile double **70 Ophiuci**. L'écart angulaire de ses composantes varie entre 1,7" et 6,7" sur quatre-vingt-huit ans.

Ci-dessous à droite : l'un des nombreux amas stellaires du Serpentaire : **M10** (NGC6254), 6,5 mag, au diamètre angulaire de 12'. S'observe aux jumelles.

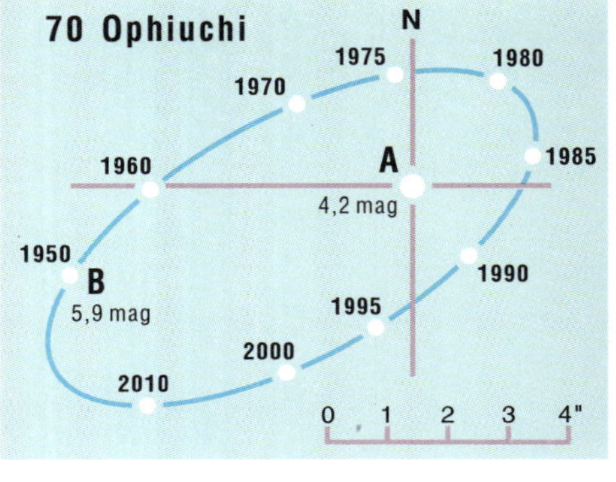

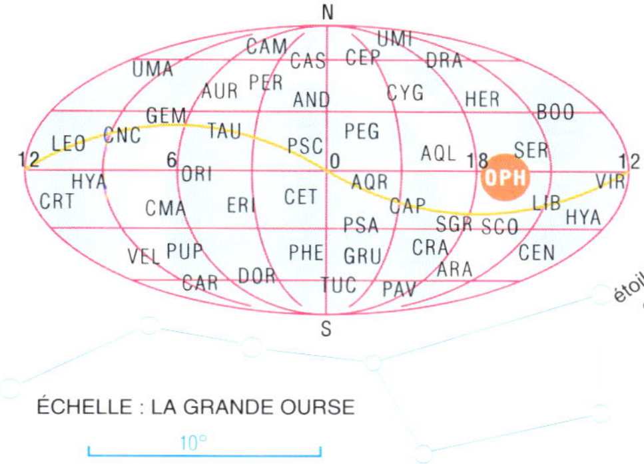

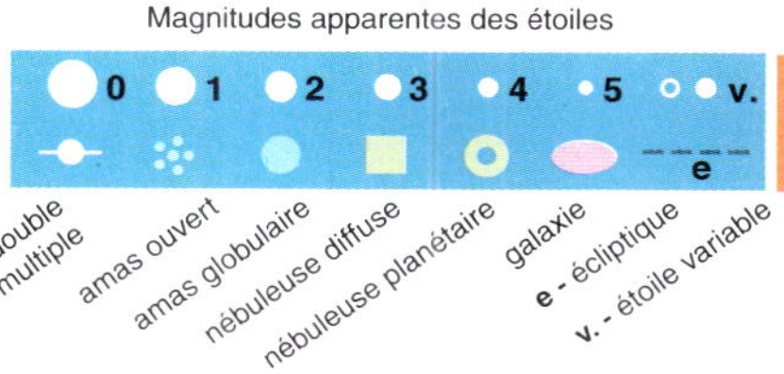

OPH

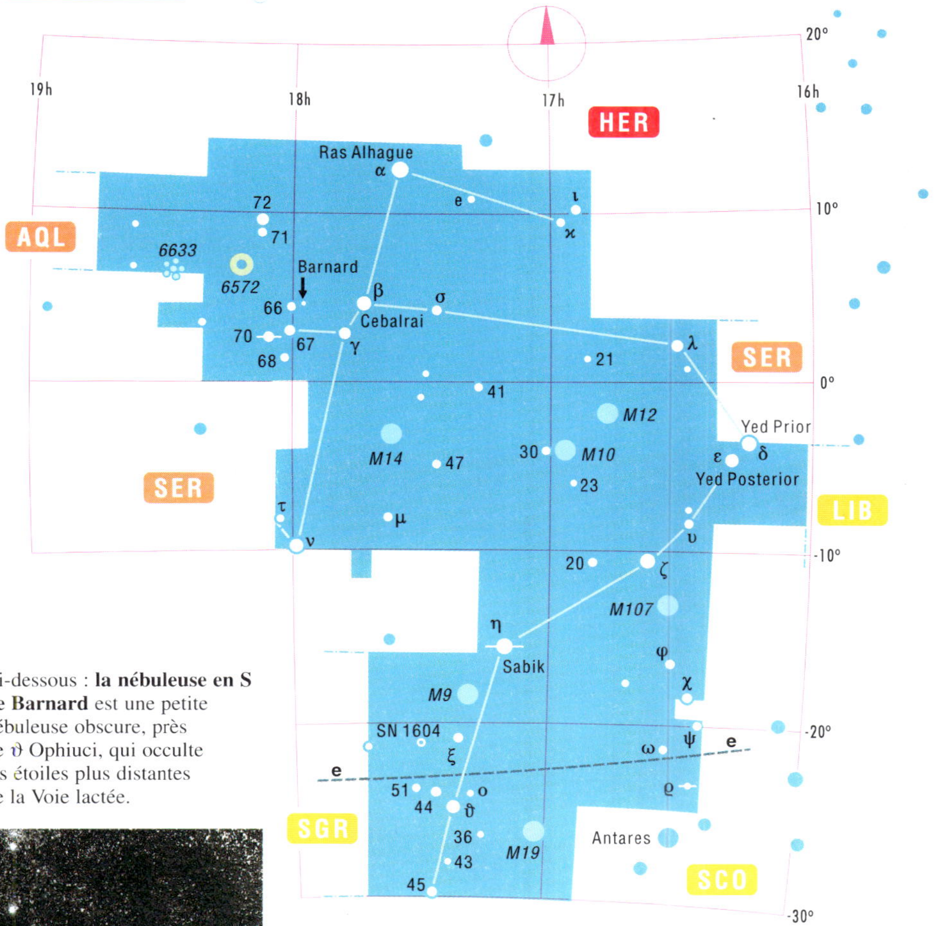

Ci-dessous : **la nébuleuse en S de Barnard** est une petite nébuleuse obscure, près de ϑ Ophiuci, qui occulte les étoiles plus distantes de la Voie lactée.

ORION

Orionis Ori Orion

Orion le Chasseur est sans aucun doute la constellation la plus spectaculaire du ciel. Les étoiles Bételgeuse et Bellatrix brillent sur ses épaules, Rigel et Saïph signalent ses pieds, et le trio unique formé par Alnitak, Alnilam et Mintaka (appelées le Baudrier d'Orion ou encore les Trois Rois) orne sa ceinture. Orion est habituellement représenté luttant avec le Taureau. Selon Horace, il fut tué par la piqûre du scorpion qu'Arthémis aurait fait sortir de terre. Leur haine mutuelle serait si grande que les deux constellations n'apparaissent jamais en même temps dans le ciel : lorsque Orion se lève, le Scorpion se couche, et vice versa.

Bételgeuse (α Orionis) est une supergéante rouge d'aspect nettement jaune orangé. Étoile variable pulsante, irrégulière, son éclat passe de 0,3 à 0,6 mag. Avec un diamètre qui fluctue entre 550 et 900 diamètres solaires, c'est aussi l'une des plus grosses étoiles. **Rigel** (β Orionis), avec 0,1 mag, est l'une des plus brillantes ; sa luminosité est équivalente à celle de cinquante-cinq mille soleils !

Le plus connu, le plus admiré et le plus photographié de tous les objets célestes est la nébuleuse diffuse **M42** (NGC1976, ci-dessous), la **Grande Nébuleuse d'Orion**. Qu'on l'observe à l'œil nu, aux jumelles, avec un instrument ou en photographie, elle est toujours magnifique. Distante de 1 600 années-lumière, c'est un énorme complexe de gaz, de poussières et de molécules interstellaires de quelque 30 années-lumière de diamètre où naissent des étoiles.

Dans le cœur très lumineux de la **Grande Nébuleuse d'Orion** (M42), quatre étoiles de 5,4 à 8,0 mag, connues sous le nom d'**amas du Trapèze**, peuvent être observées même avec un petit instrument ; ces jeunes étoiles, très chaudes, sont la source de la luminosité de la nébuleuse. La nébuleuse est un véritable berceau stellaire comptant des étoiles âgées seulement de dix mille ans.

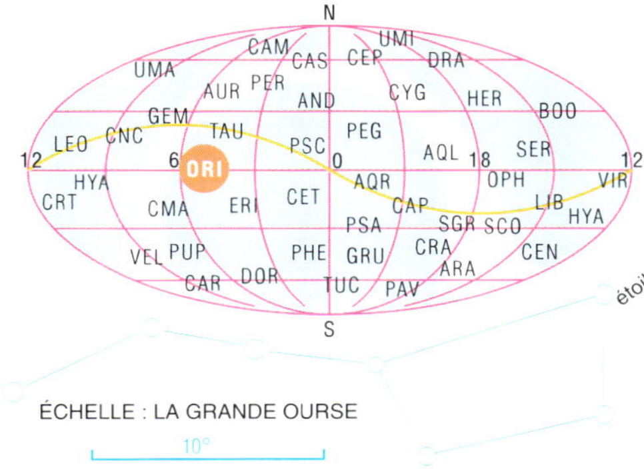

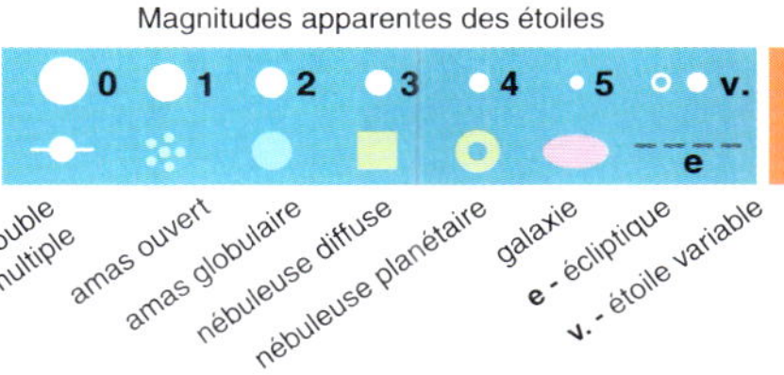

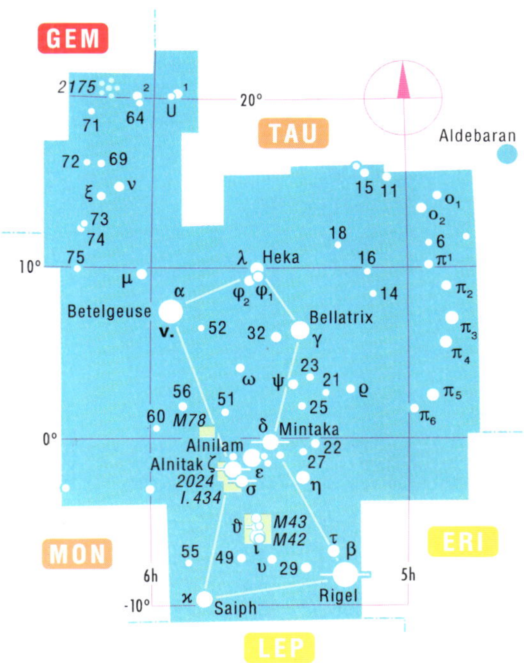

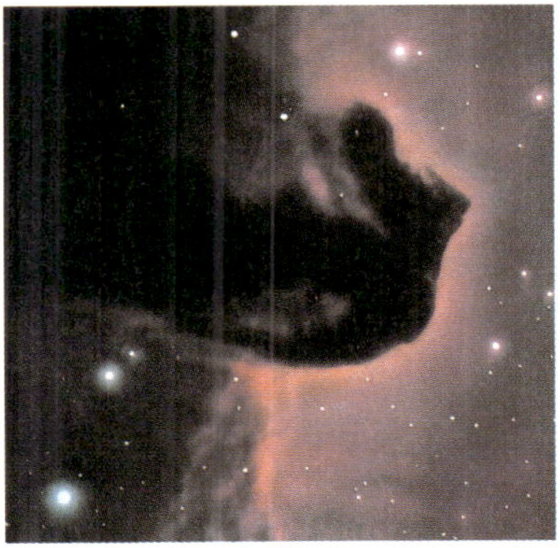

En haut à droite : le complexe de nébuleuses autour d'Alnitak (ζ Orionis). Dans le coin supérieur gauche de l'image se trouve la nébuleuse diffuse **NGC2024** et, plus bas, sur la droite, la vaste et assez pâle nébuleuse **IC434**. Au premier plan de cette dernière se détache la nébuleuse obscure **B33,** dite de **la Tête de Cheval** (détaillée en bas à droite). La hauteur de ce surprenant «cavalier d'échecs» est d'environ 1 année-lumière.

PAVO

Pavonis Pav Le Paon

Le Paon est l'une des douze constellations « modernes » du ciel austral introduites par Johann Bayer dans son atlas *Uranometria* (1603) sur la proposition du navigateur hollandais P.D. Keyser. Il avait sans doute en tête un certain paon de la mythologie grecque dont les plumes de la queue furent décorées par la déesse Héra des cent yeux du géant Argos (Argus) ; le pauvre prince argien fut victime de la dispute entre Zeus et Héra à la suite d'une des innombrables aventures amoureuses du dieu suprême, maître du Tonnerre.

Avec un éclat de 1,9 mag, **Peacock** (« Paon » en anglais, α Pavonis) est la plus brillante étoile, non seulement de la constellation, mais aussi des environs, ce qui fait d'elle en l'occurrence un excellent point de repère. L'étoile, triple, a deux compagnons de 9,0 et 10,3 mag. La composante principale est de type spectral B2. Située à 183 années-lumière, son diamètre fait deux diamètres solaires et demi et sa luminosité est supérieure à mille soleils. κ **Pavonis**, pour sa part, est l'une des plus brillantes céphéides (voir page 84) ; son éclat passe de 4,0 à 4,9 mag en 9,1 jours.

Le couple de galaxies **NGC6769** et **NGC6770** (ci-contre en bas) est entouré d'une enveloppe gazeuse commune. Les galaxies, qui interagissent gravitationnellement, se trouvent à environ 190 millions d'années-lumière de nous.

L'amas globulaire **NGC6752**, situé à environ 14 000 années-lumière, a un éclat global de 5,5 mag et un diamètre angulaire de 42'. On distingue facilement ses étoiles les plus brillantes avec une petite lunette.

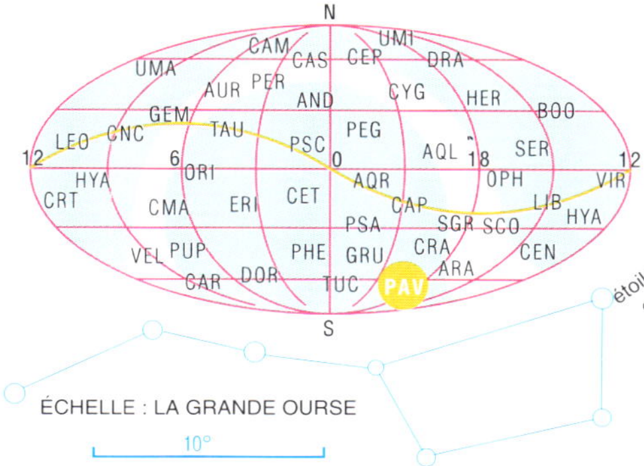

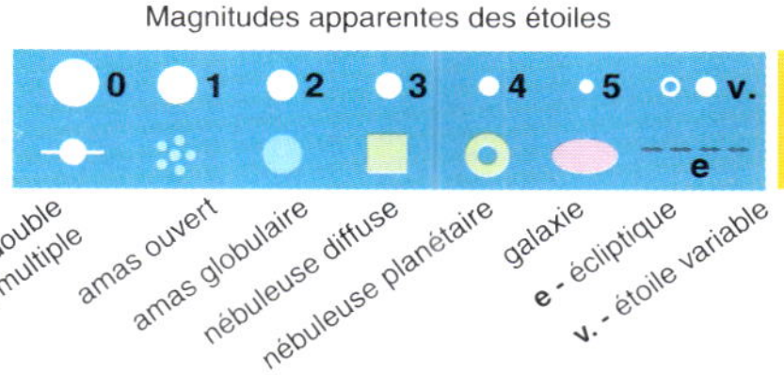

PAV

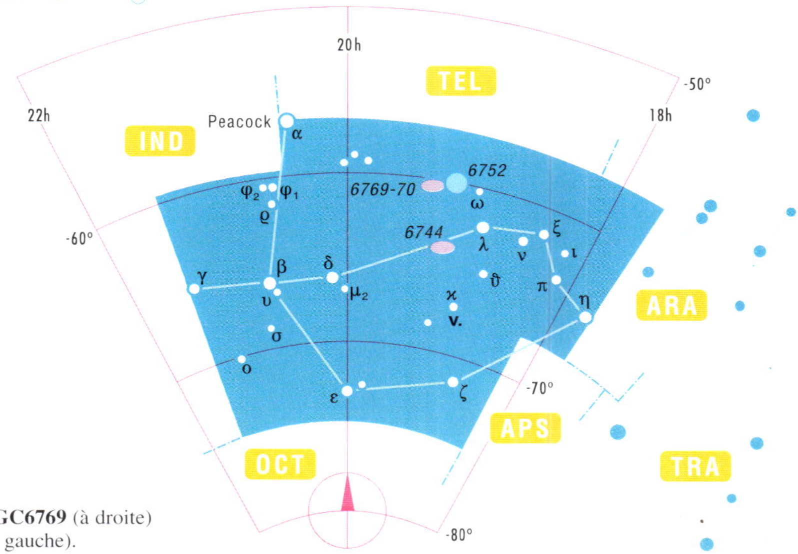

Les galaxies **NGC6769** (à droite)
et **NGC6770** (à gauche).

PEGASUS

Pegasi Peg Pégase

Selon la mythologie, Pégase, le cheval ailé, naquit du sang de la gorgone Méduse, tuée par Persée. Le cheval, qui aurait été apprivoisé par le héros Bellérophon, l'aida à tuer la Chimère. Selon une autre légende, le premier cavalier du cheval ailé fut Persée, qui grâce à lui attaqua le monstre des mers (la Baleine) par la voie des airs, sauvant ainsi Andromède. Dans le ciel, Pégase est représenté renversé. Son dos est formé par α (Markab, « la selle »), β et γ (Algénib, « l'aile du cheval ») Pegasi, qui forment, avec α Andromedae, le fameux « Carré de Pégase », très utile pour s'orienter. La tête de Pégase s'orne des étoiles ζ (Homam), ϑ et ε Pegasi.

Scheat (β Pegasi) possède un éclat qui varie de 2,4 à 2,6 mag en l'espace de trente jours. C'est une supergéante rouge de type spectral M2 ; son diamètre est estimé à quatre-vingt-dix/cent dix diamètres solaires, et sa distance est de 199 années-lumière. **Enif** (« le Museau » ou ε Pegasi), 2,4 mag, a deux compagnons de 8,4 et 11,3 mag. La composante principale est une supergéante orange située à quelque 670 années-lumière.

Le riche amas globulaire d'étoiles **M15** (NGC7078), d'un éclat global de 6,0 mag, est bien visible à l'aide de jumelles. **NGC7479** (ci-dessous) est un bel exemple de galaxie spirale barrée de type SBb. Le **Quintette de Stephan** est un groupe de galaxies dont certaines sont reliées de matière intergalactique par des « ponts ».

La galaxie **NGC7479** (à gauche) et le groupe de galaxies appelé le **Quintette de Stephan** (à droite).

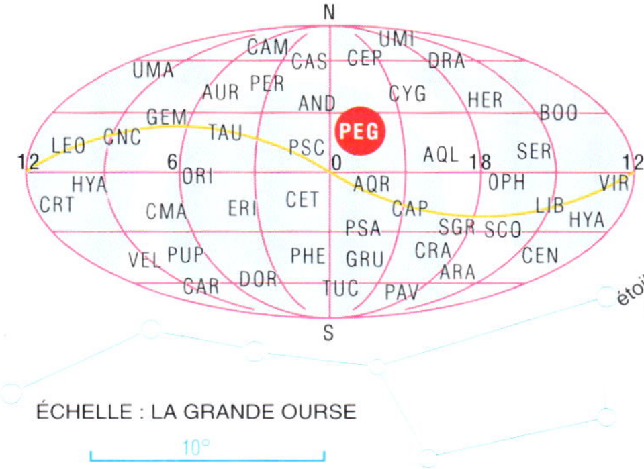

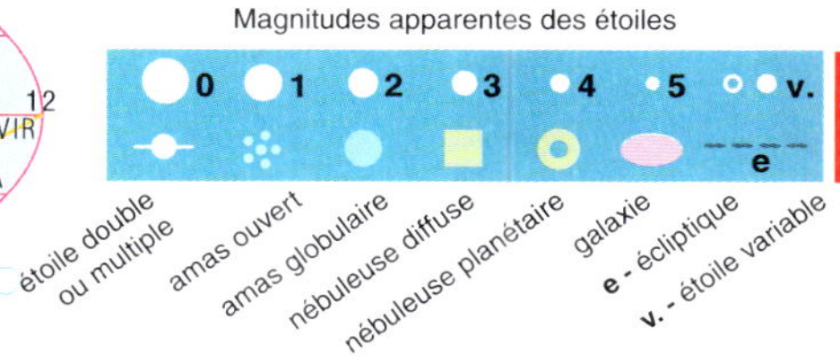

PEG

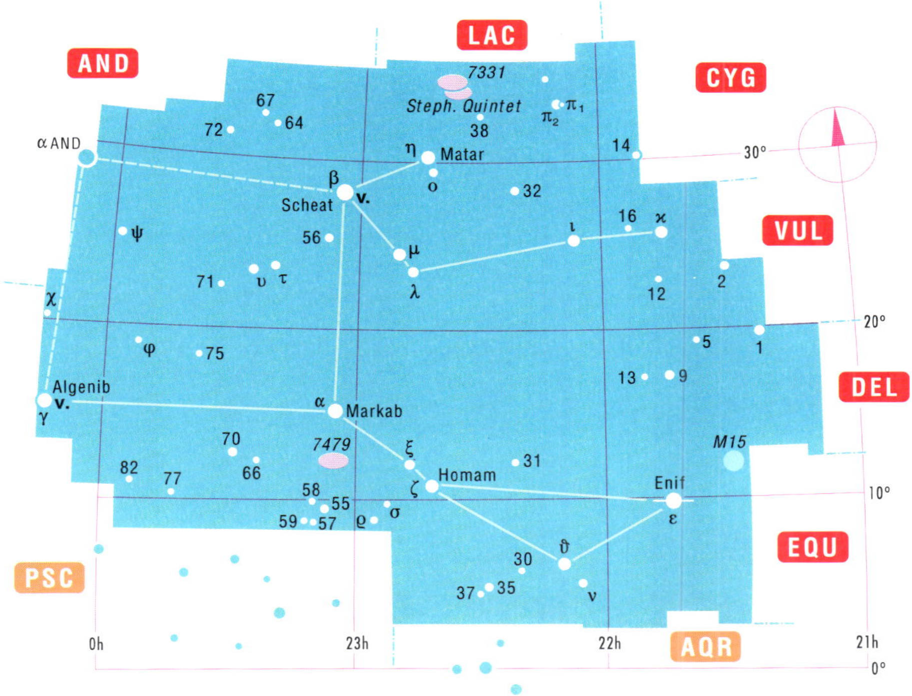

La galaxie spirale **NGC7331**. De type Sb et de 9,0 mag, elle est similaire à la nôtre. Située à plus de 50 millions d'années-lumière, elle est 20 fois plus loin que la Grande Galaxie d'Andromède (M31).

PERSEUS

Persei Per Persée

Ce héros de la mythologie grecque, fils de Zeus et Danaé, appartient à la « famille royale » du ciel avec Cassiopée, Céphée et Andromède. Armé et protégé par les dieux, il décapita la gorgone, méduse, du sang de laquelle naquit Pégase, le cheval ailé. En volant sur le chemin du retour (nous ignorons si c'est sur le dos de Pégase ou grâce à ses sandales ailées), il aperçut Andromède enchaînée à un roc et l'arracha aux griffes de la Baleine (*Cetus*), la sauvant ainsi d'une mort certaine.

Mirfak (α Persei, parfois aussi appelée Algénib comme γ Pegasi) est une supergéante jaune de 1,8 mag située au centre d'un amas ouvert et peu dense, **Melotte 20**. Connu aussi sous le nom d'amas mobile de α Persei, car tous ses membres se déplacent rapidement dans la même direction, Melotte 20 regroupe plus de cinquante étoiles dans un cercle de 3° de diamètre, offrant un beau spectacle à quiconque est équipé de jumelles. L'amas est âgé d'environ cinquante millions d'années et se situe à près de 600 années-lumière. Distante de 93 années-lumière, **Algol** (β Persei) est la binaire à éclipses la mieux connue (voir page 25). Le mot arabe Algol, qui signifie « la Tête du démon », est probablement une traduction de « la Tête de la méduse », nom donné autrefois par les Grecs à la constellation.

L'amas stellaire double **χ + h Persei** (**NGC884** et **869**) est visible à l'œil nu, mais ne révèle sa splendeur qu'avec un instrument. Chaque amas a un diamètre angulaire de 0,5° mais un diamètre réel d'environ 60 années-lumière, et contient quelque trois cents étoiles. Tous deux se situent à plus de 7 000 années-lumière. **Les Perséides** sont des « étoiles filantes », débris de la comète Swift-Tuttle, qui semblent « tomber » de la constellation du 23 juillet au 25 août (maximum les 12-13 août).

La nébuleuse diffuse **Californie** (**NGC1499**), de dimensions angulaires 145' × 40', distante d'environ 2 500 années-lumière.

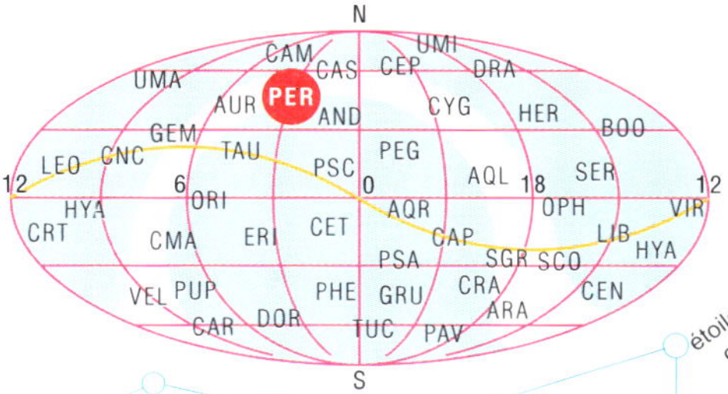

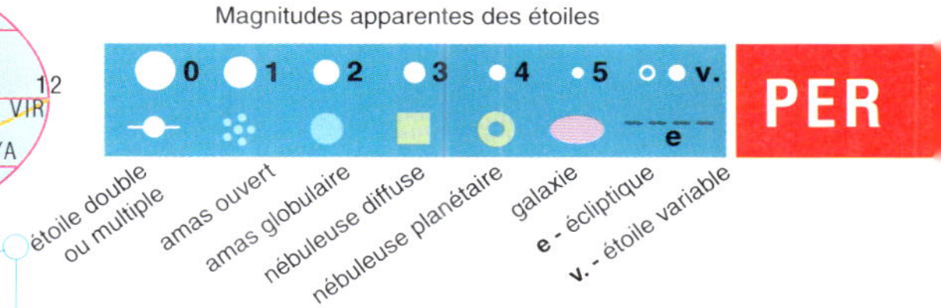

PER

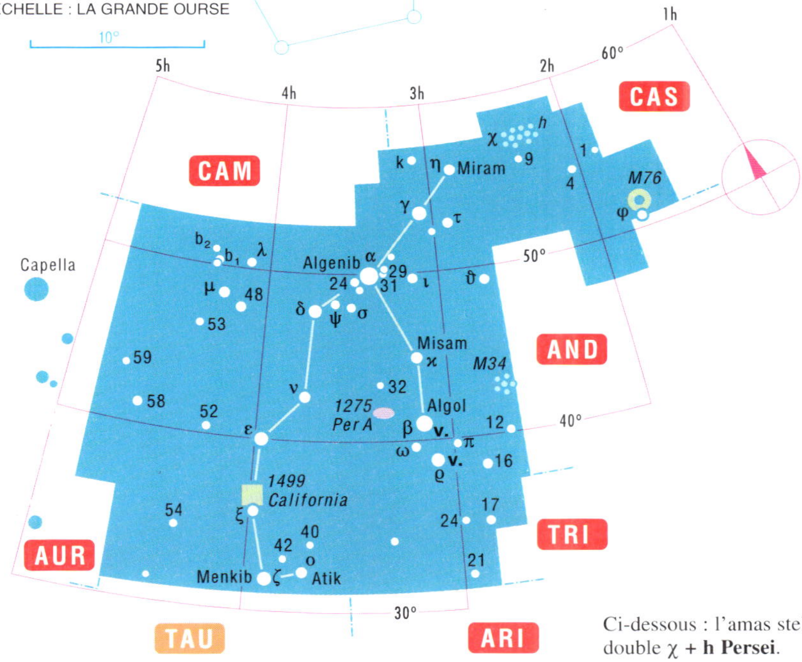

Ci-dessous : l'amas stellaire double χ + **h Persei**.

PHOENIX

Phœnicis Phe Le Phénix

Le Phénix, oiseau fabuleux, est le symbole du renouveau. Selon la mythologie, le magnifique oiseau vivait cinq cents ans ; après sa mort, il brûlait, et un nouveau Phénix renaissait de ses cendres. L'oiseau sacré fut changé en une constellation peu remarquable par J. Bayer lorsque, en 1603, il introduisit douze nouvelles constellations australes dans son atlas stellaire *Uranometria*. Le Phénix se trouve néanmoins assez facilement grâce à la proximité de la brillante Achernar (Eri).

L'étoile la plus brillante est α **Phœnicis**, une géante jaune de type spectral K0, située à 77 années-lumière. Les systèmes stellaires multiples, β et ζ **Phœnicis** (ci-contre en bas), sont des objets pour grands télescopes.

Le Phénix est situé dans une région ouvrant sur les galaxies distantes de l'espace profond. **NGC87-89** et **NGC92** (ci-dessous) forment un quartette de galaxies de types très différents, toutes situées à quelque 180 millions d'années-lumière. NGC87 est une galaxie irrégulière ; NGC88 une galaxie spirale ayant une enveloppe gazeuse externe ; NGC89 une galaxie de type Sa munie de deux larges bras distincts. La plus grosse est NGC92, une galaxie de type Sa possédant un exceptionnel et unique bras spiral long d'environ 100 000 années-lumière.

Les quatre galaxies **NGC 87**, **88**, **89** et **92**.

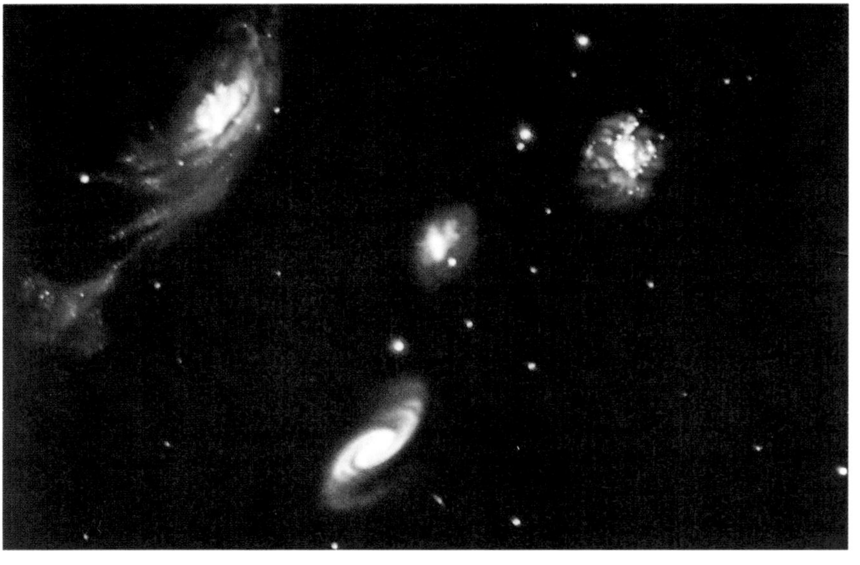

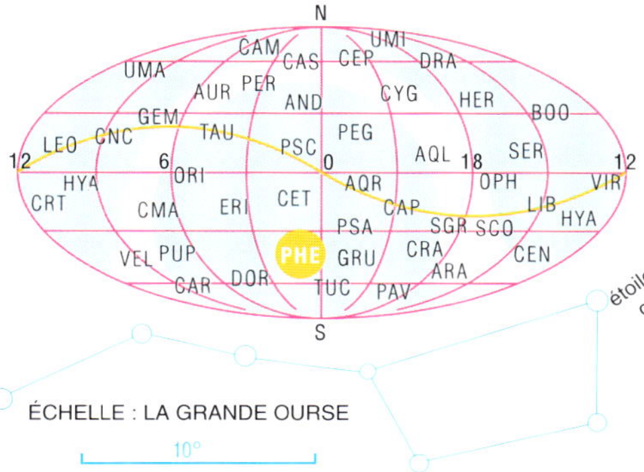

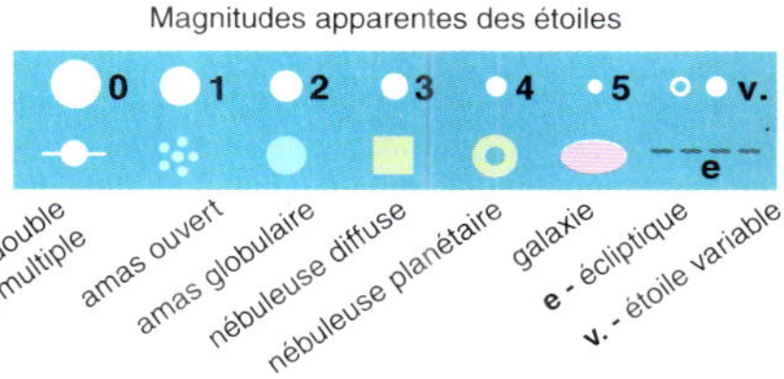

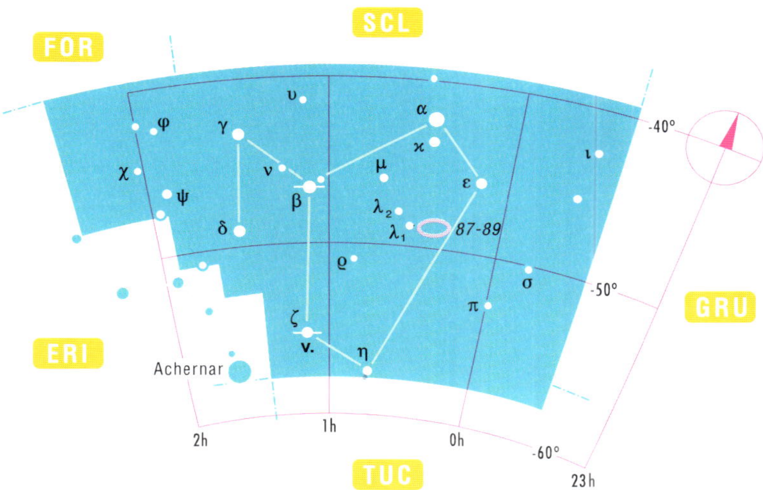

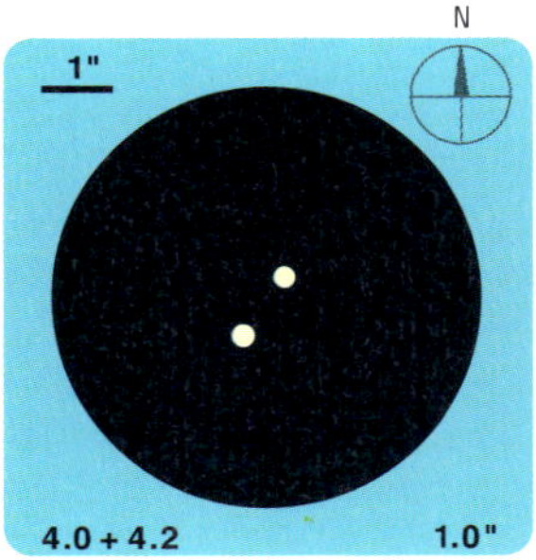

β **Phœnicis** est un système triple situé à 198 années-lumière. Un autre compagnon (non montré) de 11,5 mag se trouve à 58" de l'étoile principale.

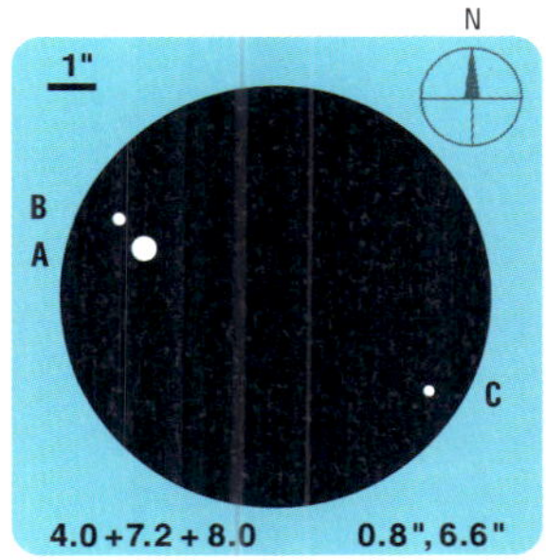

Le système multiple ζ **Phœnicis**, situé à 280 années-lumière. La composante A est une binaire à éclipses aux variations d'éclat mineures.

PICTOR

Pictoris Pic Le Chevalet du Peintre

L'une des quatorze constellations peu distinctes du ciel austral introduites par Nicolas Louis de Lacaille au milieu du XVIIIe siècle. Comme l'atteste sa traduction française, son nom latin originel était *Equuleus Pictoris*.

α **Pictoris**, 3,3 mag, est une étoile de type spectral A7 distante de 99 années-lumière. Un peu plus pâle (3,8 mag) mais beaucoup plus intéressante, β **Pictoris** est une étoile de type A3 située à 63 années-lumière. En 1983, on a découvert autour un disque de poussières et de particules de glace solide s'étendant jusqu'à 1 000 UA de l'étoile ; il est possible que des planètes soient en train de s'y former – ou s'y soient formées.

L'**étoile de Kapteyn**, découverte en 1897 par le professeur néerlandais J.C. Kapteyn, est une naine rouge de type M0, de 8,9 mag, située seulement à 12,8 années-lumière. Remarquable par son mouvement propre très rapide, en seconde position après l'étoile de Barnard (voir pages 158 et 159), sa vitesse est de 280 km/s.

Le ciel étoilé sur votre ordinateur

Le marché des logiciels offre un vaste choix de programmes astronomiques aux utilisateurs de micro-ordinateurs. Toutefois, les logiciels les plus coûteux ne sont pas nécessairement les meilleurs. Un certain nombre de logiciels excellents et précis sont disponibles en freeware *ou en* shareware *à prix minime. L'astronome amateur débutant utilisera plutôt un logiciel du type « almanach » ou « planétarium ». Le premier type de logiciels fournit toutes les données exigées pour faire des observations, comme l'époque et la position des objets et phénomènes intéressants, l'instant du lever et du coucher des corps célestes, etc. ; l'utilisation du logiciel à partir de la sélection d'un menu est habituellement assez simple.*

Les logiciels de type « planétarium » (ou « carte stellaire ») permettent de visualiser n'importe quelle région du ciel étoilé et tous les objets qui y sont observables depuis un lieu et à une époque donnés, à l'œil nu ou avec un instrument. La carte s'accompagne parfois de la description de certains objets. Vous pouvez aussi stocker dans votre ordinateur l'ensemble des tables astronomiques (éphémérides), almanachs, catalogues, cartes et atlas astronomiques. Si vous avez un agenda électronique ou un portable, vous pourrez même consulter ces données où que vous alliez.

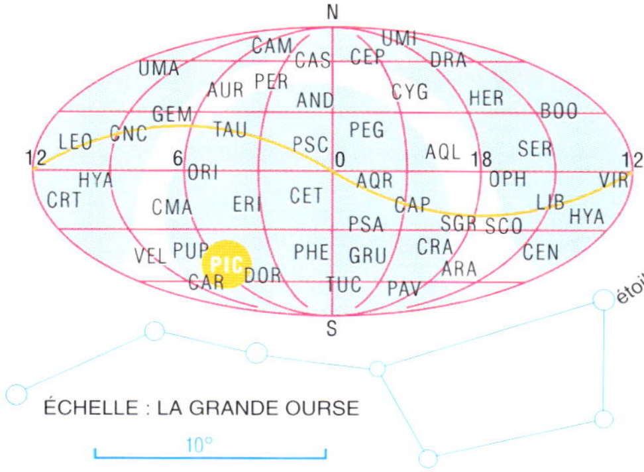

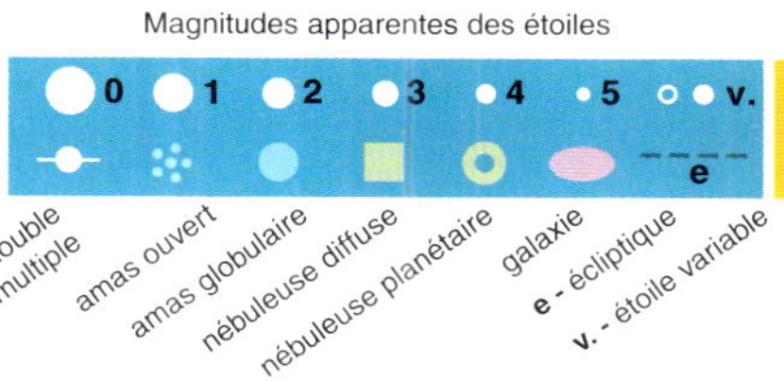

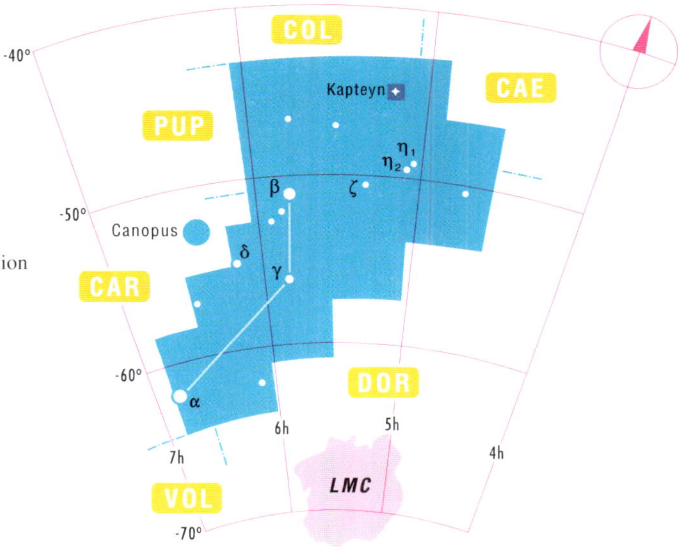

La recherche de la constellation du Chevalet du Peintre est grandement facilitée par la proximité de la brillante Canopus et du Grand Nuage de Magellan (LMC).

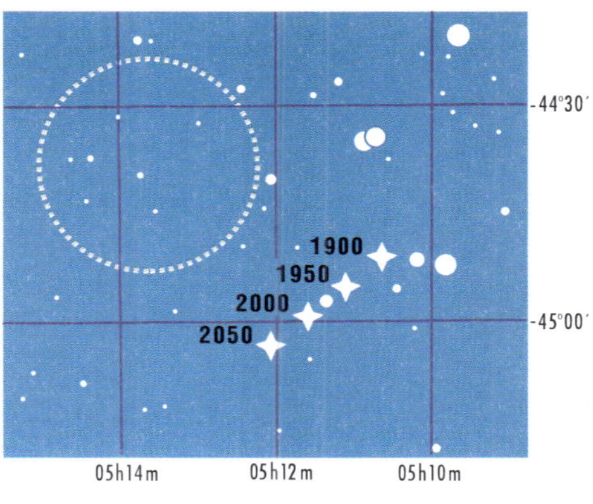

La carte de droite montre la position apparente de l'**étoile de Kapteyn** entre 1900 et 2050 de notre ère. L'étoile se déplace de 8,7'' par an. Dans deux siècles, elle aura parcouru 0,5°, soit un diamètre lunaire (cercle pointillé).

PISCES

Piscium Psc Les Poissons

Selon la mythologie grecque et romaine, la déesse Aphrodite et son fils, Éros, (ou Vénus et son fils, Cupidon) se changèrent en poissons pour échapper au monstrueux Typhon. Nous savons, par la légende associée au Capricorne, que pour le dieu Pan, la métamorphose fut incomplète. Les Poissons sont une constellation du zodiaque connue depuis des millénaires. Sur les cartes anciennes, on la représentait par un couple de poissons dont la queue était ornée d'un ruban ; les deux rubans s'attachaient ensemble par un nœud placé près de l'étoile α Piscium, appelée Al Rischa (le Nœud). Le poisson oriental, caractérisé par les étoiles σ à φ Psc, se trouve sous Andromède ; le poisson occidental est caractérisé par le petit cercle formé par les étoiles ι, ϑ, γ, κ et λ Psc.

ζ **Piscium** est un bon objet pour un petit instrument. Ses deux composantes, de 5,2 et 6,4 mag, sont séparées par 23" et se trouvent à 148 et 195 années-lumière du Soleil. **ψ1 Piscium** est une autre jolie étoile double, dont les composantes de 5,3 et 5,6 mag sont écartées de 30". **L'étoile de Van Maanen** (12,4 mag), observable avec un télescope de 20 cm d'ouverture, est une naine blanche dont la taille est proche de celle de la Terre mais dont la masse est celle du Soleil, ce qui lui vaut une densité de 1 000 kg/cm³. Située à seulement 14,4 années-lumière, c'est l'une des plus petites étoiles connues.

La galaxie spirale **M74** (NGC628), de type Sc. Avec un éclat de 9,5 mag pour un diamètre angulaire de 10', c'est l'un des objets les plus pâles du catalogue Messier. Son éloignement est estimé entre 25 et 42 millions d'années-lumière.

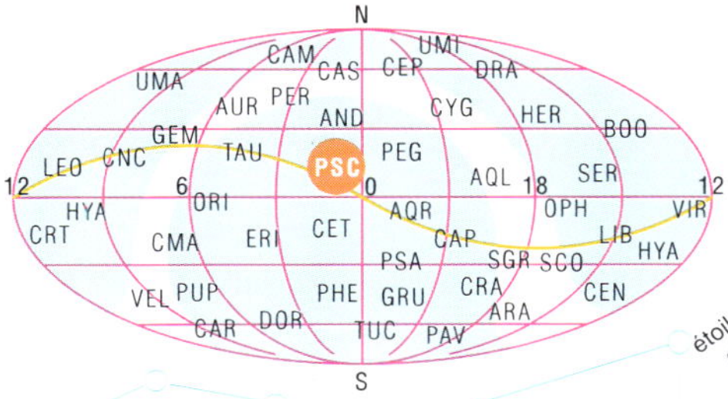

ÉCHELLE : LA GRANDE OURSE

10°

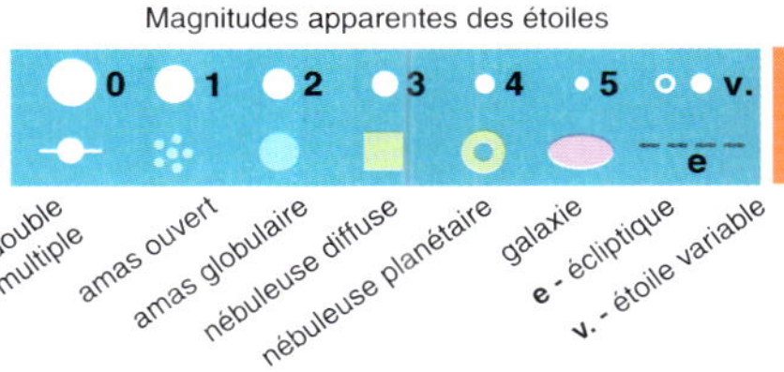

PSC

Le **point vernal** (♈), point d'intersection de l'équateur céleste avec l'écliptique et point où se situe le Soleil à l'équinoxe de printemps, se trouve dans les Poissons. C'est l'origine (point 0) du système de coordonnées équatoriales, et la frontière avec le Bélier (voir *Aries*).

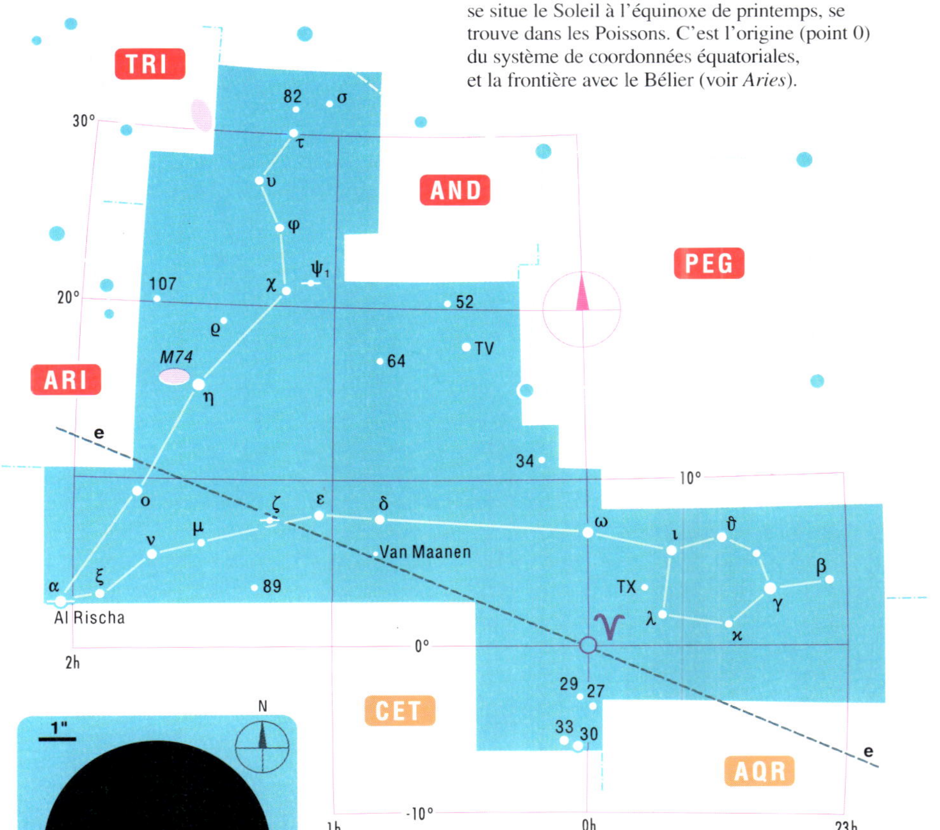

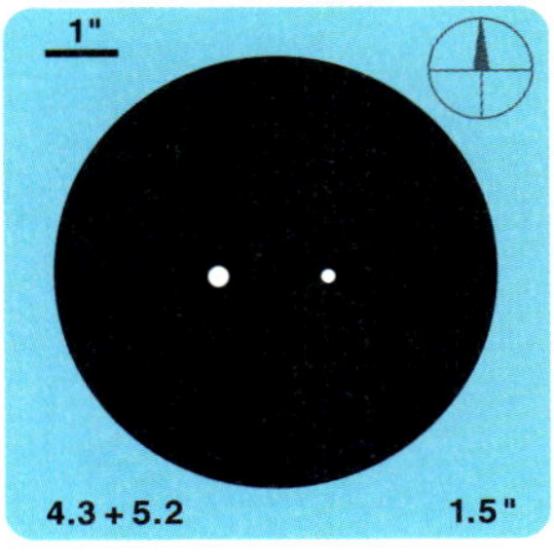

L'étoile double **Al Rischa** (ou Alrisha, α **Piscium**). Chaque composante est elle-même une binaire spectroscopique.

PISCIS AUSTRINUS

Piscis Austrini PsA Le Poisson austral

Connu depuis des millénaires, le Poisson austral est l'une des plus anciennes constellations. Selon la légende, il aurait sauvé la reine d'Égypte, Isis, de la noyade. Adjacent au Verseau, les anciennes cartes illustrées le représentent la bouche dans le filet d'eau coulant de la cruche du Verseau. Sa recherche est facilitée par la présence de Fomalhaut (« la Bouche du poisson » en arabe), une étoile solitaire de première magnitude, l'un des principaux repères du ciel austral.

Fomalhaut (α Piscis Austrini), 1,2 mag, de type spectral A3, est environ deux fois plus grosse que le Soleil ; elle se trouve relativement près de nous, à 25 années-lumière seulement. En 1993, on a découvert autour de l'étoile un anneau de poussières froides s'étendant sur plus de 400 UA. C'est l'une des multiples découvertes des années 90 attestant du fait que de nombreuses étoiles sont entourées d'un disque protoplanétaire de gaz et de poussières dans lequel des planètes sont en formation ou se sont peut-être déjà formées.

L'étoile **Lacaille 9352** (7,4 mag), située à 10,7 années-lumière, est une naine rouge de type spectral M2, quatrième par la rapidité de son mouvement propre après l'étoile de Barnard (Oph), l'étoile de Kapteyn (Pic) et l'étoile Groombridge 1830 (UMa).

Photographier les étoiles

Vous pouvez prendre une photographie simple d'un ciel étoilé ou de toute une constellation seulement en montant un appareil photo sur trépied. Votre appareil doit cependant avoir une fonction permettant de choisir une exposition de plusieurs secondes à plusieurs minutes. La photographie montrera les traces des étoiles résultant de leur déplacement apparent dû à la rotation de la Terre. Si vous voulez obtenir des images ponctuelles des étoiles, votre appareil devra suivre avec précision le mouvement du ciel durant toute la durée de l'exposition. Cela s'obtient avec une monture dite parallactique, standard sur les instruments astronomiques. La sensibilité (norme ISO) des films devra être aussi élevée que possible. Les films couleur modernes donnent généralement de bons résultats.

Les photographies détaillées d'objets célestes s'obtiennent avec un télescope, qui sert de téléobjectif géant. L'oculaire de l'instrument est remplacé par l'appareil photo, monté sur le télescope à l'aide d'une bague adaptatrice. Pour cela, l'idéal est un appareil reflex à lentille unique et objectif interchangeable. Le film sensible est alors directement au foyer de l'objectif du télescope.

L'astrophotographie offre d'énormes possibilités aux amateurs, qui peuvent même faire de l'imagerie électronique en utilisant une caméra CCD avant de traiter l'image sur ordinateur.

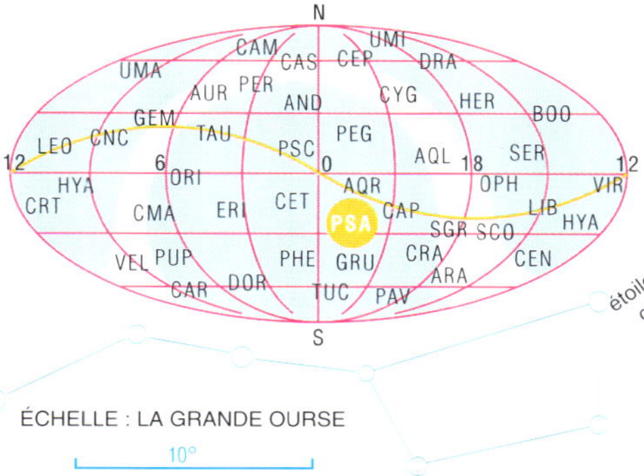

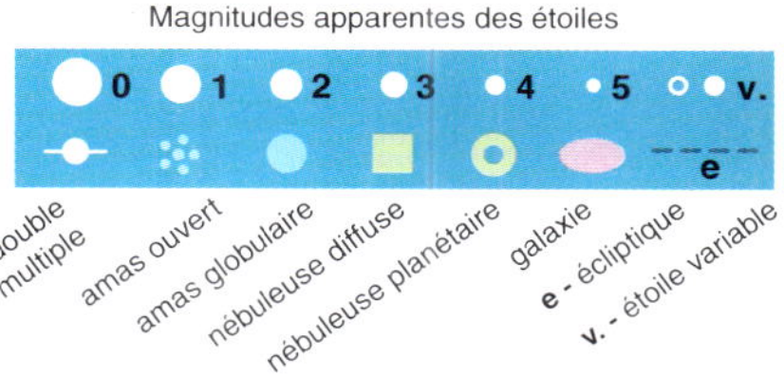

PSA

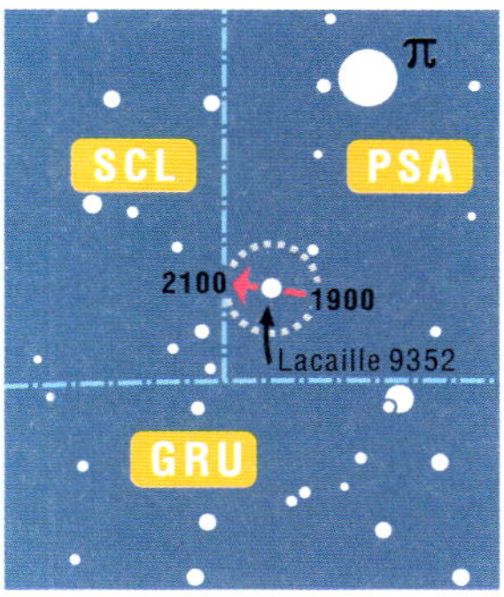

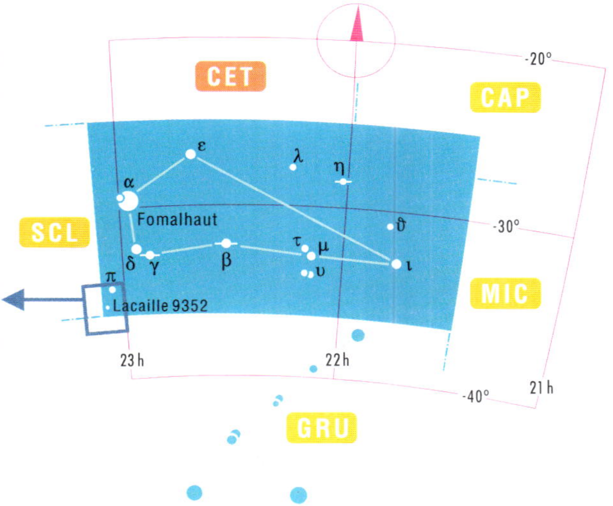

Ci-dessus : le mouvement propre de l'étoile **Lacaille 9352** entre 1900 et 2100, date à laquelle elle entrera dans la constellation du Sculpteur. Le cercle en pointillés représente la taille du disque lunaire (0,5°). L'étoile parcourt 6,9" par an.

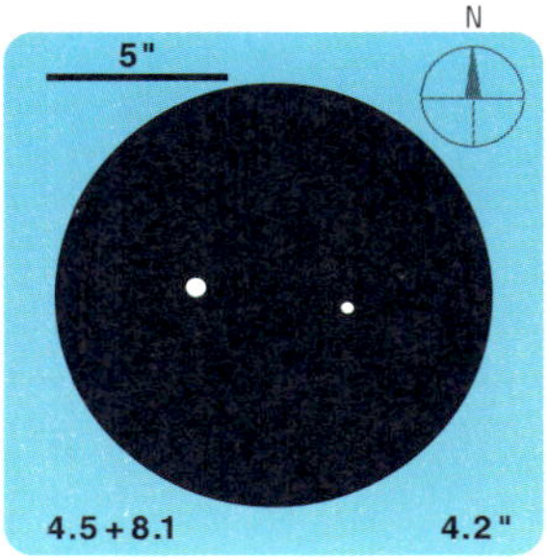

À gauche : l'étoile double γ **Piscis Austrini** se trouve à quelque 220 années-lumière. Sa composante la plus brillante est de type spectral A0.

À droite : β **Piscis Austrini** est un double optique que même un petit instrument peut résoudre.

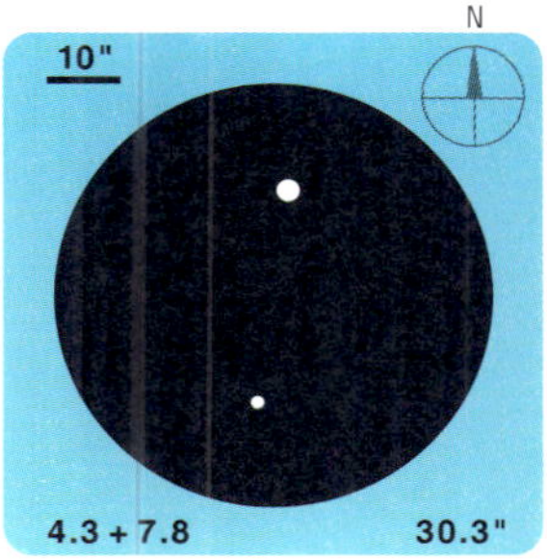

PUPPIS

Puppis Pup La Poupe

Les constellations classiques de l'Antiquité comprenaient notamment le mythologique vaisseau *Argo* (*Argo Navis*) à bord duquel les argonautes partirent en quête de la Toison d'or. Lors de l'établissement des caractéristiques des constellations célestes, le vaisseau fut divisé en quatre constellations proposées par N.L. de Lacaille vers 1752 : La Poupe (*Puppis*), La Carène (*Carina*), les Voiles (*Vela*) et la Boussole (*Pyxis Nauticus*). Elles totalisent près d'un millier d'étoiles visibles à l'œil nu.

Dans la Poupe, les amoureux de cieux étoilés seront attirés par le grand nombre d'amas stellaires ouverts brillants, visibles avec des jumelles. **M47** (NGC2422) peut être observé à l'œil nu ; une cinquantaine d'étoiles de 6 à 12 mag sont groupées dans un cercle de 25'. L'amas d'étoiles **NGC2451**, large de 45', contient une quarantaine d'étoiles regroupées autour de l'étoile **c Puppis**. **M46** (NGC2437) est un amas ouvert et dense au contour circulaire, d'un diamètre angulaire de 20' ; il contient une centaine d'étoiles de 9 à 13 mag, situées à 5 400 années-lumière.

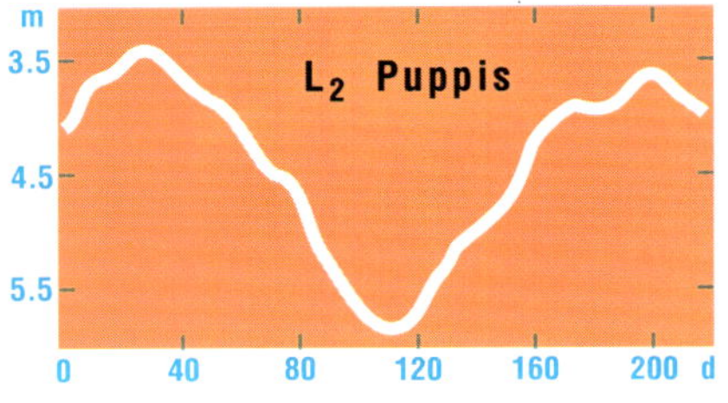

Courbe de lumière de l'étoile variable à période longue **L2 Puppis**. Cette géante rouge de type spectral M5 pulse et change d'éclat en l'espace de cent quarante et un jours.

PYXIS NAUTICUS

Pyxidis *Pyx* *La Boussole*

Nicolas Louis de Lacaille, souvent mentionné, plaça cet important outil de navigation là où figurait auparavant le mât du navire *Argo*. Cet instrument ne faisait donc pas partie de l'équipement d'origine, mais ce fut l'un des nombreux instruments scientifiques qu'immortalisa Lacaille dans le ciel austral.

β **Pyxidis**, 4,0 mag, est une supergéante jaune de type spectral G5, dotée d'un compagnon de 12,5 mag situé à 12,6". L'étoile **T Pyxidis** est ce qu'on appelle une nova récurrente ; son embrasement se reproduit tous les douze à vingt-cinq ans, son éclat passant alors d'un minimum de 15 mag à un maximum d'environ 7 mag.

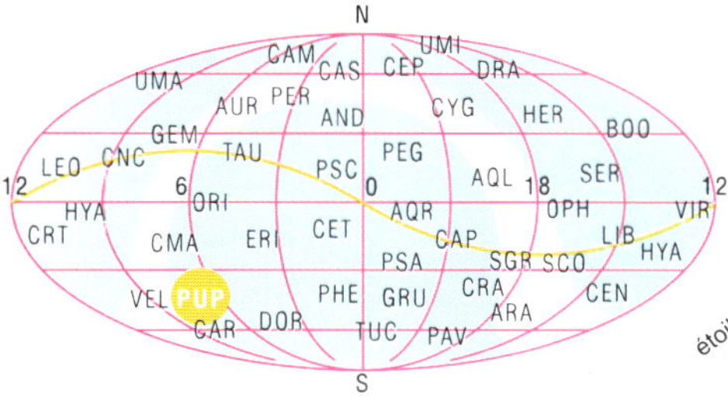

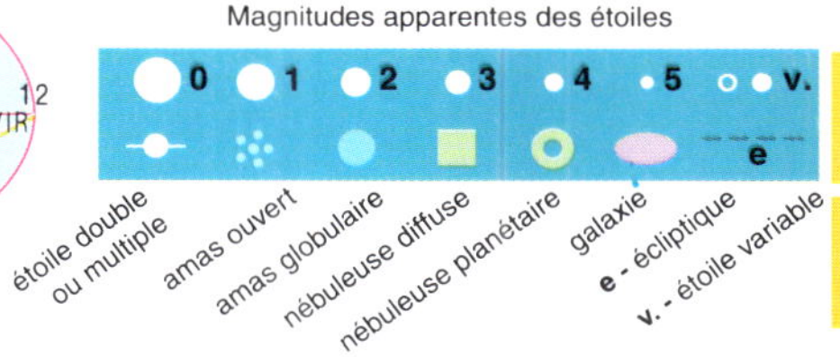

PUP

PYX

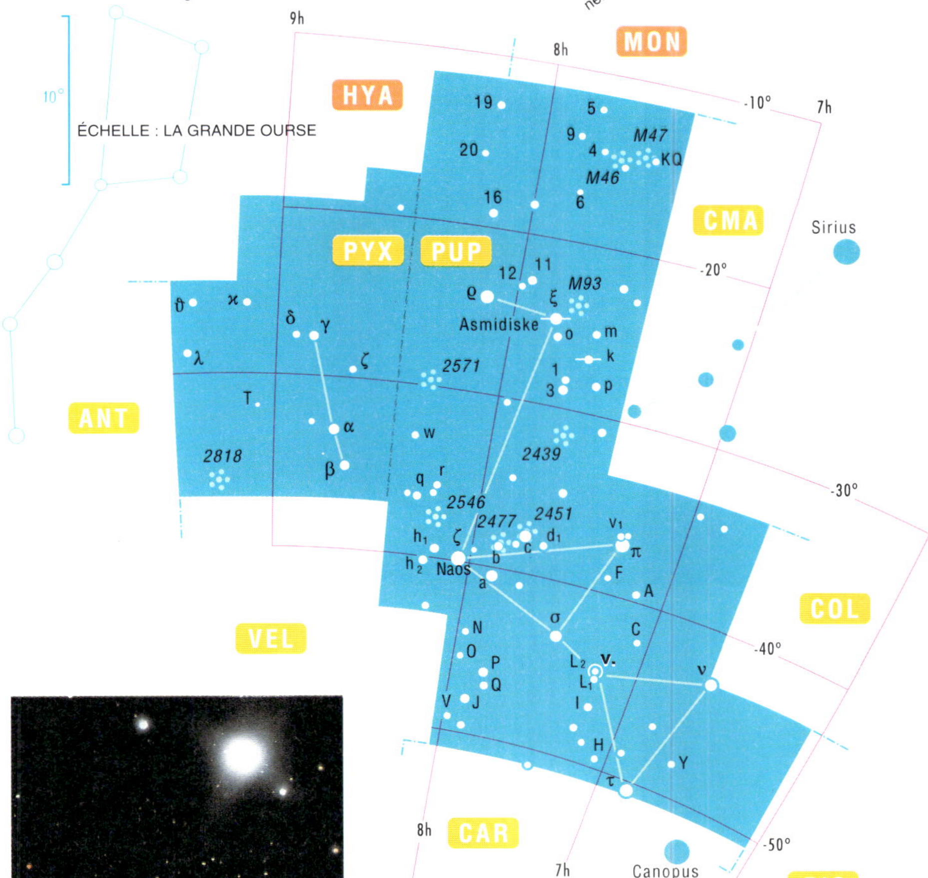

L'amas stellaire ouvert **NGC2477** (à gauche) contient quelque trois cents étoiles dans un cercle de 27'.
Il se trouve au voisinage de l'étoile **b Puppis**.

RETICULUM

Reticuli Ret Le Réticule

Parmi les nombreux instruments et outils scientifiques introduits par l'abbé N.L. de Lacaille figure aussi le réticule, dont le nom original était *Reticulus Rhomboidalis* (le réticule rhomboïdal). Ce mot évoque le fin réseau de fils positionnés dans le champ de vision d'un télescope pour faciliter la mesure des écarts angulaires lors des observations astronomiques. Lacaille lui-même fit de nombreuses mesures de position d'étoiles dans le ciel austral de 1750 à 1754, alors qu'il dirigeait une expédition de l'Académie des sciences jusqu'au cap de Bonne-Espérance. Vous trouverez la minuscule constellation à proximité du Grand Nuage de Magellan (LMC).

Les trois plus brillantes étoiles du Réticule sont des étoiles doubles aux composantes pâles. Située à 163 années-lumière, α **Reticuli**, 3,4 mag, possède un compagnon de 12,0 mag écarté de 48,5". β **Reticuli**, 3,8 mag, au compagnon de 8,0 mag, se trouve à 100 années-lumière du Soleil. Enfin, ε **Reticuli**, 4,4 mag, au compagnon de 12,5 mag situé à 13,7" de la composante principale, est distante de 60 années-lumière. Le double optique ζ1 et ζ2 **Reticuli** (de 5,2 et 5,5 mag) peut être résolu à l'œil nu.

Le compte rendu d'une observation

Chaque observation est importante et irremplaçable pour l'observateur individuel, mais elle peut aussi avoir un impact plus large. Les astronomes amateurs ont, même à présent, de nombreuses opportunités de faire des observations professionnelles intéressantes. Pour rendre utile ce loisir, il est nécessaire d'établir un compte rendu précis et systématique des observations, indispensable à leur évaluation ultérieure.

La première information à noter est la date et l'instant précis de l'observation : indiquez clairement le temps local – attention aux horaires d'été ! Le temps utilisé en astronomie est le Temps universel (TU), c'est-à-dire l'heure au méridien origine (le méridien de Greenwich). Vous devez connaître la différence entre le temps dans votre zone horaire et le Temps universel ; celui-ci dépend du méridien où vous vous trouvez. Votre compte rendu doit aussi comporter la position géographique de l'observation, les informations sur le(s) instrument(s) utilisé(s), parfois aussi des données météorologiques ou autres, selon l'objet étudié et le but de l'observation.

De nombreux, si ce n'est la plupart des objets volants non identifiés proviennent de comptes rendus d'observation inadéquats. N'en créez pas davantage !

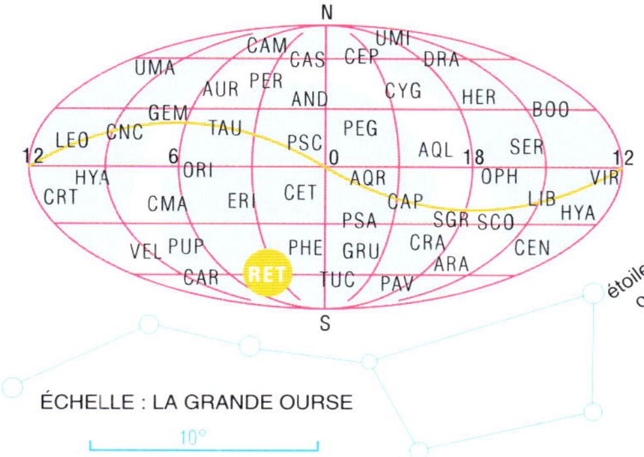

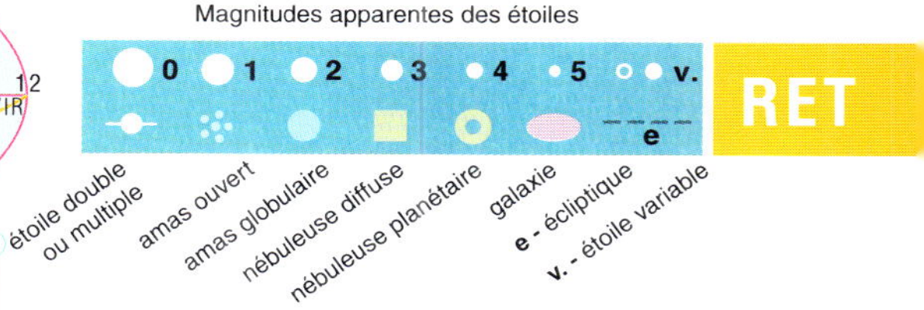

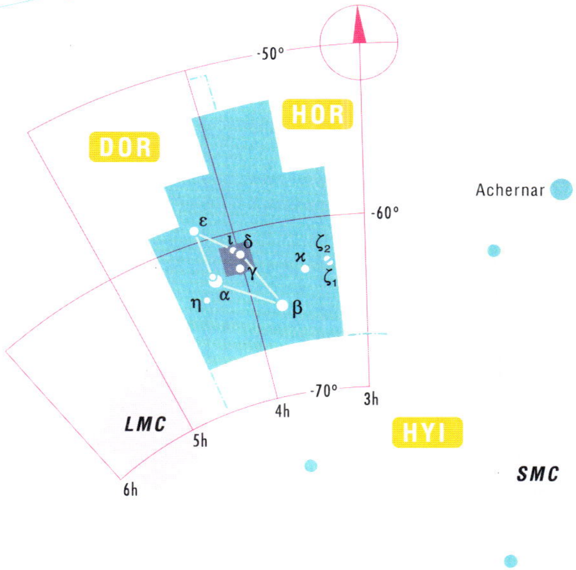

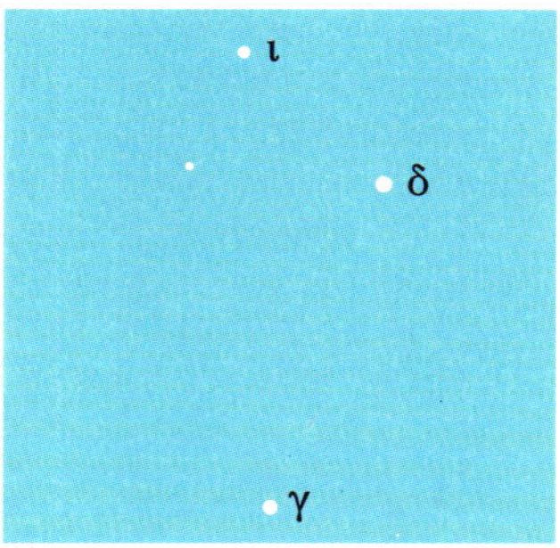

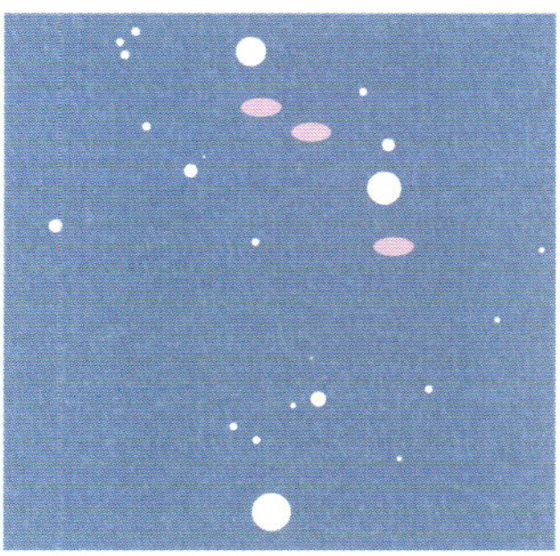

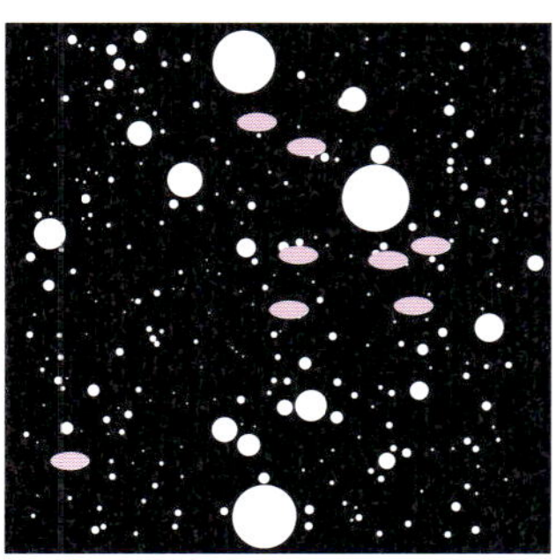

Les trois images à gauche montrent clairement l'augmentation du nombre d'étoiles lorsqu'on inclut des astres de magnitude de plus en plus faible. La carte stellaire indique en violet un carré de 1,25° de côté (soit environ deux fois et demie le diamètre de la Lune) contenant les étoiles ι, δ et γ Reticuli. Le même carré, qui inclut toutes les étoiles de 7 mag ou plus brillantes, est montré sur l'image du haut ; au centre, il inclut les étoiles et galaxies d'au moins 11 mag ; l'image inférieure montre toutes les étoiles et galaxies d'au moins 15 mag. Les gros télescopes permettent de voir des objets substantiellement plus pâles encore. Comme notre œil perçoit peu de choses !

SAGITTA

Sagittae Sge La Flèche

La constellation de la Flèche, bien que minuscule, est caractéristique et facile à identifier. Elle était connue des astronomes de nombreuses nations antiques sous ce même nom. Avec une aire de 89° carrés, c'est la troisième plus petite constellation après la Croix du Sud (*Crux*) et le Petit Cheval (*Equuleus*). La Flèche est associée à plusieurs mythes différents. Selon l'un d'eux, c'est la flèche avec laquelle Apollon tua le géant Cyclope ; pour un autre, la Flèche a été décochée par Cupidon, dieu de l'Amour ; on prétend encore qu'elle aurait servi à Hercule pour lutter contre le Vautour (ces deux constellations sont voisines).

α **Sagittae**, 4,4 mag, est une géante jaune de type spectral G0 ; elle possède quatre compagnons, la plupart plus pâles que 11 mag. L'étoile la plus brillante de la constellation est γ **Sagittae**, 3,5 mag, une géante orange de type spectral K5, distante de quelque 275 années-lumière.

M71 (NGC6838) est un amas globulaire lâche dépourvu en son cœur de l'habituelle forte concentration d'étoiles ; il est donc parfois aussi décrit comme un riche amas ouvert. Il est situé à 24 000 années-lumière du centre de la Galaxie et à 14 500 années-lumière du Soleil.

M17 ou **nébuleuse Oméga**, ou encore **nébuleuse du Fer à cheval** (NGC6618), voir page 182.

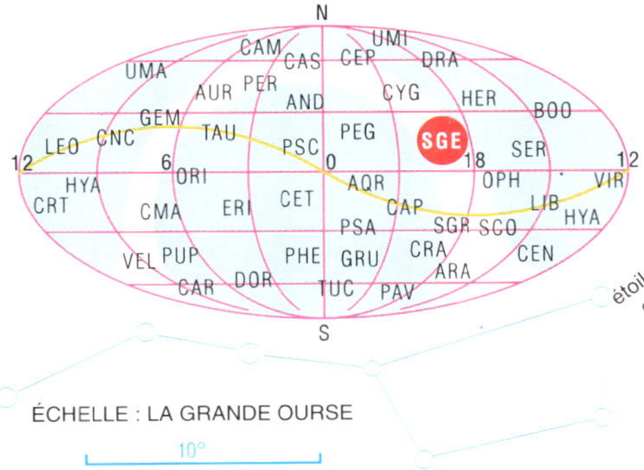

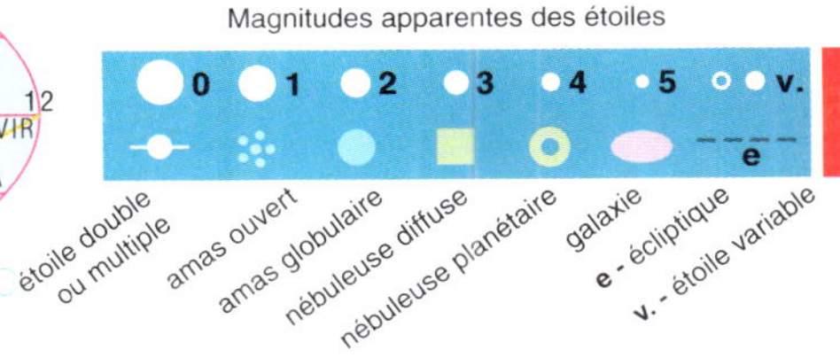

SGE

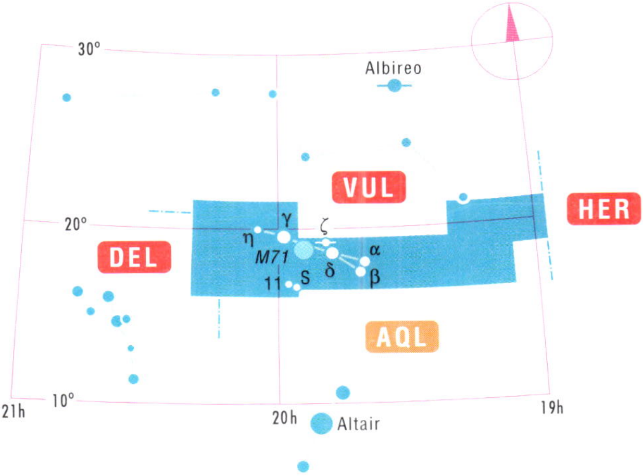

Ci-dessous : l'étoile double ζ **Sagittae** forme une paire physique : ses composantes se déplacent ensemble dans l'espace. Elle se trouve à environ 325 années-lumière du Soleil.

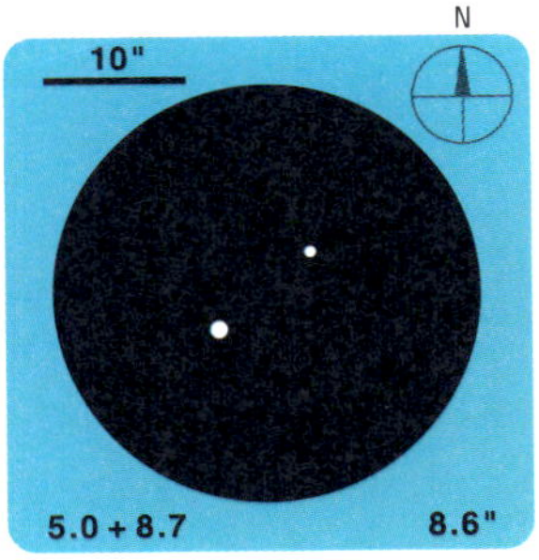

À droite : l'amas globulaire lâche **M71** (NGC6838) a un éclat global de 8,0 mag et un diamètre angulaire de 6'. Ses plus brillantes étoiles sont de douzième magnitude. Dans les jumelles, l'objet apparaît comme une tache brumeuse.

SAGITTARIUS

Sagittarii Sgr Le Sagittaire

Cette constellation zodiacale est représentée sur les cartes illustrées par le mythique Centaure – mi-homme, mi-cheval – bandant un arc et sa flèche en direction du Scorpion qui lui est adjacent. Sur les cartes modernes, les lignes reliant ses étoiles dessinent une « théière ».

Les étoiles du Sagittaire sont situées dans la région la plus brillante de la Voie lactée, en direction du centre de la Galaxie. La constellation comprend le plus grand nombre d'objets Messier observables aux jumelles, et notamment les nébuleuses diffuses dites **de la Lagune** (**M8**), **Trifide** (**M20**) et **Oméga** (**M17**), les amas stellaires ouverts **M23**, **M25** et **M21**, et le nuage stellaire **M24**. L'amas globulaire **M22** (NGC6656) est le plus riche des nombreux amas globulaires du Sagittaire. D'un diamètre angulaire de 17', il ne se trouve qu'à 10 000 années-lumière du Soleil – c'est l'un des plus proches objets de ce type.

Distante de quelque 6 000 années-lumière, la **nébuleuse Oméga** ou du **Fer à cheval** (M17, image page 180) fait 45' × 35'. Située à la même distance, la **nébuleuse de la Lagune** (M8, ci-dessous) entoure un amas stellaire lâche, **NGC6530**, constitué de jeunes étoiles très chaudes.

La **nébuleuse** diffuse **de la Lagune** (M8).

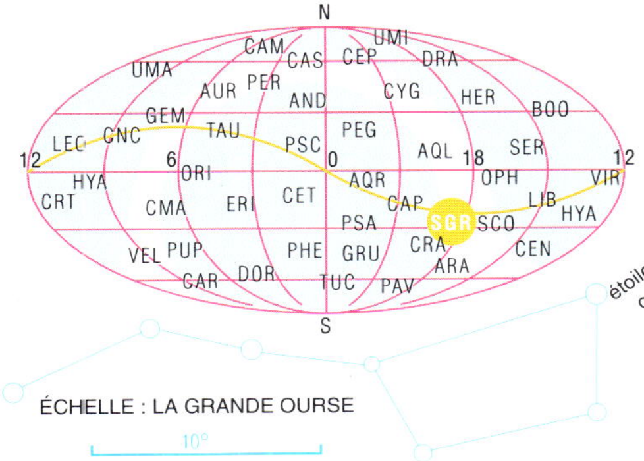

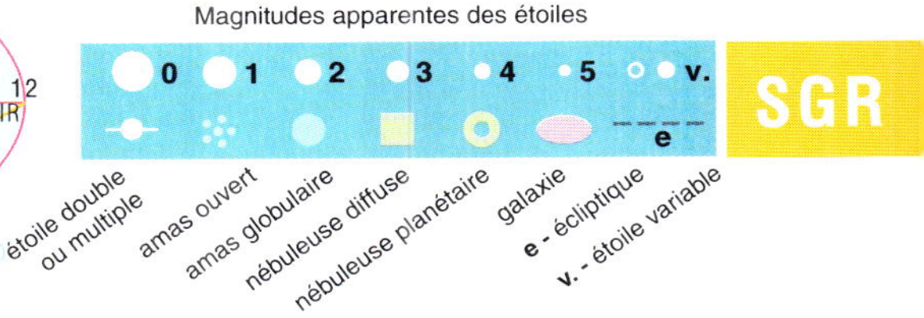

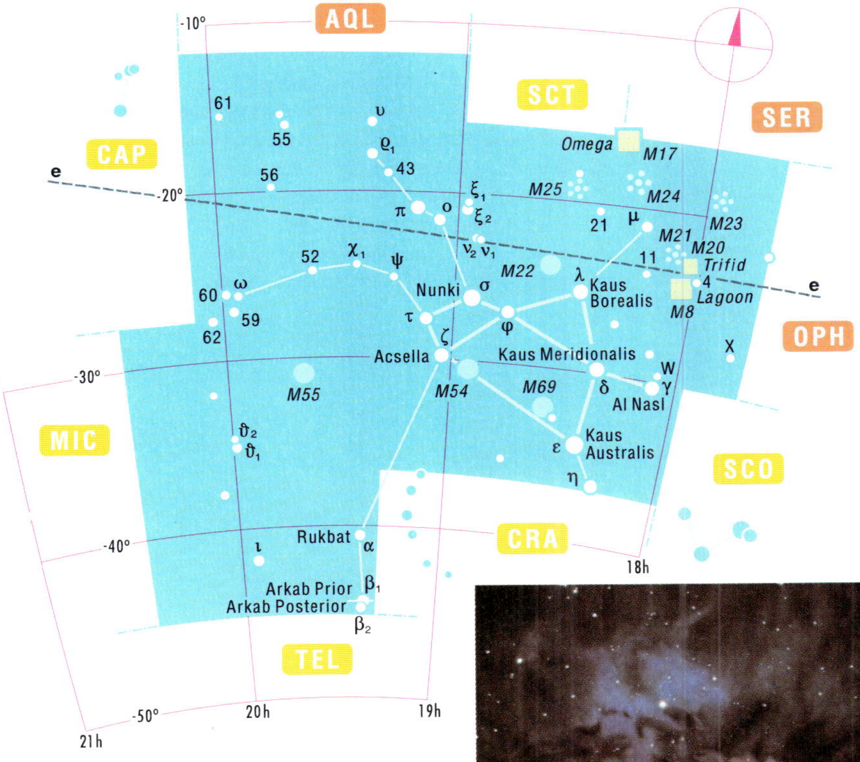

À droite : la nébuleuse diffuse **M20** (NGC6514), appelée **nébuleuse Trifide** parce qu'elle est divisée par trois bandes sombres. Sa teinte rouge est caractéristique de nuages d'hydrogène, la région bleue est liée à la diffusion de la lumière stellaire sur les particules de poussières de la nébuleuse.

SCORPIUS

Scorpii Sco Le Scorpion

Cette constellation zodiacale ne se montre dans toute sa beauté qu'au sud du 40e parallèle de latitude nord. C'est l'une des rares constellations dont le dessin est conforme à ce qu'elle est censée représenter ; elle rappelle en effet le dangereux animal qui, selon la mythologie, tua Orion le Chasseur. La constellation initiale était dotée de puissantes pinces qui s'étendaient jusqu'à la constellation actuelle de la Balance (*Libra*).

α Scorpii s'appelle **Antarès**, qui signifie étymologiquement l'Anti-Mars, c'est-à-dire la rivale du dieu Mars que les Grecs appelaient Arès. C'est une supergéante de type spectral M1 dont la couleur rivalise, en effet, avec celle de la « planète rouge » ; les anciens Arabes l'appelaient Calb Al Acrab, « le Cœur du Scorpion ». Son éclat fluctue de façon irrégulière entre 0,9 et 1,1 mag. Avec un diamètre d'environ 950 millions de kilomètres pour une masse équivalente à seulement quinze/vingt-cinq soleils, elle a donc une densité extrêmement faible. Si elle se trouvait à la place du Soleil, elle dépasserait l'orbite de Mars.

L'amas ouvert **M7** (NGC6475), d'un éclat global de 3,3 mag, offre un spectacle magnifique à travers des jumelles ou dans une petite lunette. Dans un cercle de 80', vous dénombrerez de cinquante à quatre-vingts étoiles de 7 mag ou plus pâles. Situé à 800 années-lumière du Soleil, c'est l'objet Messier le plus éloigné.

Les parages d'**Antarès** (étoile en bas à gauche). L'amas globulaire **M4** (NGC6121), à droite d'Antarès, est observable aux jumelles, mais sa véritable beauté n'est révélée qu'avec un instrument ; c'est l'un des amas globulaires les plus brillants, les plus gros (diamètre angulaire de 26') et les plus proches (à quelque 7 000 années-lumière). L'étoile brillante σ Scorpii est au-dessus et légèrement à droite de M4. La nébuleuse bleue, en haut, enveloppe l'étoile ρ Ophiuci.

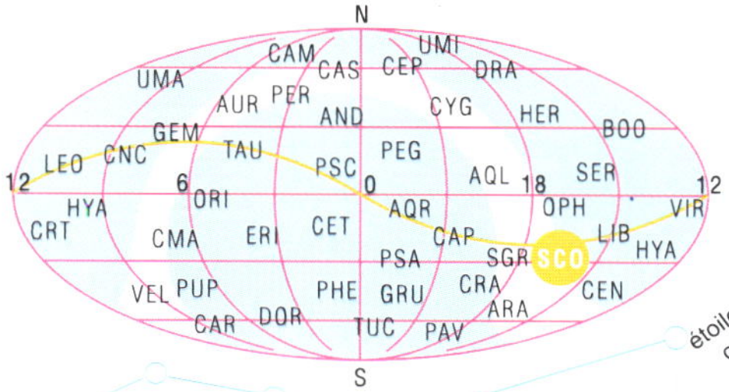

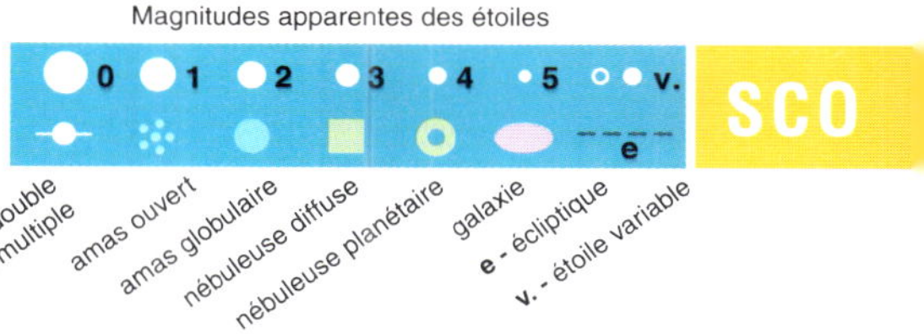

Ci-dessous : β **Scorpii** est un système multiple. Dans un petit instrument, elle apparaît comme une jolie étoile double dont chaque composante est une binaire spectroscopique.

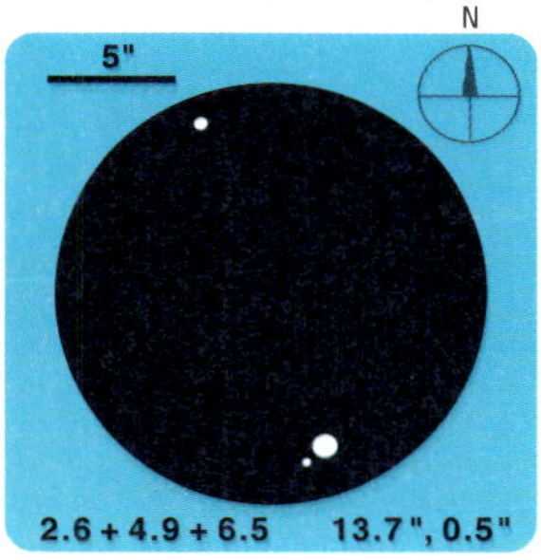

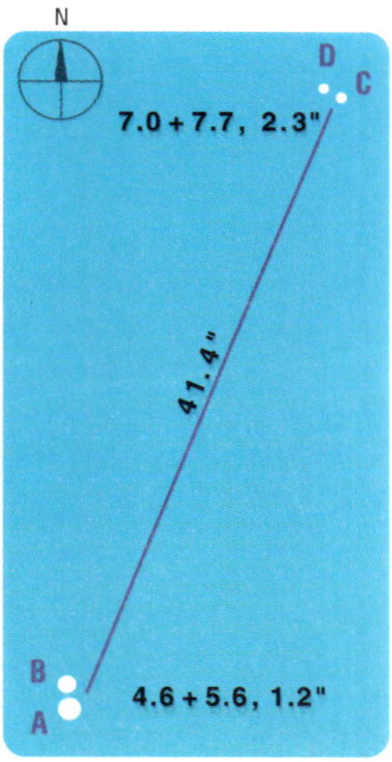

À gauche : ν **Scorpii** est une étoile quadruple rappelant le célèbre « double double » ε Lyrae. Dans un petit télescope, elle apparaît comme une étoile double ; les instruments plus gros permettent de résoudre chaque paire.

Ci-dessous : **M6** (NGC6405), l'un des plus beaux amas ouverts d'étoiles pouvant s'observer avec un petit instrument. Sa forme lui a valu le nom d'**amas du Papillon**.

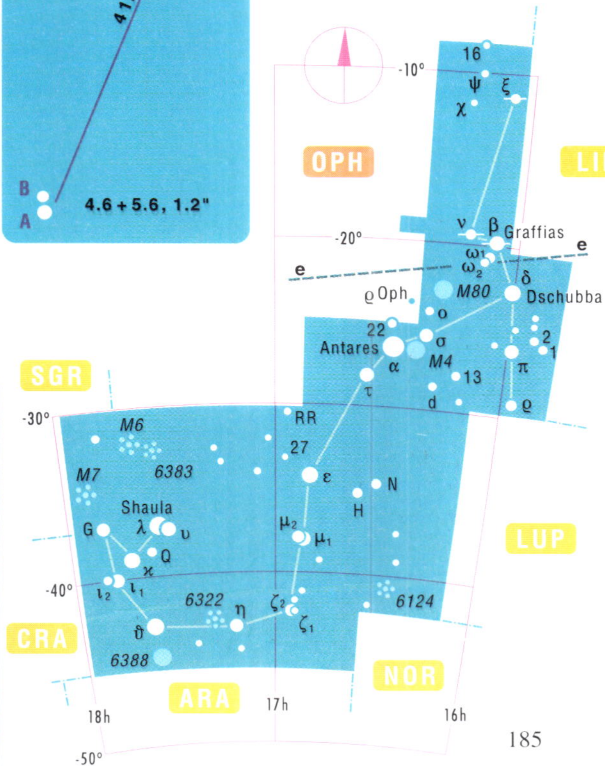

SCULPTOR

Sculptoris Scl Le Sculpteur

Son nom complet est l'Atelier du Sculpteur, mais la constellation est désormais simplement appelée le Sculpteur. C'est, bien sûr, l'un des « artefacts » de Nicolas Louis de Lacaille ; mais, même avec la meilleure volonté, il nous est bien difficile de deviner un atelier ou son maître dans cette région déserte du ciel dans laquelle seules six étoiles ont un éclat supérieur à 5 mag. Néanmoins, la constellation contient le pôle Sud galactique (noté SGP sur la carte), ce qui signifie que nous regardons perpendiculairement au plan de notre galaxie en direction des parties les plus reculées de l'Univers.

La galaxie naine appelée le **système du Sculpteur** (Sculptor dE) est un membre de notre Groupe local de galaxies, qui comprend environ deux douzaines de ces galaxies naines et trois grosses galaxies. Le groupe de galaxies le plus proche de notre Groupe local est justement situé dans le Sculpteur, à quelque 10 millions d'années-lumière ; les deux galaxies de la page ci-contre sont aussi membres de ce groupe, dit **groupe du Sculpteur**.

Nous observons la galaxie **M55** par la tranche ; d'un éclat global de 8,0 mag, c'est probablement une galaxie irrégulière similaire aux Nuages de Magellan. **NGC253**, une grande galaxie spirale de type Sc (éclat global de 7,0 mag, dimensions angulaires de 25' × 7'), peut s'observer aux jumelles ; c'est l'une des plus brillantes galaxies du ciel.

Le **système du Sculpteur** est une galaxie naine, mais son aspect rappelle un amas globulaire lâche plutôt qu'une galaxie. Elle se trouve à 260 000 années-lumière, et son diamètre est d'environ 8 000 années-lumière. Ses étoiles les plus brillantes ne font que 18,0 mag.

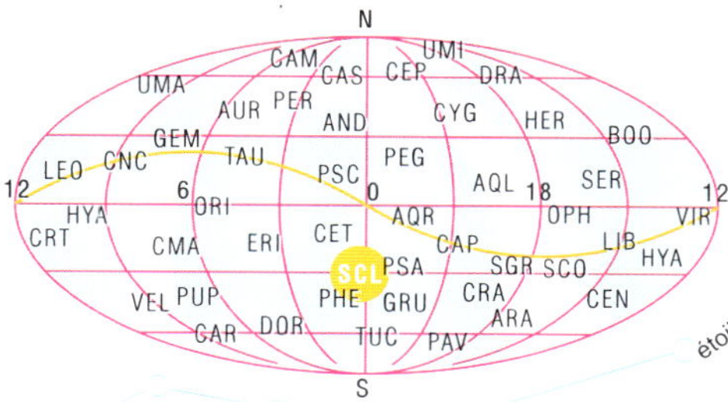

ÉCHELLE : LA GRANDE OURSE

10°

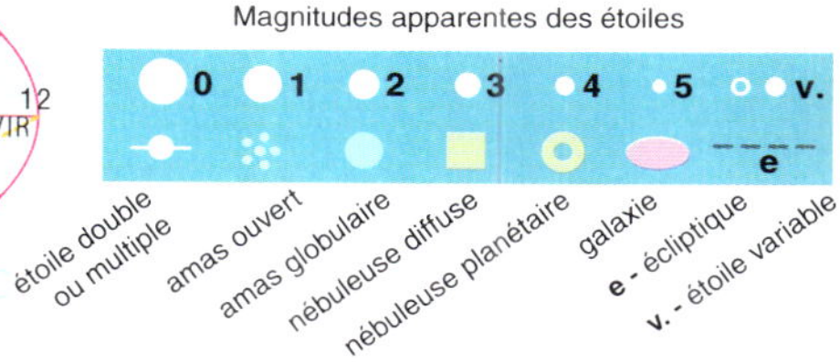

SCL

La galaxie spirale **NGC253** dans le groupe de galaxies du Sculpteur (ci-dessus).

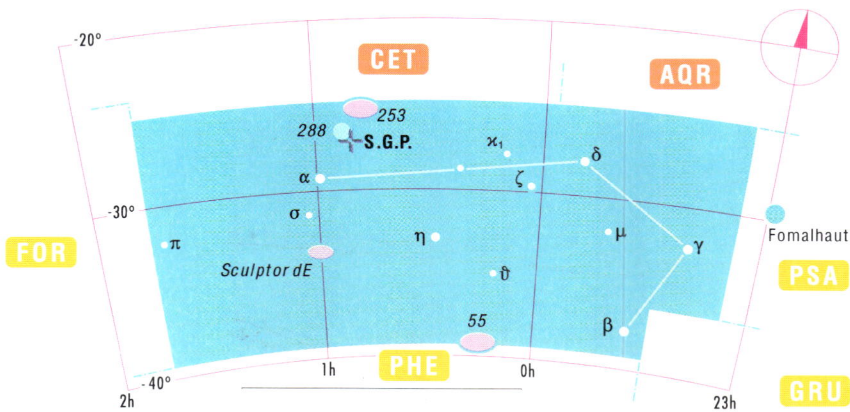

La galaxie irrégulière **NGC55** dans le groupe du Sculpteur (ci-dessous).

SCUTUM

Scuti Sct L'Écu de Sobieski

Son nom complet est *Scutum sobieskianum*, l'Écu de Sobieski, toujours en usage en France. Cette constellation miniature, la cinquième plus petite par l'aire, est contenue dans un rectangle austère. Elle fut introduite en 1690 par Johann Hevelius, en l'honneur de son roi, Janusz Sobieski.

α **Scuti**, 3,8 mag, est l'étoile la plus brillante de la constellation ; c'est une géante orange distante de 175 années-lumière. **R Scuti** est rarement visible à l'œil nu ; c'est une étoile variable irrégulière dont l'éclat fluctue entre 4,4 et 5,0 mag à son maximum et 6,0 et 8,7 mag à son minimum sur une période de cinq mois environ. Les variations considérables de son éclat sont peut-être dues à des particules de carbone (fumées) se formant dans l'atmosphère de l'astre.

L'objet le plus attrayant de l'Écu est l'amas ouvert **M11** (NGC6705), dit « le Vol de Canard ». Comptant parmi l'un des plus riches et lumineux entre tous, il a été découvert en 1681 par G. Kirch, un astronome allemand. Il contient une étoile de 8,0 mag et un groupe dense d'étoiles pâles de 11 à 14 mag.

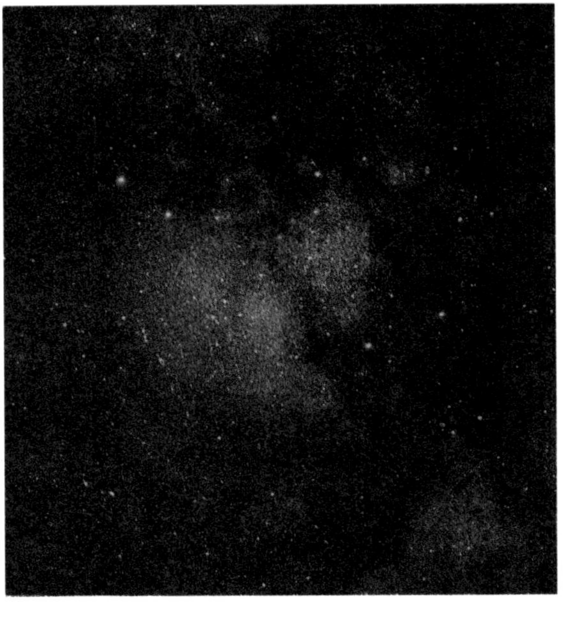

L'Écu de Sobieski contient aussi l'un des plus brillants nuages stellaires de la Voie lactée. À l'œil nu, vous trouverez une tache plus brillante sur la bande de la Voie lactée. Les détails ne sont révélés qu'en photographie.

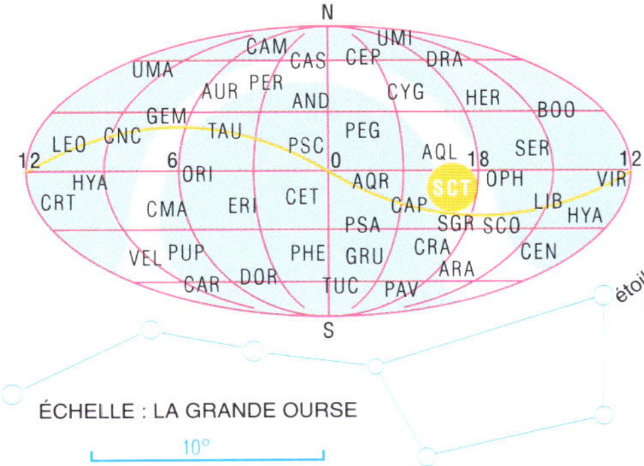

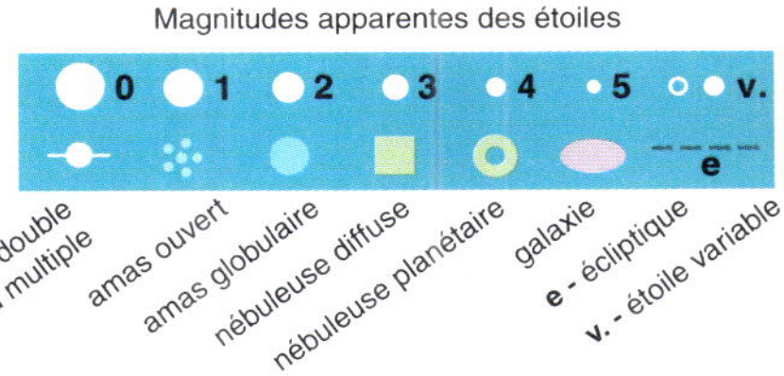

SCT

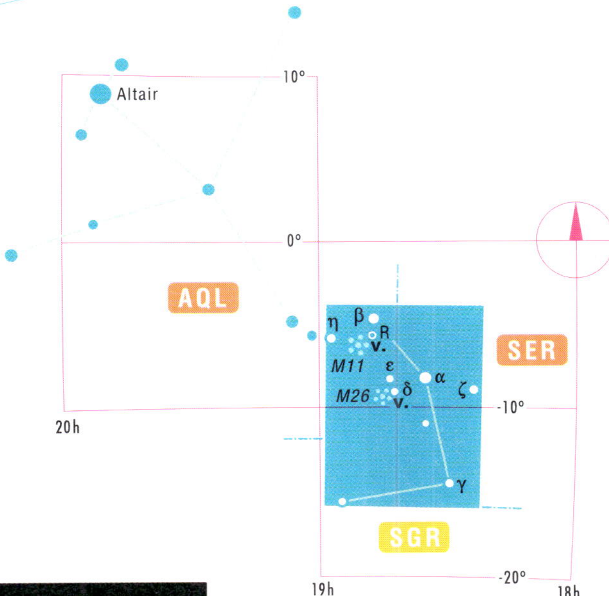

L'Écu (Scu) se repère à partir de l'Aigle (Aql), adjacent, où brille Altaïr.

À gauche : l'amas ouvert d'étoiles **M11** a un éclat global de 6,0 mag et un diamètre angulaire de 13'. Son diamètre réel est estimé à 15-20 années-lumière. Le système contient environ cinq cents étoiles de plus de 14 mag. Il se trouve à 5 500 années-lumière du Soleil.

SERPENS

Serpentis Ser Le Serpent

Le Serpent est la seule constellation qui comporte deux parties. Initialement, le Serpent dans son entier était attaché à Ophiucus, le Serpentaire (Oph), et formait l'une des plus grosses et plus anciennes constellations. Toutefois, les frontières officielles des constellations définies en 1930 par l'Union internationale des astronomes ont séparé la Tête du Serpent (*Serpens Caput*) de sa Queue (*Serpens Cauda*), qui s'étend jusqu'à la Voie lactée, et la partie centrale du corps du serpent est restée dans Ophiucus. Pour mieux comprendre la disposition de ces différentes parties dans le ciel, consultez une reproduction d'une carte ancienne et illustrée.

Unuk Elhaia (ou Unukalhai, α **Serpentis**) est une géante orange de 2,6 mag, distante de 73 années-lumière. δ **Serpentis** se résout, à l'aide d'un télescope, en une étoile double dont les composantes, de 3,8 et 4,9 mag, sont séparées par 4,0".

M16 (NGC6611, illustrée page 192) est un grand amas ouvert associé à une nébuleuse diffuse. Appelé la **nébuleuse de l'Aigle**, ou parfois la Reine des étoiles, c'est l'un des plus beaux objets de ce type. Ses étoiles sont de jeunes géantes chaudes de type spectral O et B, nées moins d'un million d'années auparavant.

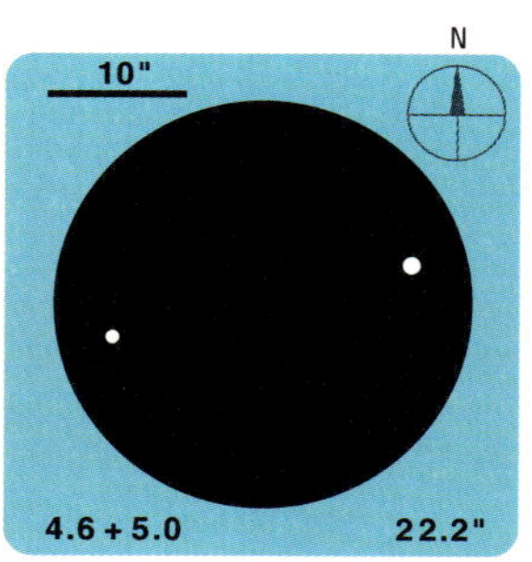

Alya (ϑ Serpentis, ci-dessus) est une très jolie étoile double, située à quelque 110 années-lumière, visible avec un petit instrument.

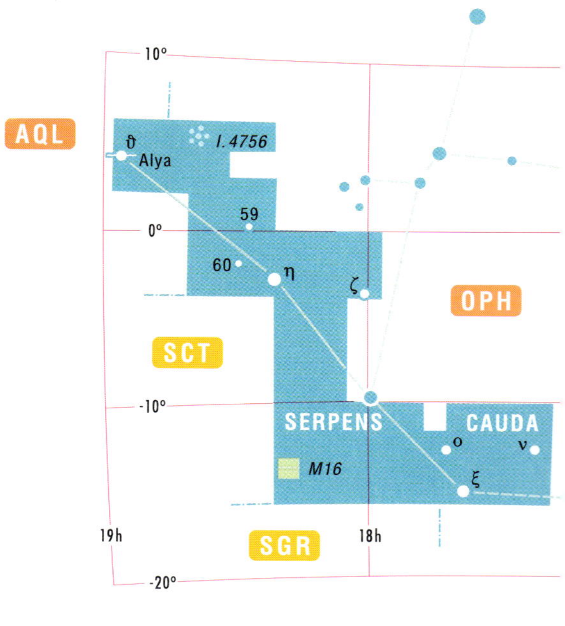

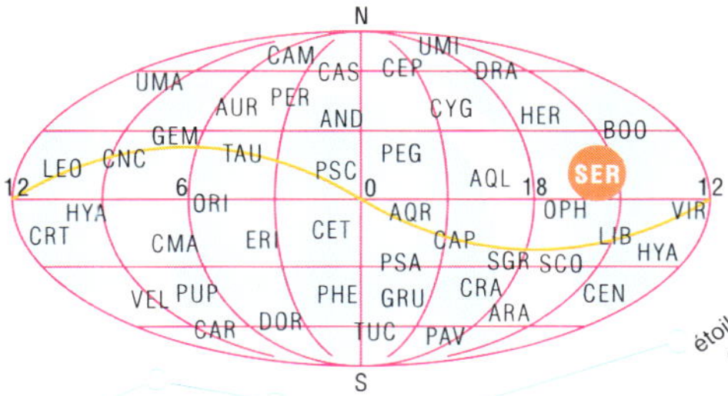

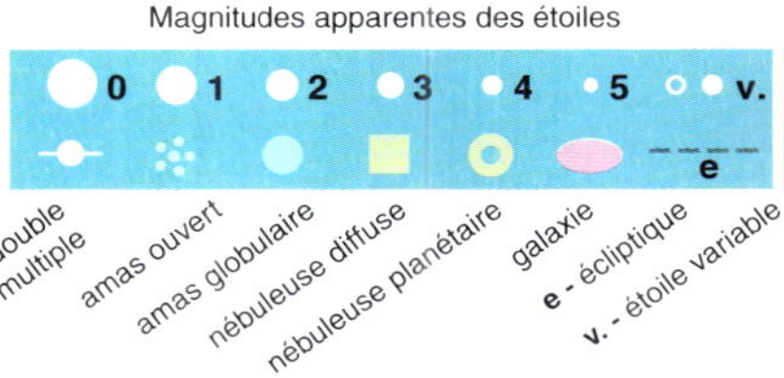

ÉCHELLE : LA GRANDE OURSE

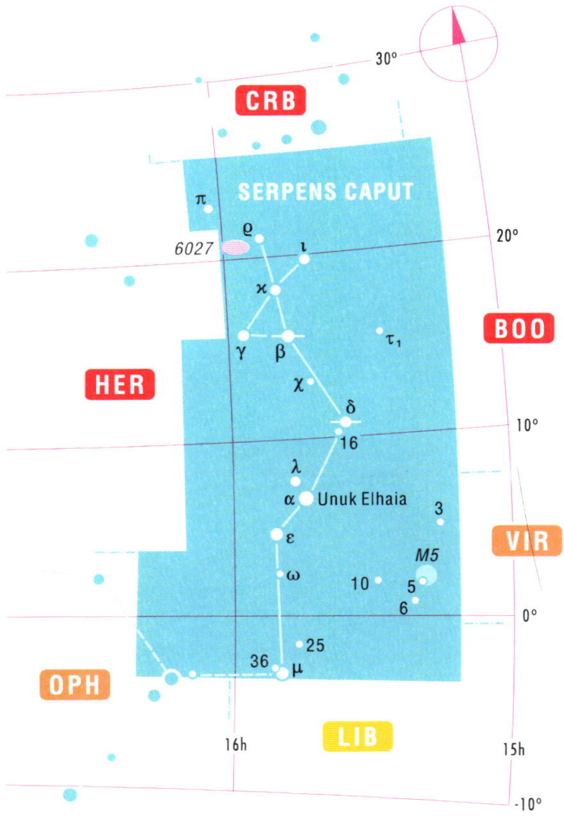

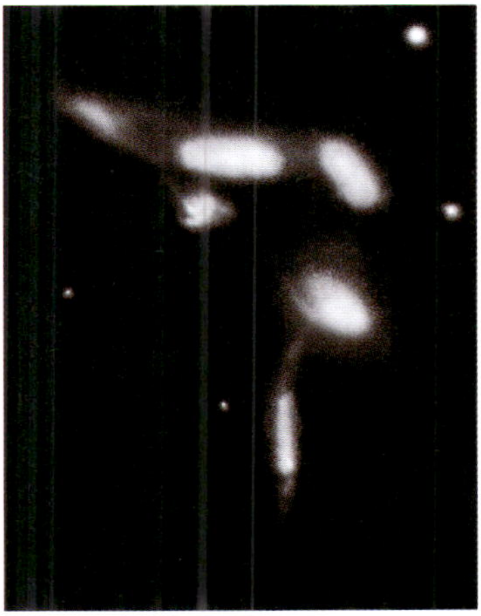

Ci-dessus : un groupe de galaxies autour de **NGC6027**, mutuellement liées par la gravitation.

À droite : l'amas globulaire **M5** (NGC5904) a un éclat global de 5,7 mag et un diamètre angulaire de 20'. Il se trouve à 25 000 années-lumière du Soleil.

SEXTANS

Sextantis Sex Le Sextant

La constellation a été introduite à la fin du XVIIe siècle par J. Hevelius sous le nom de *Sextans Uraniae*, c'est-à-dire le Sextant d'Uranie, la muse de l'astronomie. Le sextant d'Hevelius était un gros instrument monté sur trépied et utilisé pour mesurer les positions angulaires des étoiles au-dessus de l'horizon. Pas encore couplé à un télescope, il était pointé vers une étoile à l'aide d'un jeu de simples fentes, mais les observateurs expérimentés, dotés d'une vue perçante, parvenaient cependant à obtenir une précision de près d'une minute d'arc.

Le Sextant n'est visible que dans de bonnes conditions d'observation, car il ne contient que deux étoiles d'éclat supérieur à 5 mag. Pour le trouver, guidez-vous sur deux étoiles voisines : Régulus dans le Lion (Leo) et α Hydrae. L'étoile la plus brillante de la constellation est **α Sextantis**, de 4,5 mag et de type spectral A0, distante de 287 années-lumière.

La galaxie **NGC3115**, 9,0 mag, est à la portée de petits instruments. Dans un télescope, son apparence est similaire à l'image ci-contre : elle ressemble à une lentille ou à un fuseau, d'où son nom de **galaxie du Fuseau.**

M16 (NGC6611) est un amas stellaire ouvert, enchâssé dans une nébuleuse diffuse, au sein de la constellation du Serpent (voir page 190).
Sur les photographies, la nébuleuse, visuellement très pâle, occupe une aire presque égale au disque lunaire.

SEX

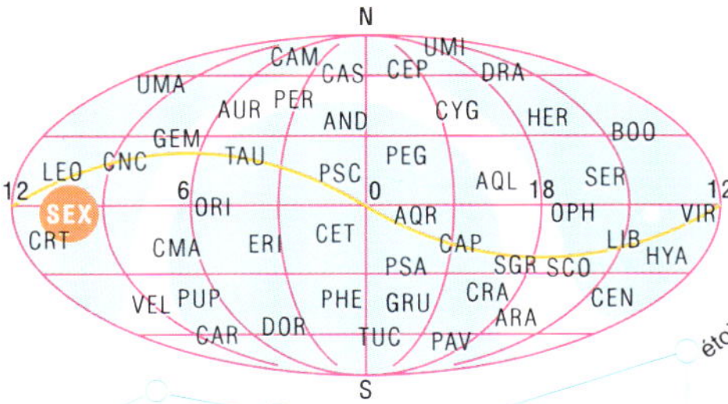

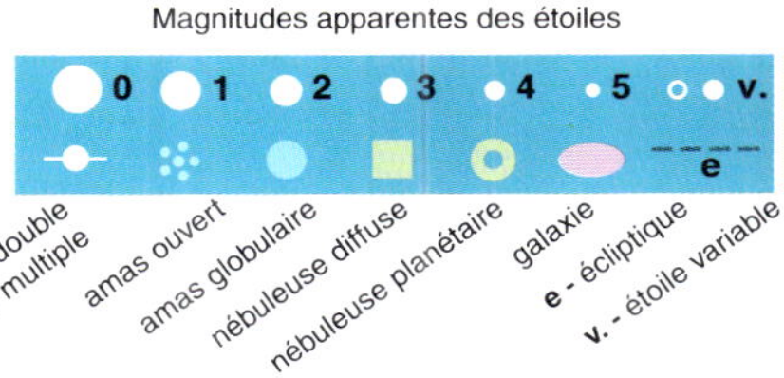

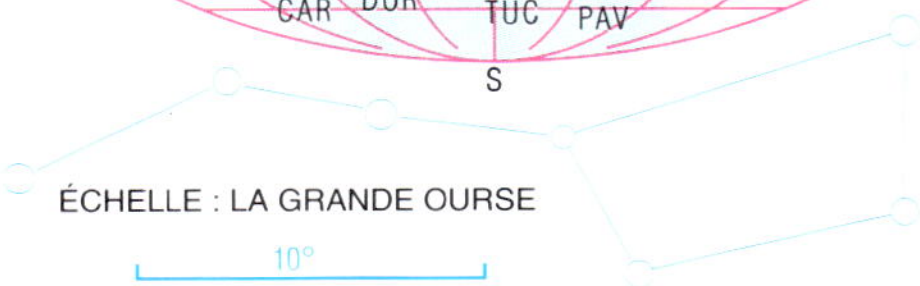

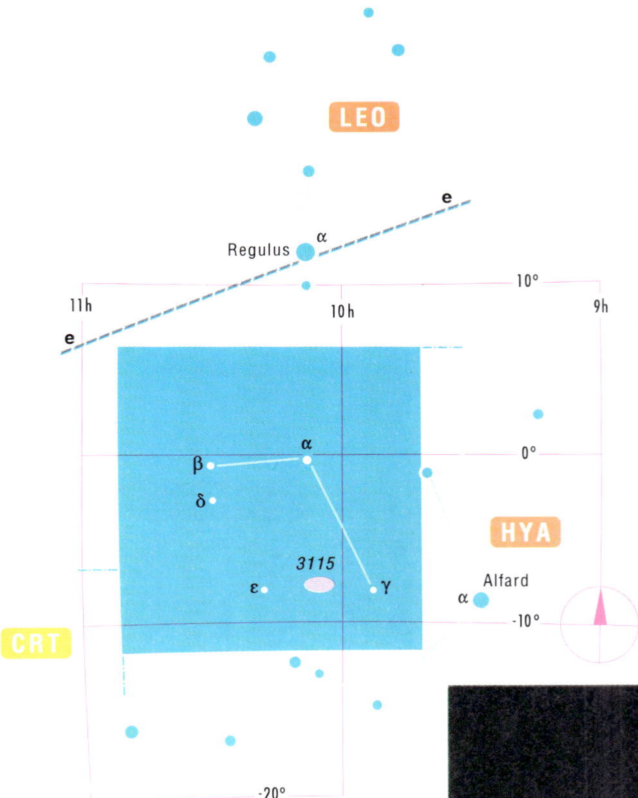

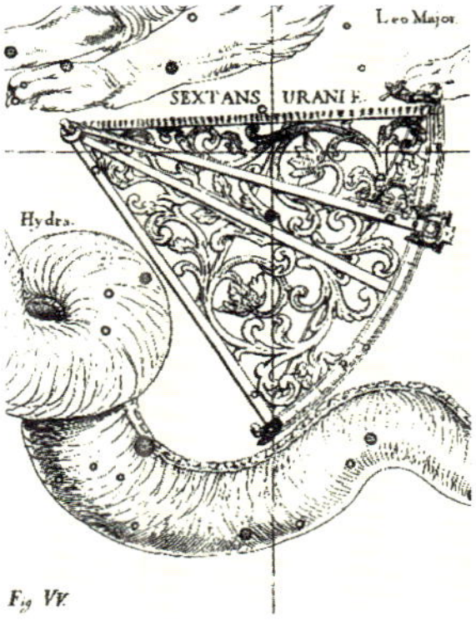

Ci-dessus : la représentation du Sextant dans l'atlas de J. Hevelius (1690).

À droite : la brillante galaxie **NGC3115**, de dimensions angulaires 8' × 3'. Sa distance est estimée entre 21 et 25 millions d'années-lumière.

TAURUS

Tauri Tau Le Taureau

Une très ancienne constellation zodiacale connue des plus vieilles cultures. Sur les cartes illustrées, Orion le Chasseur est montré aux prises avec le Taureau. Le triangle formé par les Hyades indique la tête du taureau ; son œil rougeoyant est figuré par la brillante Aldébaran, et à la pointe de ses cornes brillent β et ζ Tauri.

α Tauri est appelée **Aldébaran**, qui signifie en arabe « celle qui suit », car l'étoile suit les Pléiades dans son déplacement apparent. C'est une brillante géante orange de 1,0 mag et de type spectral K5, d'un diamètre de 36 soleils. Elle se trouve à 65 années-lumière, soit beaucoup plus près que les Hyades, dont elle ne fait pas partie.

Les Hyades (Melotte 25), qui signifie en grec « étoiles de pluie », forment un amas mobile : toutes les étoiles se déplacent dans l'espace à la même vitesse sur des trajectoires parallèles. Cet amas comprend plusieurs centaines de membres. Distant de 151 années-lumière, son diamètre réel est de 8 années-lumière. **Les Pléiades** (M45) forment aussi un amas stellaire mobile ; six à sept étoiles sont visibles à l'œil nu, mais un télescope en révèle une centaine. Le diamètre de l'amas est de 7 années-lumière, et son éloignement, de 380 années-lumière.

M1 (NGC1952) est la **nébuleuse du Crabe** (voir page 196). C'est le reste d'une supernova située à 6 500 années-lumière qui a explosé en 1054. Ses dimensions sont de 9 × 14 années-lumière, et elle continue de s'étendre. Ce qui reste de l'étoile originale est un pulsar : une étoile à neutrons effondrée de 10 km de diamètre et d'une masse de 1,4 soleil, qui effectue 30 révolutions par seconde autour de son axe.

Les Pléiades : un amas stellaire ouvert.

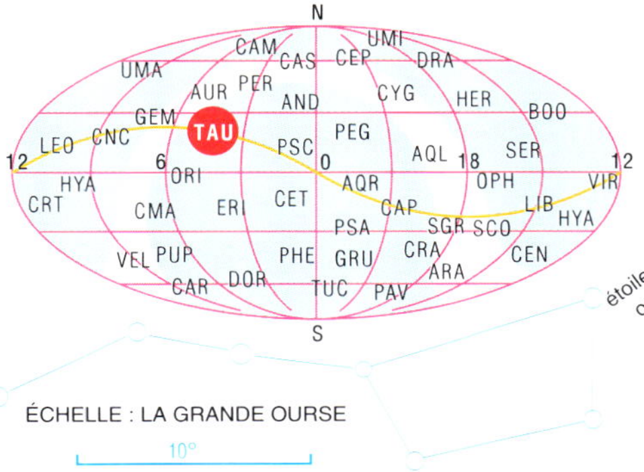

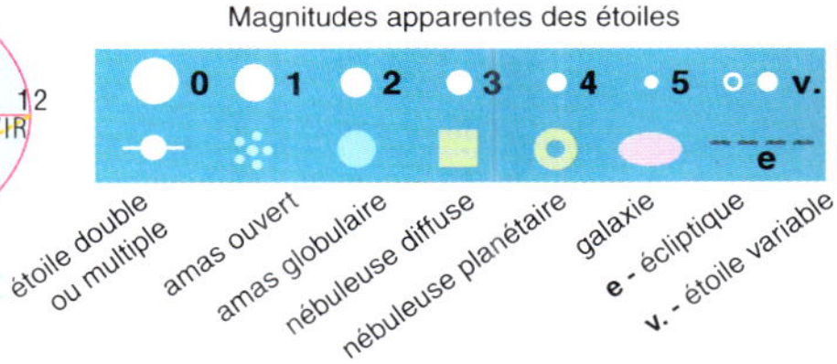

TAU

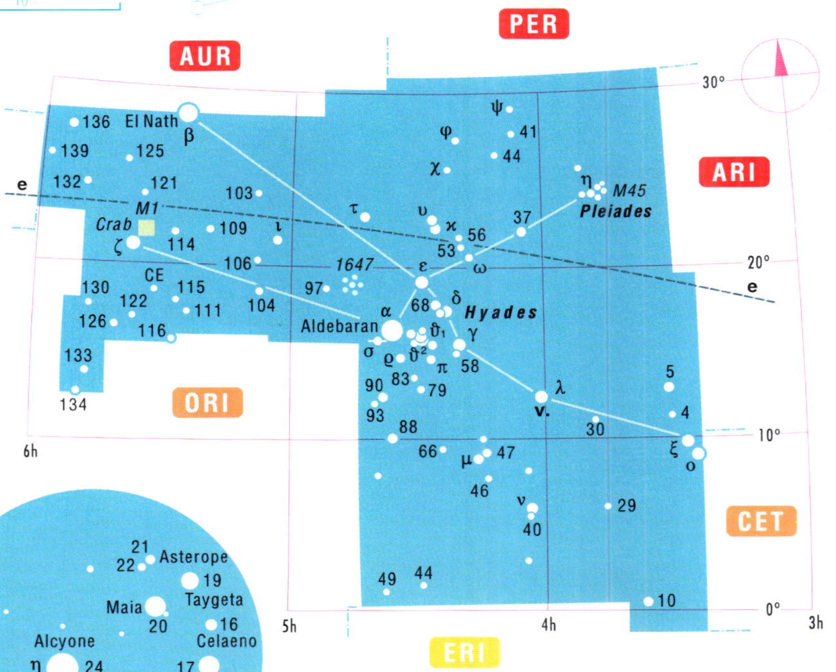

Ci-dessus : carte des Pléiades indiquant leurs noms et leur numérotation de Flamsteed. À droite : **Les Hyades** et **Aldébaran** (sur la gauche). Le diamètre angulaire de l'amas est de 3,5°.

TELESCOPIUM

Telescopii Tel Le Télescope

La constellation a été introduite par l'abbé Nicolas Louis de Lacaille, au milieu du XVIIIe siècle, pour célébrer l'invention d'un instrument qui a révolutionné l'astronomie. Sur la carte de Lacaille figurait une longue lunette astronomique du XVII et XVIIIe siècles. Aujourd'hui, la constellation a perdu l'étoile γ Telescopii, devenue G Scorpii dans l'aiguillon du Scorpion ; l'actuel Télescope est donc beaucoup plus court que sa version initiale pour laquelle Lacaille avait emprunté des étoiles aux constellations voisines.

α **Telescopii** est une étoile blanc bleuté de type spectral B3, de 3,5 mag, distante de 249 années-lumière. ε **Telescopii**, 4,5 mag, est une étoile double au compagnon très pâle (13,0 mag) distant de 21" ; nous nous trouvons à 410 années-lumière de cette étoile.

La galaxie **NGC6845** (ci-contre, en bas à droite) est le plus grand membre d'un groupe de galaxies localisé à quelque 325 millions d'années-lumière de la nôtre. L'un de ses bras spiraux, long de plus de 100000 années-lumière, s'étire vers le nord-est jusqu'à une petite galaxie de type Sc.

La **nébuleuse du Crabe**, dans le Taureau (page 194), est ce qui reste d'une supernova apparue dans le ciel de Chine le 5 juillet 1054. Le fouillis de filaments radiaux témoigne de l'énormité de l'explosion qui l'a engendrée ; ces filaments formaient autrefois l'atmosphère de l'étoile. Après son embrasement, l'éclat de la supernova atteignit – 5,0 mag ! De ce fait, elle fut visible en plein jour durant vingt-trois jours, et six cent cinquante-trois jours la nuit.

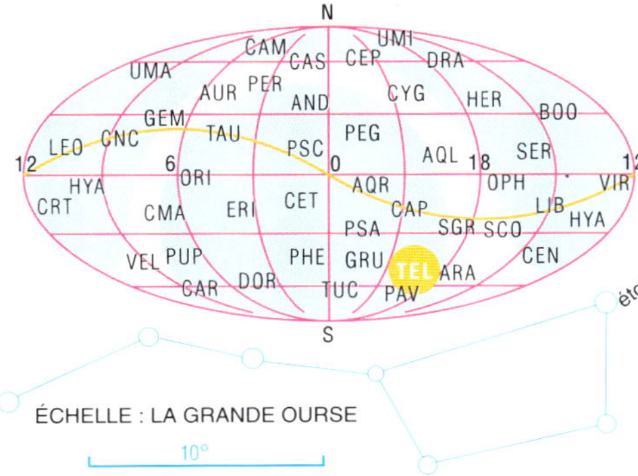

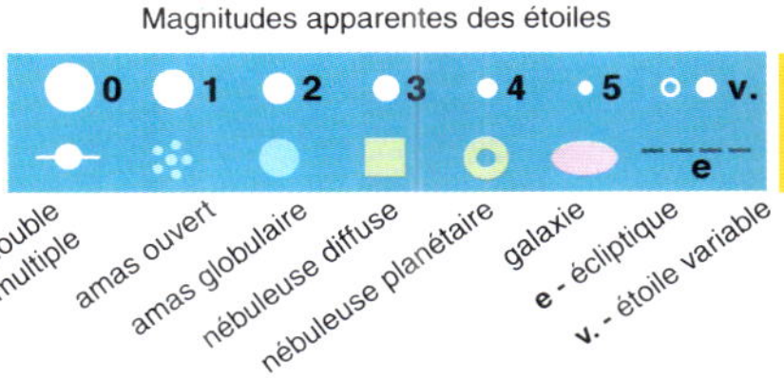

TEL

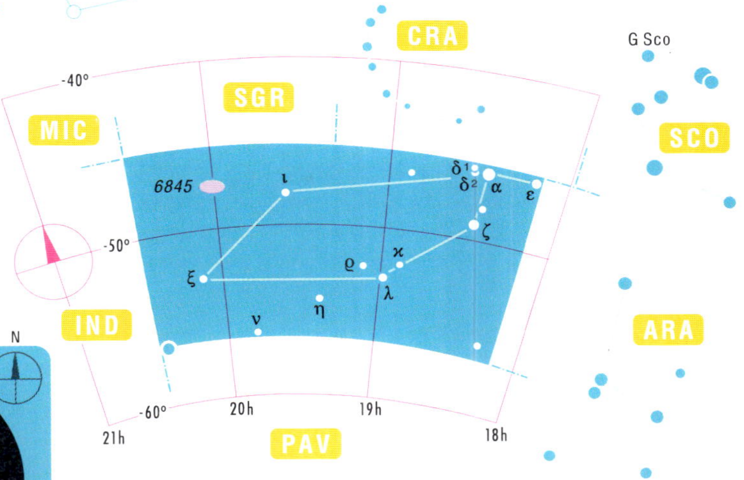

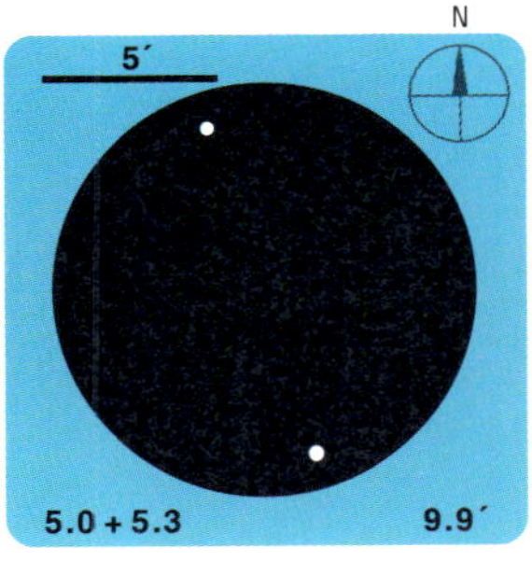

Ci-dessus : le double optique δ **Telescopii**, dont les composantes se distinguent à l'œil nu.

À droite : groupe de galaxies du Télescope. La plus grosse galaxie de l'image est **NGC6845**.

TRIANGULUM

Trianguli Tri Le Triangle

Le Triangle, petite mais typique, est l'une des constellations classiques de l'Antiquité. Les Grecs l'appelaient *Deltotum* pour sa ressemblance avec la lettre delta (Δ). Dans sa description des constellations, Aratos de Soli comparait la constellation avec les contours de la Sicile et écrivait : « À proximité d'Andromède se trouve la Sicile, qui ressemble à un triangle dont le plus petit côté s'orne d'étoiles rapprochées. »

Les trois étoiles aux sommets du Triangle se trouvent à des distances très différentes. Située à 64 années-lumière, α **Trianguli**, 3,4 mag, possède deux pâles compagnons de 12,0 et 12,9 mag séparés de 222" et 83". β **Trianguli** est une géante blanche de 3,0 mag éloignée de 124 années-lumière. γ **Trianguli**, 4,0 mag, est une étoile de type spectral A1 distante de 118 années-lumière. Essayez d'imaginer le Triangle dans un espace à trois dimensions : il a une tout autre forme que celle projetée sur la sphère céleste.

La galaxie spirale **M33**, appelée la **galaxie du Triangle** (NGC598, ci-dessous), de type Sc, est le troisième membre par la taille de notre Groupe local de galaxies, après notre galaxie et la Grande Galaxie d'Andromède (M31). Selon des études récentes, M33 se situerait entre 2,2 et 2,9 millions d'années-lumière.

TRI

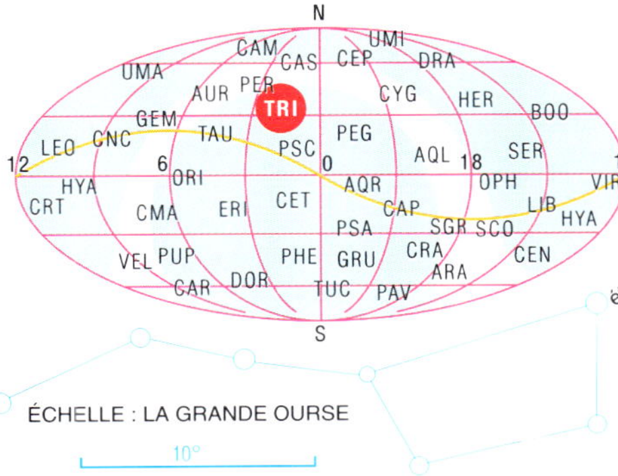

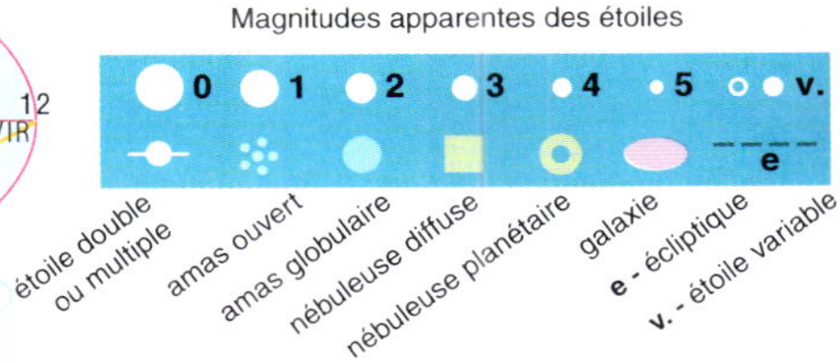

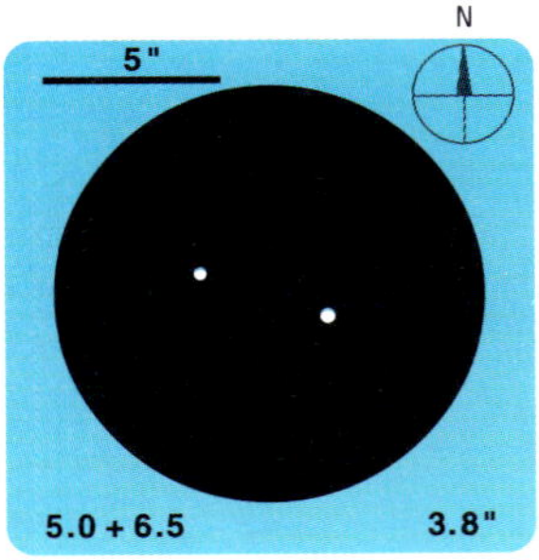

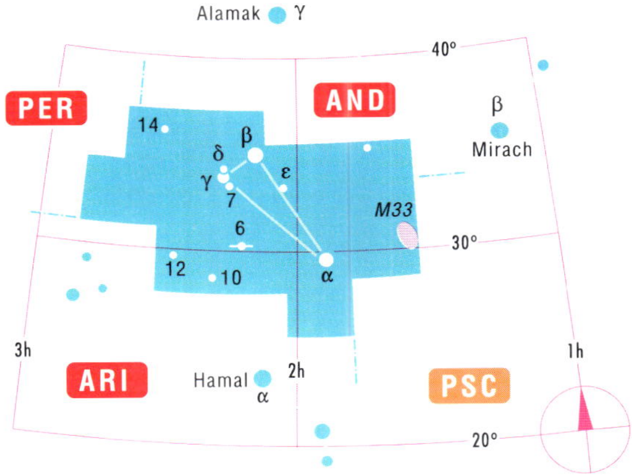

Ci-dessus : l'étoile double **6 Trianguli** : un couple physique aux composantes de types spectraux G5 et F5.

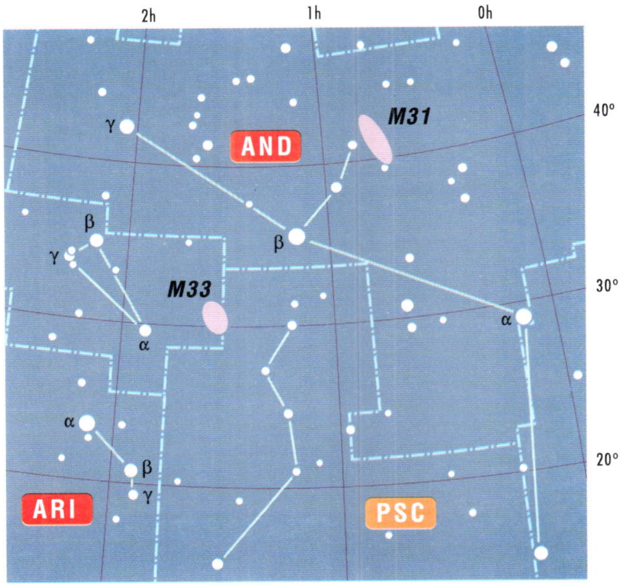

À droite : vous trouverez la galaxie M33 près de la ligne reliant α Trianguli et β Andromedae. Son diamètre angulaire fait près de 1°, mais elle se révèle difficile à observer à cause de son faible éclat. Des jumelles ou une lunette de faible grossissement à grand champ sont nécessaires. La galaxie M31, apparemment voisine, est, en fait, située à quelque 570 000 années-lumière de M33.

TRIANGULUM AUSTRALE

Trianguli Australis TrA Le Triangle austral

En prolongeant vers l'est la ligne définie par α et β Centauri, vous trouverez facilement une constellation petite mais caractéristique : le Triangle austral, dont les sommets sont constitués par des étoiles brillantes de deuxième et troisième magnitudes. C'est l'une des douze constellations australes ajoutées, par P.D. Keyser à la fin du XVIe siècle et J. Bayer en 1603, aux quarante-huit constellations classiques.

α **Trianguli Australis** est une géante orange de type spectral K2 et de 1,9 mag, dont la température en surface est à peu près de 4000 K ; l'étoile se trouve à 415 années-lumière environ. β **Trianguli Australis**, 2,9 mag, possède un compagnon pâle de 14,0 mag, distant de 155". La composante principale est une étoile blanche de type spectral F2, située à quelque 40 années-lumière. Le troisième sommet du triangle est occupé par γ **Trianguli Australis**, une étoile blanc bleuté également de 2,9 mag, de type spectral A1, qui est éloignée de 183 années-lumière du Soleil.

L'astronomie amateur

Pour l'astronome amateur, les contacts avec d'autres « âmes sœurs » et avec la communauté astronomique où il trouvera conseils et assistance, mais aussi un sens à ses efforts, sont très utiles, voire essentiels. Plusieurs sociétés d'astronomie amateur existent en France : l'Association française d'astronomie (AFA), la Société astronomique de France (SAF) et la Société astronomique populaire (SAP) (voir page 221). Mais il existe également de nombreux petits clubs dans tout le pays, dont ces sociétés vous donneront la liste.

Des stages, des voyages interdisciplinaires ou à thèmes (éclipses) sont organisés par l'Observatoire astronomique d'Aniane et les sociétés d'astronomie amateur. Vous trouverez un choix d'instruments d'observation – des jumelles aux télescopes – dans divers magasins, spécialisés ou non (voir page 221).

Vous disposez aussi de nombreuses sources d'informations, à commencer par les adresses utiles à la fin de ce livre. Plusieurs observatoires astronomiques nationaux proposent chaque année des journées « portes ouvertes », et parfois des sessions d'informations ou d'observations pour le grand public. L'Agence spatiale européenne, quant à elle, possède une médiathèque (documents, vidéos, photographies, diapositives) accessible sur rendez-vous aux étudiants et astronomes amateurs. Il existe toute une littérature spécialisée, sur papier ou CD-ROM, pour répondre au regain d'intérêt envers l'astronomie observé depuis quelques années (bibliographie en fin de livre). Par ailleurs, outre les revues spécialisées comme Ciel & Espace, *éditée par l'AFA, de nombreuses revues de vulgarisation scientifique proposent désormais une rubrique « Le ciel du mois ». Le réseau Internet offre enfin de multiples sites qui permettent d'accéder à des photos, vidéos et informations liées à l'astronomie – si vous n'êtes pas rebuté par l'attente due aux encombrements !*

TRA

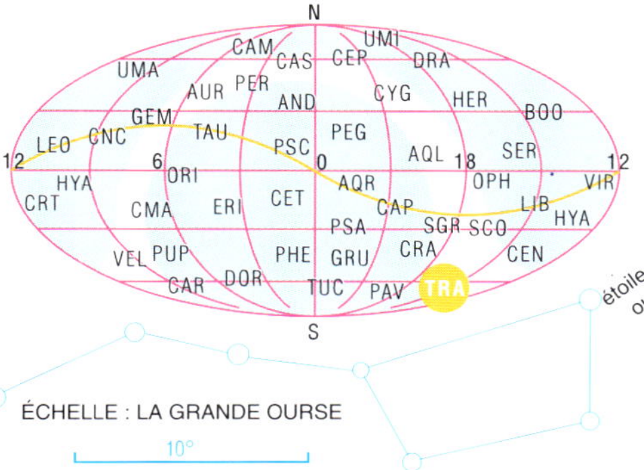

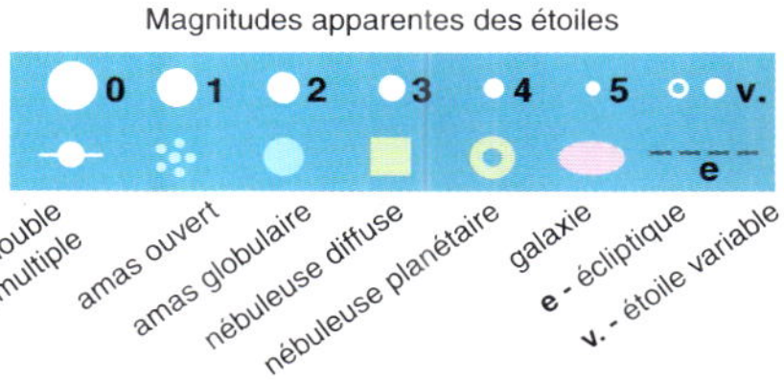

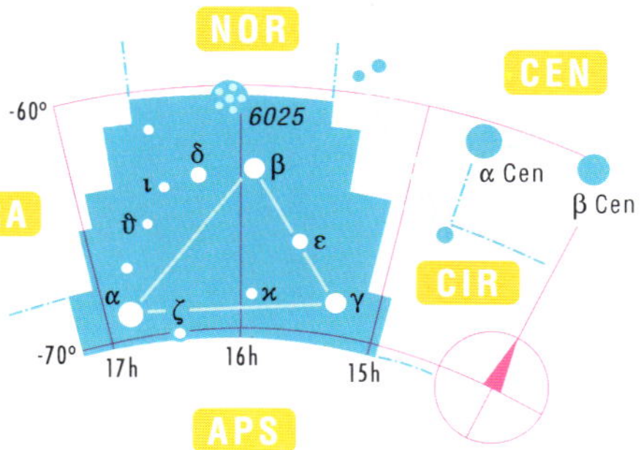

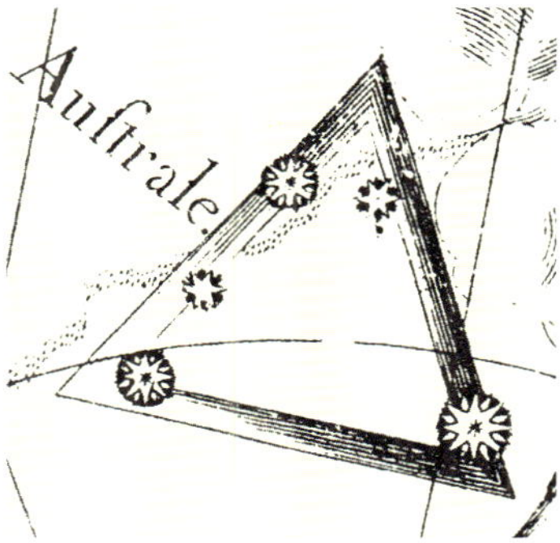

Représentation du Triangle austral dans l'atlas de J. Hevelius (1690).

À droite : l'amas stellaire ouvert **NGC6025**. D'un éclat global de 5,5 mag, ses plus brillantes étoiles sont de septième magnitude. Environ cent quarante étoiles sont regroupées dans un cercle de 15'. La distance de l'amas est estimée à 2 700 années-lumière.

TUCANA

Tucanae Tuc Le Toucan

L'oiseau exotique au puissant bec s'est élevé dans le ciel sur proposition de P.D. Kayser et grâce à J. Bayer qui l'a inclus dans son atlas *Uranometria* en 1603. Cette constellation peu remarquable est repérable grâce au Petit Nuage de Magellan (SMC), situé près de la limite sud du Toucan, à moins de 20° du pôle Sud céleste.

β **Tucanae** est un système sextuple. Un petit télescope révèle une jolie étoile double de composantes β1 et β2, de 4,4 et 4,5 mag, distantes de 27" ; à 9,3' au sud-est se trouve une troisième composante, β3, de 5,1 mag. Chaque composante est une binaire serrée.

Le **Petit Nuage de Magellan (SMC)** consiste en deux galaxies naines se trouvant dans la même direction, vues depuis la Terre, mais qui sont distantes d'environ 20000 années-lumière l'une de l'autre. Les deux galaxies du SMC se situent approximativement à 200000 années-lumière de la Terre ; elles se situent dans le champ gravitationnel de notre galaxie. Deux brillants amas globulaires, **47 Tuc** (NGC104) et **NGC362**, sont visibles en direction du SMC mais ne s'y trouvent pourtant pas : ils sont beaucoup plus proches de notre galaxie. NGC362 est estimé à plus ou moins 32000 années-lumière.

L'amas globulaire d'étoiles **47 Tucanae** (NGC104) est, après ω Centauri, le second amas de ce type par l'éclat. À l'œil nu, il apparaît comme une étoile brumeuse de 5,0 mag. Les étoiles les plus brillantes de l'amas font seulement 11,5 mag, aussi vous faut-il un instrument assez puissant pour les résoudre individuellement. Le système se situe entre 13000 et 20000 années-lumière.

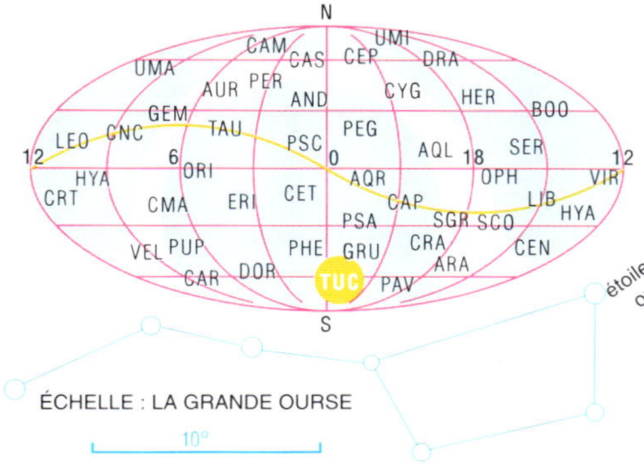

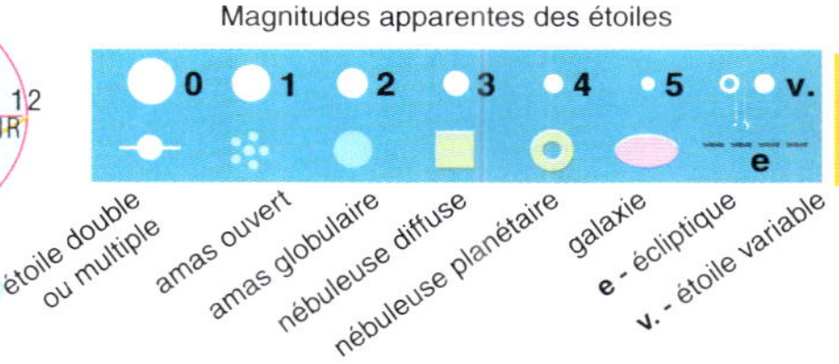

TUC

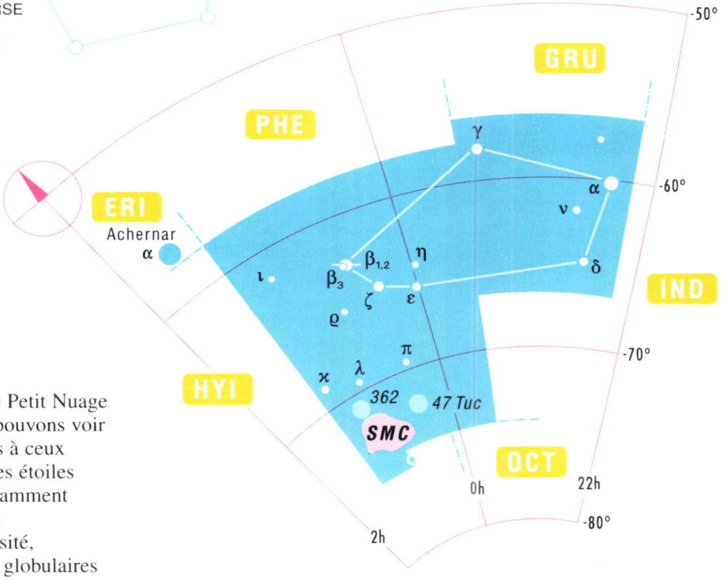

Ci-dessous : dans le Petit Nuage de Magellan, nous pouvons voir des objets similaires à ceux de notre galaxie : des étoiles individuelles, et notamment des géants stellaires de très forte luminosité, des amas ouverts et globulaires et des nébuleuses brumeuses.

URSA MAJOR

Ursae Majoris UMa La Grande Ourse

L'une des plus anciennes et célèbres constellations qu'accompagne un grand nombre de légendes, baptisée à chaque fois différemment par plusieurs nations. L'astérisme formé par ses sept étoiles principales a ainsi été appelé la Louche par les Indiens d'Amérique du Nord, l'Unijambiste par ceux d'Amérique centrale, la Grande Casserole ou le Chariot par certains Européens et la Charrue par les Anglais, tandis que les Romains y voyaient des bœufs attelés, et les Arabes une caravane sur l'horizon. C'est la plus grande constellation du ciel par la superficie.

Fait exceptionnel, la « casserole » de la Grande Ourse n'est pas un groupe fortuit d'étoiles : hormis Dubhé et Benetnash, les cinq autres étoiles, ainsi que douze autres situées en divers points du ciel, forment l'**amas mobile de la Grande Ourse**, le plus proche de tous les amas stellaires. D'un diamètre d'environ 30 années-lumière, il est situé à quelque 80 années-lumière de nous. Le système se déplace à 14 km/s en direction du Sagittaire. Les Hyades, dans le Taureau (page 195), sont une formation similaire.

Mizar (ζ UMa) et **Alcor** (80 UMa) – « le Cavalier » en arabe – composent l'étoile multiple la plus connue ; même à l'œil nu, les deux étoiles sont séparées. Mizar, 2,4 mag, est distante de 78 années-lumière, et Alcor, plus pâle (4,0 mag) et située à 11,8' à l'est de la première, se trouve à 81 années-lumière.

Le couple de galaxies **M81** (NGC3031, en bas) et **M82** (NGC3034, en haut) est au centre d'un groupe de douze galaxies situées à quelque 11 millions d'années-lumière de nous. Il y a environ 200 millions d'années, M81 est passée au voisinage de M82 ; leur interaction gravitationnelle a engendré la structure et l'activité inhabituelles de M82. Mutuellement distantes de 38', les deux galaxies sont reliées par un « pont » gazeux. Elles sont observables, même avec un petit instrument.

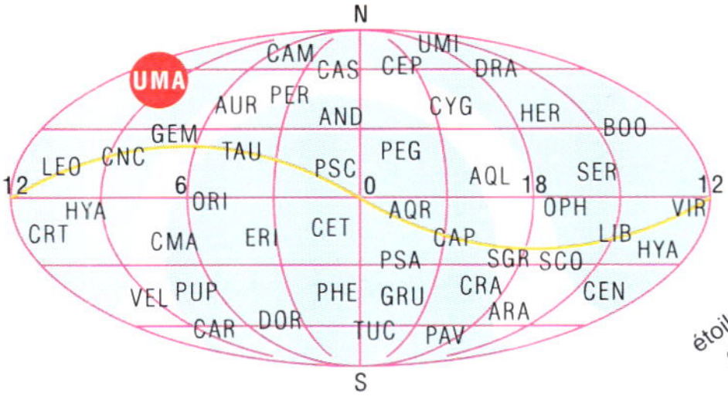

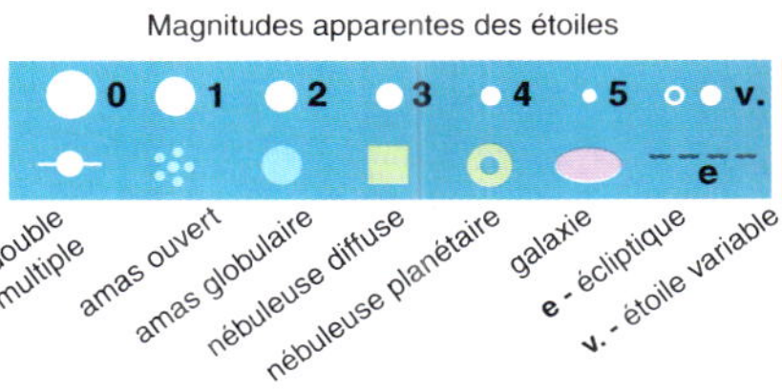

UMA

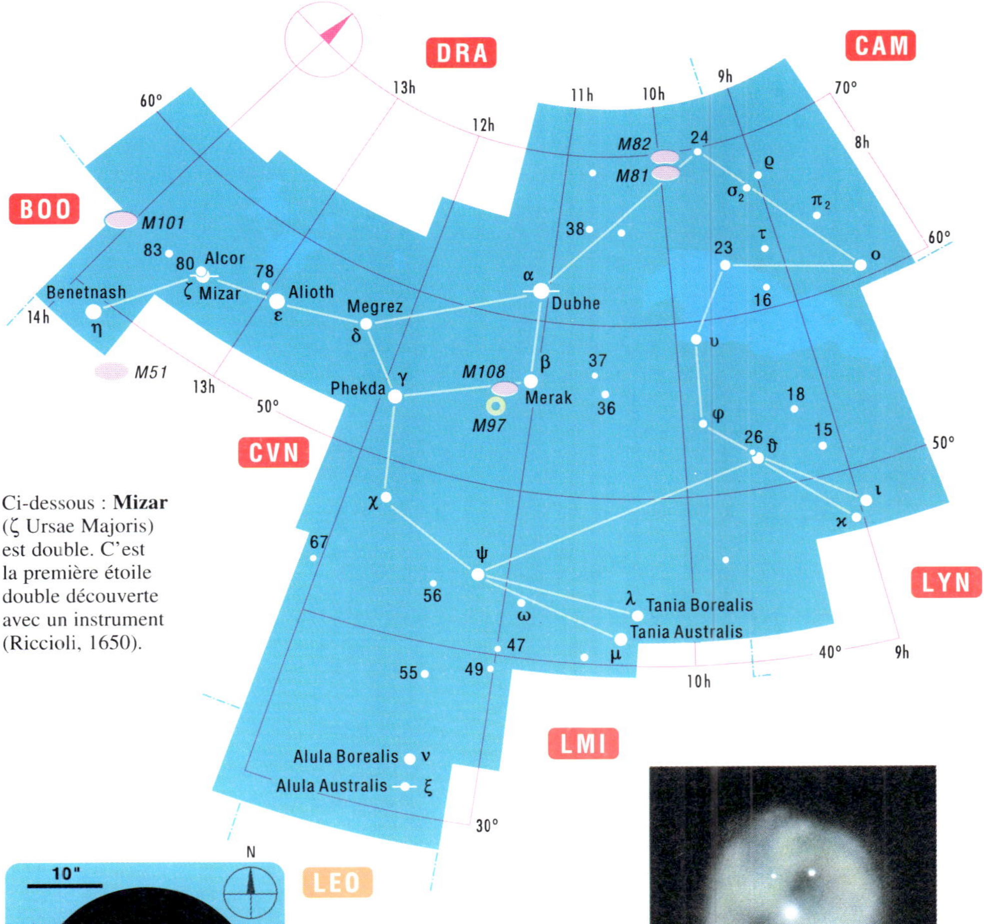

Ci-dessous : **Mizar** (ζ Ursae Majoris) est double. C'est la première étoile double découverte avec un instrument (Riccioli, 1650).

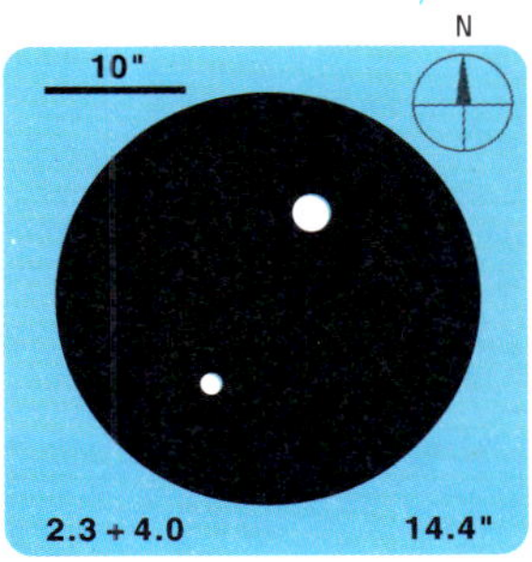

À droite : **M97**, la **nébuleuse planétaire du Hibou** (NGC3587). D'un diamètre angulaire de 3' mais très pâle, son observation exige un gros instrument.

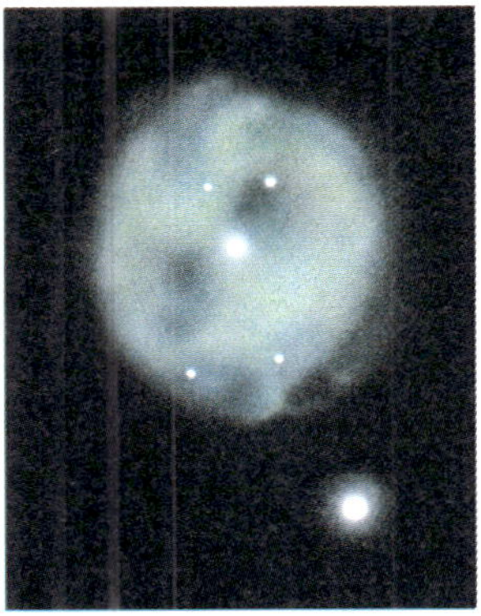

URSA MINOR

Ursae Minoris UMi La Petite Ourse

La constellation contient l'une des étoiles les plus connues : l'Étoile polaire (Polaris), le repère idéal pour trouver le pôle Nord céleste. Avec six autres étoiles plus pâles, l'Étoile polaire, dont l'extrémité de la queue est incroyablement longue, forme un astérisme très semblable à celui de la « casserole » de la Grande Ourse, mais beaucoup moins ostentatoire. Selon la mythologie grecque, on doit ce mystère au fait que les queues des deux Ourses se seraient allongées au moment où Zeus les expédia dans le ciel. En effet, il faut rappeler que le galant Zeus avait eu un fils de la belle nymphe Callisto, que l'on appela Arcas. Pour la soustraire à la fureur d'Héra, son épouse, on dit que Zeus changea Callisto en ourse. Longtemps après, alors qu'il était devenu roi d'Arcadie, Arkas faillit bien la tuer en chassant. Ce fut Zeus qui coupa court à ce qui aurait pu être une fatale méprise en transformant à son tour Arcas en ours. Puis, les lançant tous deux dans les cieux, il conféra ainsi à Callisto et Arcas l'éternité parmi les constellations.

Polaris ou l'**Étoile polaire** (α Ursae Minoris), 2,1 mag, était autrefois connue comme une étoile variable pulsante de type céphéide, dont l'éclat changeait de 0,12 mag en quatre jours. Toutefois, les pulsations ont diminué continûment jusqu'à atteindre 0,02 mag au milieu des années 90. C'est aussi une étoile double, dont le compagnon de 9,0 mag est à 18,4" de la composante principale, une supergéante distante de 432 années-lumière.

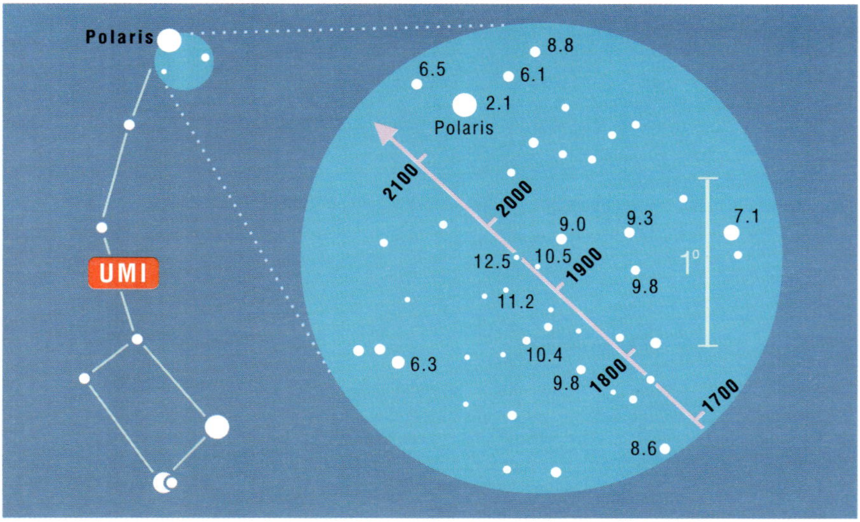

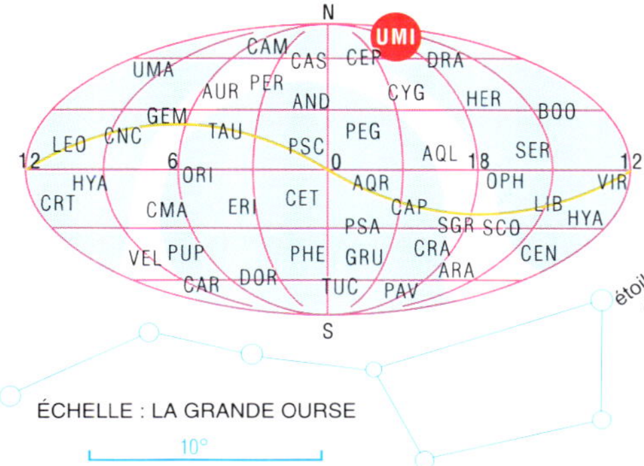

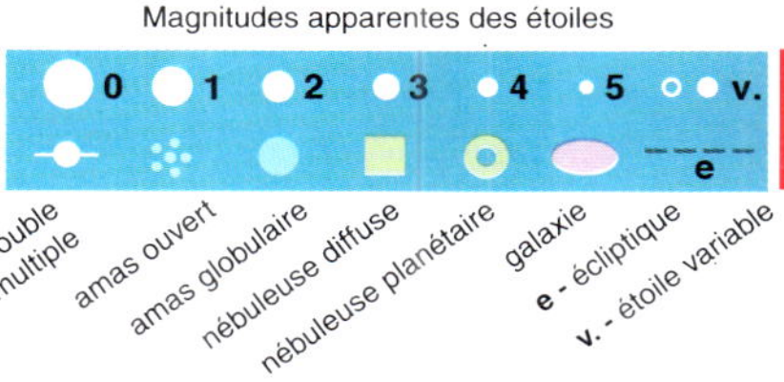

UMI

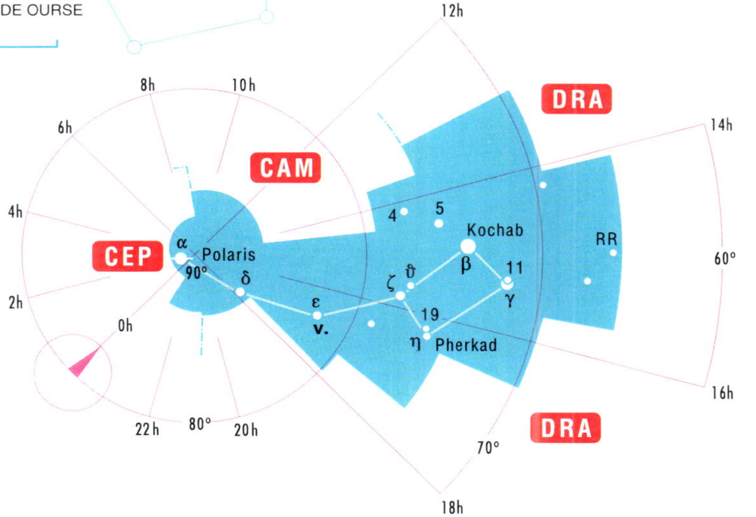

Ci-contre : la position du pôle Nord céleste change, du fait de la précession de l'axe de rotation de la Terre (voir page 58). En 2102, l'Étoile polaire, à 27'37'', sera au plus près du pôle. Les étoiles voisines, plus pâles, ont leur magnitude indiquée ; utilisez-les pour estimer le plus faible éclat perceptible par votre instrument.

À droite : l'**Étoile polaire** (Polaris) se trouve sur l'axe reliant les étoiles Merak et Dubhé de la Grande Ourse, à cinq fois leur distance mutuelle comme l'indique le schéma.

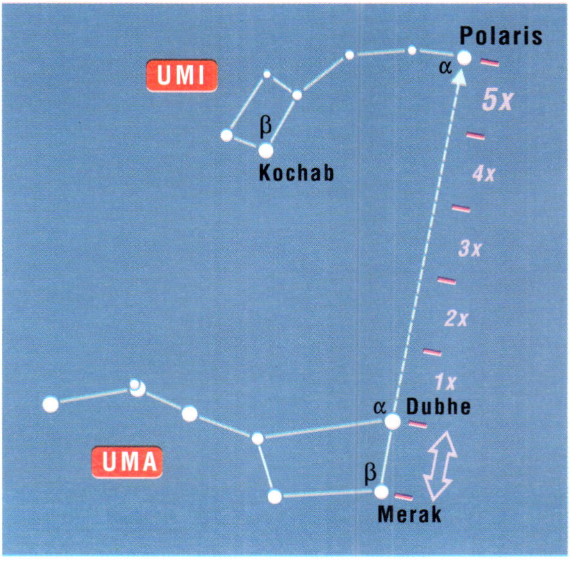

VELA

Velorum Vel Les Voiles

Cette constellation est issue de l'ancien vaisseau *Argo*, divisé par l'abbé de Lacaille au milieu du XVIIIe siècle en constellations plus petites (voir aussi *Carina*, *Puppis* et *Pyxis*).

γ **Velorum** (ci-contre) est un système multiple dont l'étoile la plus brillante est remarquable ; elle se résout aux jumelles en deux composantes A et B. La composante A est elle-même une binaire serrée comprenant l'étoile de Wolf-Rayet – la plus brillante connue –, une géante extraordinairement lumineuse (équivalente à quinze mille soleils) et chaude (30000 K), entourée d'une enveloppe gazeuse en expansion rapide.

À la frontière des Voiles et de la Machine pneumatique (Ant), **NGC3132** est l'une des nébuleuses planétaires les plus brillantes du ciel. Le reste de supernova **SNR Vela** (ci-dessous) semble un fin tissu de filaments rayonnants couvrant une surface de près de 6° de diamètre. La supernova a explosé quelque douze mille ans auparavant. L'étoile a vu sa luminosité multipliée par cent millions, devenant, juste après la Lune, l'objet le plus brillant du ciel. À proximité du centre de la nébuleuse en expansion se trouve un pulsar – une étoile à neutrons en rotation rapide (onze révolutions par seconde), de 10 à 15 km de diamètre seulement, vestige de l'étoile initiale.

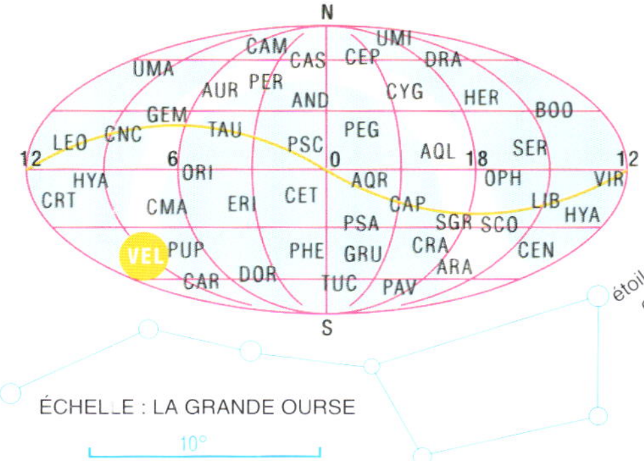

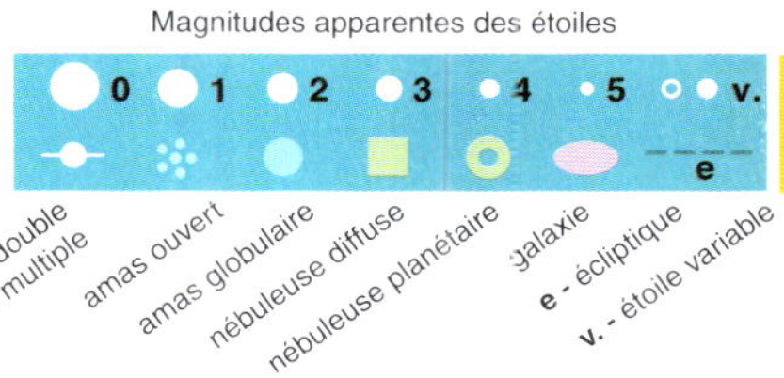

VEL

Ci-dessous : le système multiple γ **Velorum**. Une autre composante, D, de 9,0 mag, est située à 1,5' au sud-est de la composante A.

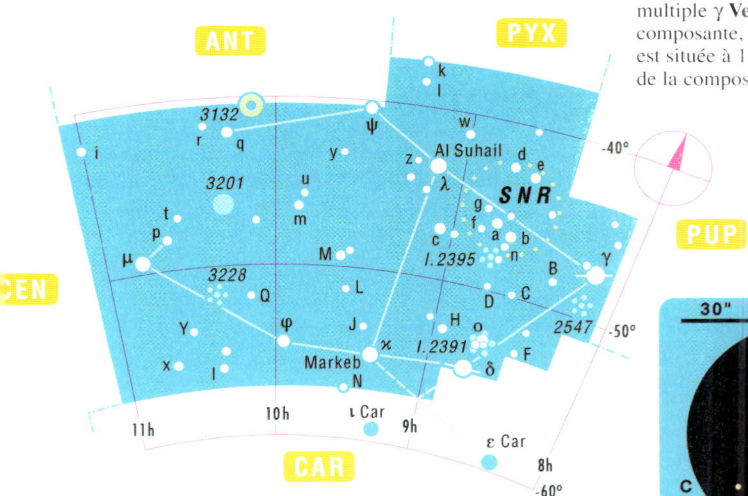

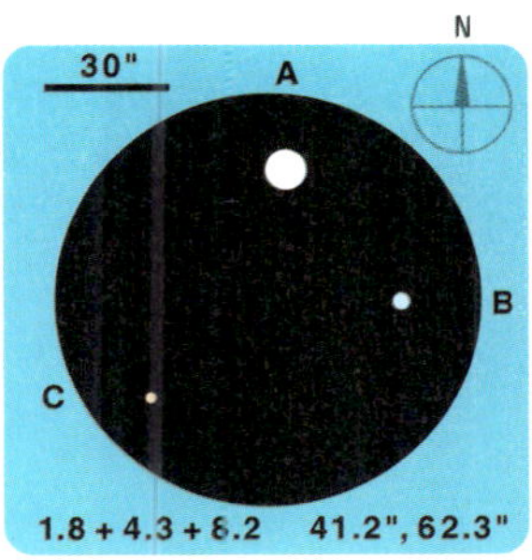

Ci-dessous : les étoiles κ et δ **Velorum** forment, avec ι et ε Carinae, l'étonnante **Fausse-Croix**. La véritable Croix du Sud est désignée par les étoiles α et β Centauri.

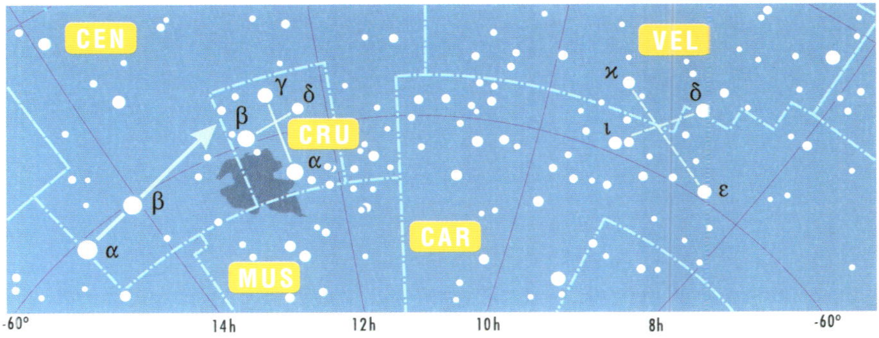

VIRGO

Virginis Vir La Vierge

Dans la mythologie, cette dame céleste est associée aux déesses de la Justice ou des Moissons. La justice est symbolisée par la Balance (*Libra*), qui lui est adjacente ; les récoltes sont symbolisées par l'épi de blé que tient dans sa main la Vierge, près de l'étoile Spica (qui signifie l'Épi en latin). Par sa superficie, la Vierge est la plus grande constellation du zodiaque et la seconde de toutes les constellations.

Spica ou **l'Épi** (α Virginis) a un éclat de 0,9 mag, connaissant des variations d'environ 0,05 mag. Distante de 262 années-lumière, la luminosité de l'étoile est équivalente à celle de 1 600 soleils. **Porrima** (γ Virginis), d'un éclat global de 2,9 mag, est une jolie étoile double située à 39 années-lumière (ci-dessous à droite).

Le vaste **amas de galaxies de la Vierge** s'étend par-delà la frontière avec la constellation de la Chevelure de Bérénice (Com). Sa partie centrale, qui compte quelque trois mille galaxies, est figurée par les pointillés roses sur la carte stellaire. Étant le plus proche des gros amas de galaxies, plusieurs douzaines de galaxies brillantes sont ainsi à la portée des instruments d'amateurs. Bien que l'amas soit relativement proche, les estimations de sa distance par différentes méthodes varient entre 45 et 80 millions d'années-lumière. L'amas de la Vierge est au centre du Super-amas local qui compte cinquante groupes de galaxies, dont notre Groupe local.

Ci-dessus : **M87** (NGC4486), encore appelée **Virgo A**, est l'une des plus grosses galaxies du groupe de la Vierge, et une puissante source de rayonnements radio et X. L'image montre un jet de matière jaillissant du noyau de la galaxie. Le mouvement orbital des étoiles de la galaxie indique l'existence d'un trou noir dans son noyau.

Ci-dessous : la période de la binaire γ **Virginis** est de cent soixante et onze ans. Ses composantes sont en train de se rapprocher.

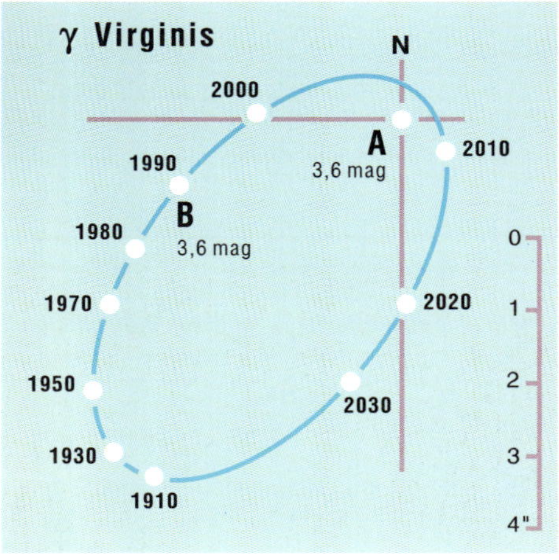

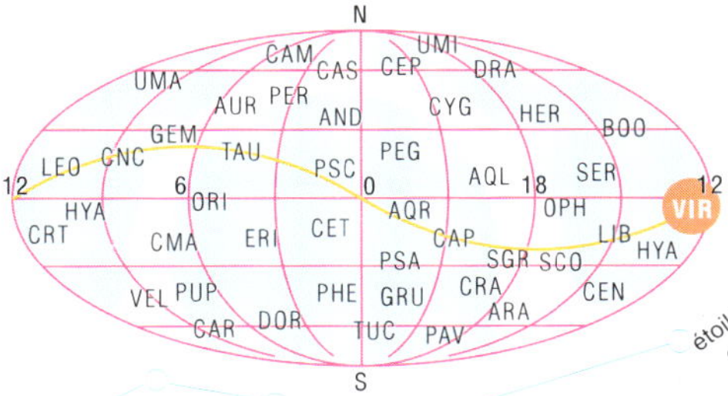

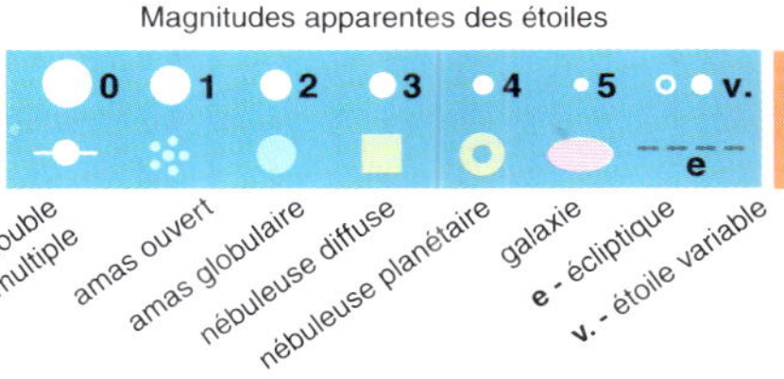

VIR

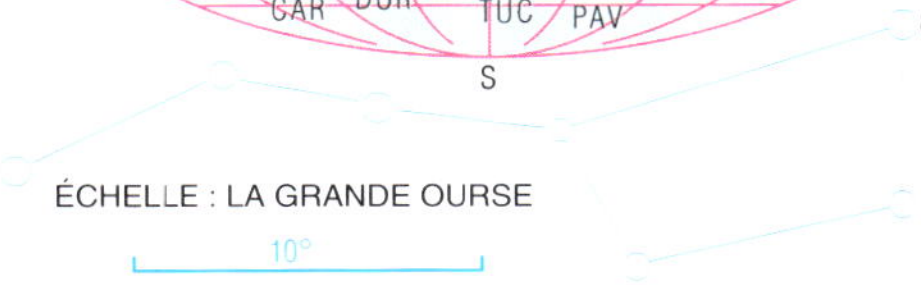

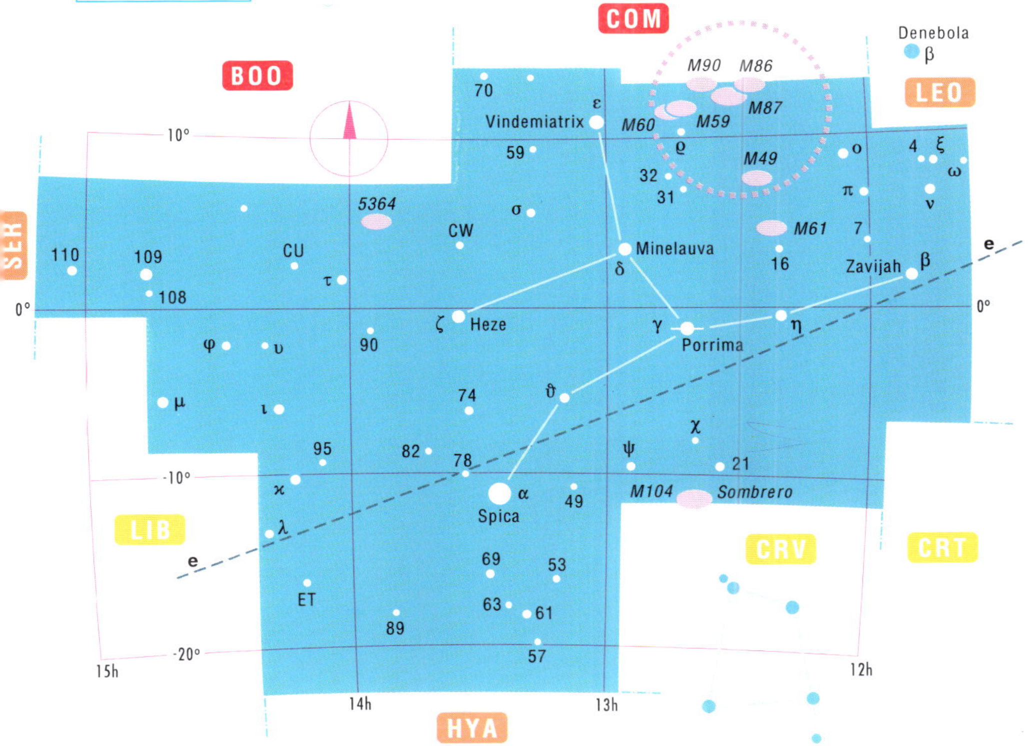

À gauche : **la galaxie du Sombrero** (**M104**, ou NGC4594) est un parfait exemple de la présence d'une sombre bande de matière interstellaire le long du plan équatorial d'une galaxie.

VOLANS

Volantis Vol Le Poisson volant

La constellation a été introduite par Johann Bayer en 1603, dans son atlas *Uranometria*, sous le nom complet de *Piscis Volans*. C'est l'une des créations du navigateur hollandais P.D. Keyser. Il n'est sans doute pas accidentel que, dans le ciel, le Poisson volant accompagne un bateau – le navire *Argo*, à l'époque encore une constellation unique qui fut « découpée » ultérieurement en constellations plus petites par N.L. de Lacaille. Vous trouverez l'insignifiant Poisson volant entre le Grand Nuage de Magellan (LMC) et la Fausse-Croix, dans les Voiles.

α **Volantis**, 4,0 mag, est une étoile de type spectral A2 située à 124 années-lumière. β **Volantis** est une géante orange de type K2, distante de 108 années-lumière. La supergéante jaune δ **Volantis**, 4,0 mag, luit depuis quelque 660 années-lumière. Les composantes de l'étoile double ε **Volantis**, de 4,3 et 7,4 mag, séparées par 6", peuvent être résolues à l'aide d'un petit instrument.

La composition photo ci-dessous montre la galaxie **NGC2442,** de type SBb, aux deux bras spiraux distincts et au petit bulbe. La galaxie contient de grandes quantités de poussières dont les concentrations sont particulièrement visibles dans la large bande sombre du bras nord.

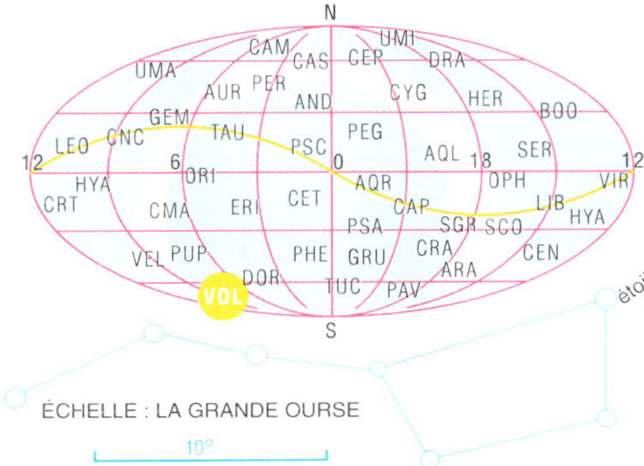

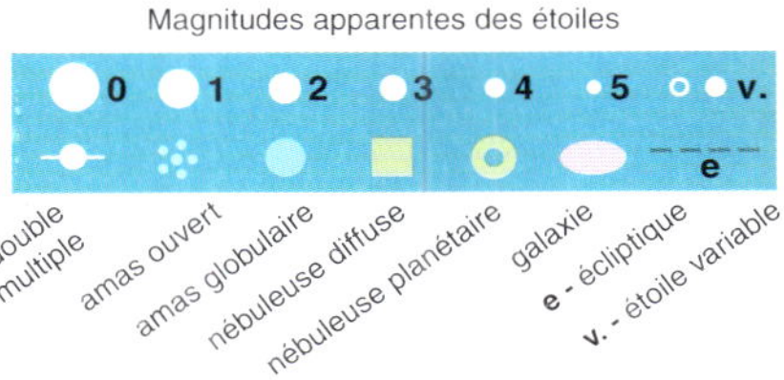

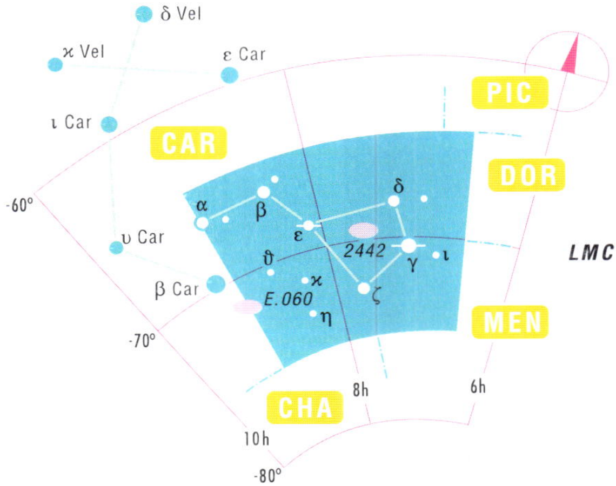

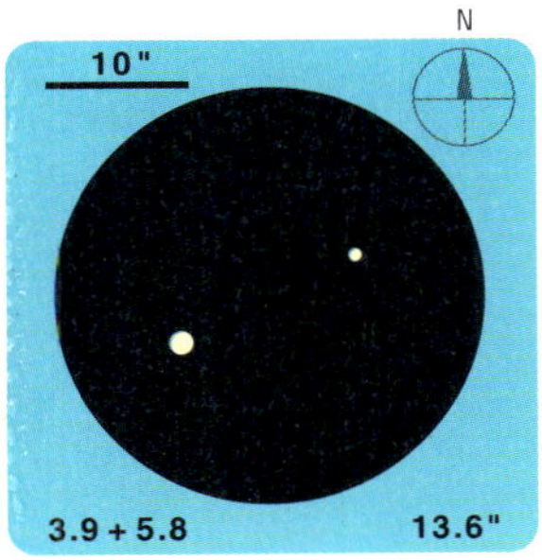

Ci-dessus : l'étoile double γ **Volantis** est un joli objet, observable avec un petit instrument. Sa composante la plus brillante est nuancée de jaune.

À droite : le petit groupe de galaxies **ESO060**, découvert lors d'une cartographie systématique du ciel à l'Observatoire européen austral (ESO). La grande galaxie au centre porte les traces d'une interaction gravitationnelle, très probablement après sa rencontre avec une galaxie adjacente.

VULPECULA

Vulpeculae Vul Le Petit Renard

Située à proximité du Cygne, cette constellation peu remarquable fut introduite en 1690 par l'astronome de Gdansk, J. Hevelius, sous le nom de *Vulpecula cum Anser*, c'est-à-dire le Petit Renard et l'Oie. Dans les anciens atlas, une oie était effectivement représentée, le cou pris dans la gueule d'un renard en fuite, le corps pendant pitoyablement. Dans les frontières modernes des constellations, seul le renard a été conservé. Aucune légende n'explique ce qui est arrivé à l'oie ; laissons à l'imagination du lecteur le soin de compléter l'histoire de cette dernière constellation (dans l'ordre alphabétique).

L'amas stellaire ouvert **C399**, aussi appelé **le Cintre**, est un joli objet vu au travers des jumelles. L'image page ci-contre, en bas, montre six étoiles alignées formant la barre du cintre, de 1,5° de long, et quatre autres, son crochet (le cintre est à l'envers). L'éclat de ces étoiles est compris entre 5 et 7 mag.

M27 (NGC6853, ci-dessous), appelée **le Diabolo** ou **l'Haltère**, connue des Anglo-Saxons sous le nom de Dumb-Bell (la « Cloche muette »), est l'une des plus grosses et plus brillantes nébuleuses planétaires. Visible même avec des jumelles, ses dimensions angulaires sont de 5' × 8'.

La nébuleuse planétaire **le Diabolo** (ou **l'Haltère**, M27) se dilate au rythme de quelque 30 km/s. Sa distance serait comprise, selon les auteurs, entre 300 et 900 années-lumière. Son étoile centrale, de 14,0 mag, a une température d'environ 85 000 K.

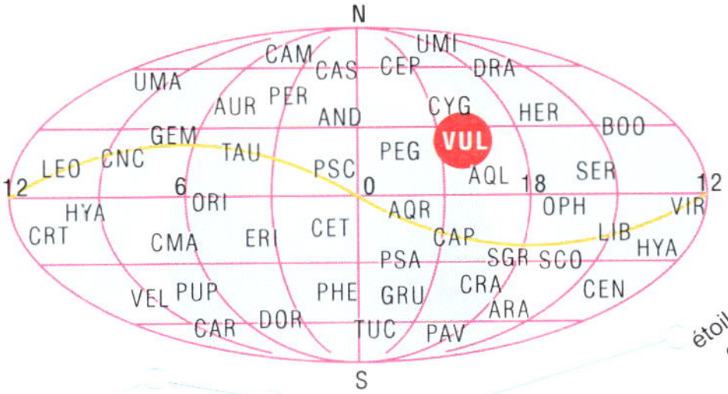

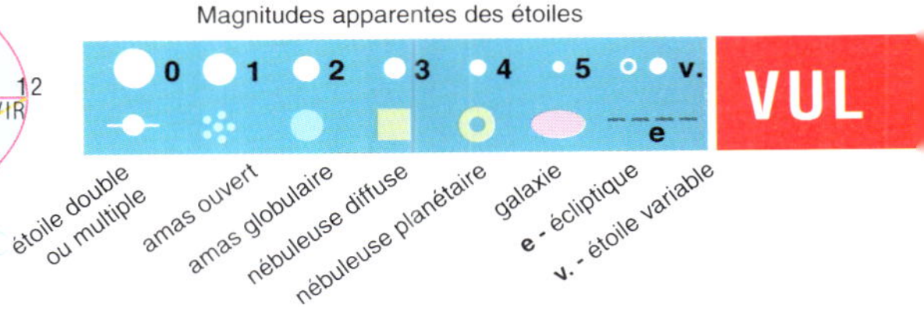

VUL

ÉCHELLE : LA GRANDE OURSE

10°

La constellation du Petit Renard empiète sur le Triangle d'été, défini par les étoiles Véga, Deneb et Altaïr.

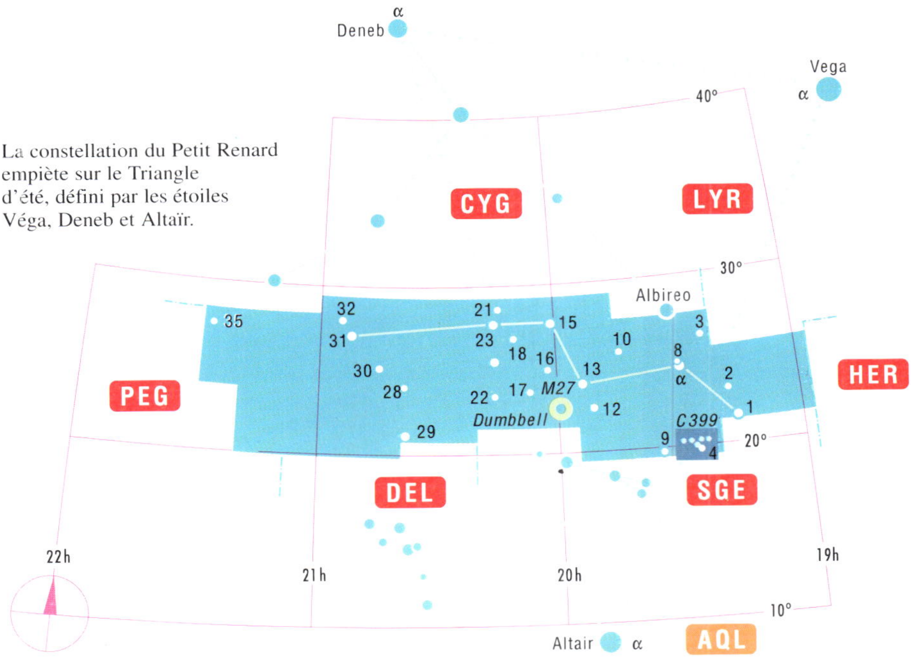

À droite : outre les dix étoiles formant le Cintre, l'amas **C399** contient une trentaine d'étoiles plus pâles. L'amas se trouve à 425 années-lumière. La lettre C se réfère à l'astronome suédois P. Collinder qui a compilé ce catalogue d'amas stellaires.

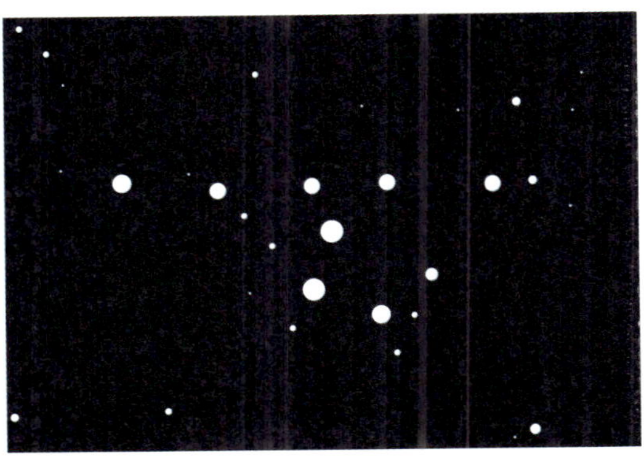

INDEX DES CONSTELLATIONS

Nom courant	Nom latin	Génitif	Abrév.	Page
Loup (le)	*Lupus*	*Lupi*	Lup	140
Lynx (le)	*Lynx*	*Lyncis*	Lyn	142
Lyre (la)	*Lyra*	*Lyrae*	Lyr	144
Machine pneumatique (la)	*Antlia*	*Antliae*	Ant	48
Microscope (le)	*Microscopium*	*Microscopii*	Mic	148
Mouche (la)	*Musca*	*Muscae*	Mus	152
Octant (l')	*Octans*	*Octantis*	Oct	156
Oiseau de Paradis (l')	*Apus*	*Apodis*	Aps	50
Ophiucus, le Serpentaire	*Ophiuc(h)us*	*Ophiuc(h)i*	Oph	158
Orion	*Orion*	*Orionis*	Ori	160
Paon (le)	*Pavo*	*Pavonis*	Pav	162
Pégase	*Pegasus*	*Pegasi*	Peg	164
Persée	*Perseus*	*Persei*	Per	166
Petit Cheval (le)	*Equuleus*	*Equulei*	Equ	112
Petit Chien (le)	*Canis Minor*	*Canis Minoris*	CMi	74
Petit Lion (le)	*Leo Minor*	*Leonis Minoris*	LMi	134
Petit Renard (le)	*Vulpecula*	*Vulpeculae*	Vul	214
Petite Ourse (la)	*Ursa Minor*	*Ursae Minoris*	UMi	206
Phénix (le)	*Phœnix*	*Phœnicis*	Phe	168
Poisson austral (le)	*Piscis Austrinus*	*Piscis Austrini*	PsA	174
Poisson volant (le)	*Volans*	*Volantis*	Vol	212
Poissons (les)	*Pisces*	*Piscium*	Psc	172
Poupe (la)	*Puppis*	*Puppis*	Pup	176
Règle (la)	*Norma*	*Normae*	Nor	154
Réticule (le)	*Reticulum*	*Reticuli*	Ret	178
Sagittaire (le)	*Sagittarius*	*Sagittarii*	Sgr	182
Scorpion (le)	*Scorpio*	*Scorpionis*	Sco	184
Sculpteur (le)	*Sculptor*	*Sculptoris*	Scl	186
Serpent (le)	*Serpens*	*Serpentis*	Ser	190
Sextant (le)	*Sextans*	*Sextantis*	Sex	192
Table (la)	*Mensa*	*Mensae*	Men	146
Taureau (le)	*Taurus*	*Tauri*	Tau	194
Télescope (le)	*Telescopium*	*Telescopii*	Tel	196
Toucan (le)	*Tucana*	*Tucanae*	Tuc	202
Triangle (le)	*Triangulum*	*Trianguli*	Tri	198
Triangle austral (le)	*Triangulum Australe*	*Trianguli Australis*	TrA	200
Verseau (le)	*Aquarius*	*Aquarii*	Aqr	52
Vierge (la)	*Virgo*	*Virginis*	Vir	210
Voiles (les)	*Vela*	*Velorum*	Vel	208

GLOSSAIRE

Absorption (d'un rayonnement). L'absorption de rayonnements par des atomes ou des molécules de gaz ; plus généralement, toute diminution de l'intensité d'un rayonnement sur son trajet entre la source qui l'émet et l'observateur.
Alphabet grec. Les minuscules de l'alphabet grec sont utilisées pour nommer les étoiles les plus brillantes d'une constellation. La pratique fut introduite par J. Bayer dans son atlas stellaire de 1603, *Uranometria*. En général, α désigne l'étoile la plus brillante, β, celle un peu plus pâle, etc.

α	alfa	ι	iota	ρ	rhô
β	bêta	κ	kappa	σ	sigma
γ	gamma	λ	lambda	τ	tau
δ	delta	μ	mu	υ	upsilon
ε	epsilon	ν	nu	φ	phi
ζ	dzêta	ξ	ksi	χ	chi
η	êta	ο	omicron	ψ	psi
ϑ	thêta	π	pi	ω	oméga

Amas d'étoiles. Groupement d'étoiles à l'origine commune, mutuellement liées par les forces gravitationnelles.
Amas ouvert : amas de forme irrégulière contenant un petit nombre d'étoiles plutôt jeunes (quelques centaines de millions d'années au plus).
Amas globulaire : amas de forme régulière sphérique à la forte concentration d'étoiles au centre, contenant plusieurs millions d'étoiles dont l'âge peut excéder dix milliards d'années.
Amas ou groupe de galaxies. Grand système regroupant plusieurs centaines, voire des milliers de galaxies. On connaît plusieurs milliers d'amas de galaxies, tel celui de la Vierge ou notre Groupe local.
Angulaire (mesure). Le cercle est divisé en 360 degrés (360°), chaque degré en soixante minutes (60'), et chaque minute, en soixante secondes (60"). Cette échelle est utilisée pour caractériser les dimensions des objets et leurs distances mutuelles sur la sphère céleste. Le diamètre de la Lune est une bonne référence visuelle ; il vaut environ 0,5° (ou 30').
Année-lumière. Unité de distance surtout utilisée surtout dans la littérature de vulgarisation. Une année-lumière (1 a.l.) est la distance parcourue par la lumière en un an. La vitesse de la lumière étant d'environ 300 000 km/s, il s'ensuit que :
1 année-lumière = 9 460 000 000 000 km = 9,46 10^{12} km (environ 9,5 milliards de km)
1 année-lumière = 63 300 UA = 0,307 pc
Catalogues astronomiques. Listes d'objets célestes, comprenant leurs coordonnées et leurs caractéristiques principales. Les catalogues d'objets non stellaires (amas d'étoiles, nébuleuses, galaxies) les plus utilisés sont :
M. : catalogue Messier
NGC : nouveau catalogue général
Exemple : M31 et NGC224 désignent la Grande Galaxie d'Andromède.
Constellation. Région du ciel aux contours précisément définis. Dans son sens restreint, groupe d'étoiles (brillantes) à la configuration caractéristique. La sphère céleste est divisée en quatre-vingt-huit constellations dont les frontières ont été définies par l'Union astronomique internationale.
Courbe de lumière. Schéma montrant les changements d'éclat d'un objet céleste (par exemple une étoile variable) en fonction du temps.
Étoile. Corps céleste brillant de sa propre lumière engendrée par des réactions nucléaires prenant place à l'intérieur. Une étoile est principalement constituée de plasma, c'est-à-dire d'un mélange gazeux très chaud d'électrons libres et d'atomes ionisés.
Étoile double – Binaire. Deux étoiles visuellement si proches qu'on n'en voit qu'une à l'œil nu.
Double optique : deux étoiles semblant très proches l'une de l'autre, mais ne formant pas un système physique ; leur apparente proximité n'est qu'un effet de perspective.
Double physique, Binaire : système de deux étoiles mutuellement liées par les forces gravitationnelles, orbitant autour d'un centre de gravité commun.

Binaire spectroscopique : binaire aux composantes si rapprochées qu'un télescope ne peut les séparer, mais trahie par le dédoublement de ses raies spectrales.
Double coloré : les différences de température et de luminosité des composantes, alliées à la physiologie de notre vision des couleurs, donnent aux deux composantes des teintes contrastées. Exemple : Albiréo (β Cygni).
Double visuel : étoile double dont les composantes peuvent être résolues avec un instrument astronomique. Les composantes sont habituellement notées A (pour la plus brillante) et B (plus pâle), et dans le cas d'un système multiple, C, D, etc.
Binaire à éclipses : étoile double dont les composantes ne peuvent être résolues par un télescope, mais qui s'éclipsent régulièrement, provoquant des variations périodiques de luminosité. Exemple : Algol (β Persei).
Étoile à neutrons – Pulsar. L'étoile à neutrons est le stade final de l'évolution d'une étoile de masse initiale comprise entre 1,4 et deux fois et demie fois la masse du Soleil. Son effondrement gravitationnel la réduit à une sphère de 10 à 20 km de diamètre, principalement constituée de neutrons libres. La densité d'une étoile à neutrons est cent milliards de fois plus élevée que celle de l'eau. Certaines étoiles à neutrons, en rotation rapide, sont appelées des *pulsars* (sources de rayonnements pulsant rapidement).
Étoile variable. Étoile à l'éclat variable. Les principaux types d'étoiles variables sont :
Variables pulsantes : leur volume grossit et diminue périodiquement.
Variables éruptives : leur éclat change soudain, souvent considérablement (novae, supernovae) et assez irrégulièrement.
Variables à éclipse (ou *binaires à éclipses*) : groupe particulier de variables dont les changements d'éclat sont dus à l'éclipse périodique d'une composante par l'autre.
Galaxies. *Galaxies externes* : systèmes stellaires regroupant des centaines de milliards d'étoiles.
Notre galaxie : la galaxie dont fait partie le Soleil. Le disque galactique se projette sur le ciel sous la forme de la Voie lactée.
Gaz interstellaire. Les composants gazeux de la matière interstellaire sont des électrons, ions, atomes et molécules. Près de 99 % du gaz interstellaire est constitué d'hydrogène et d'hélium. Les nuages de gaz interstellaires sont principalement de deux types : les régions H-I et H-II (H désigne l'hydrogène).
Les régions H-I contiennent des nuages froids, non lumineux, d'hydrogène neutre. Les nuages ne sont pas visibles, mais ils émettent un rayonnement radio typique de 21 cm de longueur d'onde ; ils sont donc observables par les radiotélescopes.
Les régions H-II contiennent des nuages d'hydrogène ionisé par la proximité d'étoiles très chaudes de types spectrales O et B. Si la densité de gaz est suffisante, la région se manifeste comme une nébuleuse lumineuse.
Géante – Supergéante. Étoile de très forte luminosité, au diamètre de dix à des milliers de fois plus grand que le Soleil.
Luminosité. Énergie totale rayonnée par la surface d'une étoile ou d'un système stellaire par unité de temps. Souvent exprimée en unités de luminosité du Soleil. (Dire qu'une étoile a la luminosité de cinquante soleils signifie que sa luminosité est cinquante fois plus forte que celle du Soleil.)
Magnitude (mag). Mesure l'éclat, ou encore la brillance, des étoiles. L'étoile la plus pâle visible à l'œil nu fait environ 6 mag – elle est dite de sixième magnitude. Plus l'étoile est brillante, plus le chiffre désignant sa magnitude est petit, voire négatif : Sirius (– 1,4 mag) est plus brillante que Véga (0,0 mag), qui est plus brillante que Spica (1,0 mag). Une étoile de magnitude donnée est 2,512 fois plus brillante que l'étoile 1 magnitude plus pâle ; par suite, une étoile de 1 mag est $2{,}512^5$ = cent fois plus brillante qu'une étoile de 6 mag. Sauf précision contraire, le terme « magnitude » désigne toujours la magnitude apparente, c'est-à-dire l'éclat d'une étoile tel qu'il nous apparaît dans le ciel.
Mouvement propre (d'une étoile)**.** Modification de la position angulaire d'une étoile dans le ciel, due à son mouvement réel dans l'espace (et non à la rotation de la Terre). L'étoile de Barnard (dans Ophiucus) a le plus grand mouvement propre : 10,34" par an.
Naine blanche. Étoile ordinaire effondrée au stade final de son évolution. Elle est constituée de gaz dégénérés, c'est-à-dire d'atomes écrasés dont les noyaux se sont anormalement rapprochés, augmentant ainsi énormément la densité de l'étoile. Une naine blanche a la dimension d'une planète mais la masse du Soleil ; sa densité atteint ainsi jusqu'à 1 000 kg/cm^3.
Nébuleuse (galactique)**.** Formation de gaz ou de poussières et de gaz dans l'espace interstellaire au sein d'une galaxie.

Nébuleuse obscure : apparaît comme une tache sombre se détachant sur l'arrière-plan d'une nébuleuse lumineuse ou d'un champ d'étoiles.
Nébuleuse à émission : le gaz, excité par le rayonnement d'étoiles chaudes et proches, émet sa propre lumière.
Nébuleuse par réflexion : un nuage de poussières est rendu visible par la réflexion de la lumière d'étoiles voisines.
Nébuleuse diffuse : nébuleuse de forme irrégulière. Ce peut être une nébuleuse lumineuse par émission ou réflexion, une région H-II ou une combinaison de ces types.
Nébuleuse planétaire : grande enveloppe lumineuse de gaz entourant une étoile chaude ; dans un instrument, elle apparaît comme un disque rappelant une planète, d'où son nom.
Nova. Étoile dont l'éclat augmente de manière explosive de 7 à 16 mag, puis qui revient à sa valeur initiale. Le phénomène survient chez les naines blanches formant une binaire serrée avec une étoile ordinaire de la séquence principale. L'embrasement en nova est dû à l'explosion du matériau gazeux transitant de l'étoile ordinaire vers la naine blanche.
Objets cosmiques. Dénomination générale des objets célestes hors notre Système solaire – amas d'étoiles, nébuleuses, galaxies, pulsars, etc.
Parallaxe. Angle sous lequel nous verrions le rayon de l'orbite terrestre depuis une étoile. L'inverse de sa valeur π exprimée en secondes d'arc donne la distance D de l'étoile exprimée en parsec : $1/\pi = D$ (en pc).
Parsec (pc). Unité de distance fondamentale en astronomie. C'est la distance depuis laquelle une unité astronomique (1 UA, le rayon de l'orbite terrestre) apparaît sous un angle d'une seconde d'arc.
1 pc = 206 265 UA = 3,26 années-lumière
1 000 pc = 1 kpc (1 kiloparsec)
1 000 000 pc = 1 Mpc (1 mégaparsec)
Supernova – Reste de supernova. Explosion d'une étoile durant laquelle sa luminosité augmente jusqu'à dix milliards de fois. L'explosion survient pendant l'effondrement gravitationnel d'une étoile très massive qui deviendra une étoile à neutrons. Les matériaux éjectés forment une nébuleuse en expansion, ou reste de supernova (*SNR*), telle la nébuleuse du Crabe dans le Taureau.
Télescope et lunette. Instruments optiques d'observation astronomique. L'objectif forme une image de l'objet observé à travers une lentille grossissante : l'oculaire. Il existe deux types principaux d'instruments d'observation :
La lunette (réfracteur) : l'objectif est une lentille convergente (positive) ou un système de telles lentilles.
Le télescope (à miroirs) : l'objectif est un miroir concave, sphérique ou parabolique.
Température absolue. Comptée à partir du zéro absolu, qui est la température la plus basse possible. Ses valeurs, exprimées en kelvins (K), sont donc toutes positives. Zéro absolu = 0K = – 273,16 °C. Point de congélation = 273,16 K = 0 °C.
Trou noir. Résulte de l'effondrement d'une étoile d'au moins deux masses solaires. Le trou noir est noir parce ce qu'il n'émet aucun rayonnement ; mais il exerce des effets gravitationnels visibles sur son environnement.
Unité astronomique (UA). Distance moyenne entre la Terre et le Soleil, soit 149,6 millions de kilomètres. Utilisée comme unité de distance dans le système solaire. 1 année-lumière = 63 300 UA.
Zodiaque. Bande imaginaire ceignant la sphère céleste le long de l'écliptique et contenant le mouvement apparent du Soleil, de la Lune et des planètes. Il inclut douze constellations, dites zodiacales.

RENSEIGNEMENTS UTILES
destinés aux astronomes amateurs débutants

Lorsqu'on débute en astronomie amateur, le plus difficile est souvent de trouver des adresses utiles et des conseils éclairés, de pouvoir parler avec d'autres « mordus » des étoiles, bref d'avoir des renseignements pratiques sur son nouveau hobby. Vous trouverez ci-après une liste non exhaustive de ce type d'informations qui vous conduiront à leur tour sur d'autres pistes.

Associations d'astronomie amateur
Écrivez ou téléphonez-leur pour connaître les associations ou clubs d'astronomie amateurs près de chez vous.
• Association française d'astronomie (AFA). 17, rue Émile-Deutsch-de-la-Meuse, 75014 Paris. Tél. 01 45 89 81 44.
• Société astronomique de France (SAF). 3, rue Beethoven, 75016 Paris. Tél. 01 42 24 13 74 ou 01 42 15 19 99.
• Société d'astronomie populaire (SAP). 1, rue Camille-Flammarion, 31500 Toulouse.
• Géospace observatoire d'Aniane (documents, stages, voyages). BP 22, 34150 Aniane. Tél. 04 67 03 49 49.

Matériel spécialisé (lunette, jumelles, livres...)
• Maison de l'astronomie. 33-35, rue de Rivoli, 75004 Paris. Tél. 01 42 77 99 55.
• Nature & Découvertes. Centre commercial de Vélizy II, 78140 Vélizy-Villacoublay. Tél. 01 34 65 36 36 (demander la liste des autres magasins).
• FNAC : liste des magasins en tapant le 3615 code FNAC.

Bibliographie :
• Revues :
Ciel et Espace; *Sky & Telescope*; *L'Astronomie* (revue mensuelle de la SAF, non disponible en kiosque); *Air et Cosmos*, *Science & Avenir* (« Le ciel du mois »); *Eurêka* (« Le ciel du mois »); *Pour la science* (articles); *La Recherche* (articles).
• Cartes et éphémérides :
Annuaire du Bureau des longitudes (éphémérides), éd. Masson; Carte céleste « Ciel 2000.0 », Y. Dargery et B. Pellequer, éd. de l'observatoire d'Aniane; Sky Atlas 2000.0, W. Tirion (à la Maison de l'astronomie).
• Livres :
Le Ciel de vos vacances, éd. Hachette; *L'Astronomie* (atlas), éd. Encyclopaedia Universalis; *L'Astronomie* (guide illustré), éd. Gründ; *Étoiles et Planètes*, guide Nature-Poche, éd. Gründ; *Astronomie, guide de l'amateur*, éd. Gründ; *Atlas de la Lune*, éd. Gründ; *Astronomie, mode d'emploi*, J. Lacroux, D. Berthier, éd. Bordas; *La Saga de l'Espace*, A. Dupas, coll. « Découvertes », éd. Gallimard; *Patience dans l'azur*, H. Reeves, coll. « Science ouverte », éd. Le Seuil; *Guide des étoiles et planètes*, éd. Delachaux et Niestlé; *L'Espace* (atlas), éd. Encyclopaedia Universalis; *Univers, une exploration de l'infini*, S. Brunier, éd. Bordas.
• CD-ROM :
Ballade à ciel ouvert, (idéal pour se familiariser avec l'aspect du ciel), A. Superbie, éd. AFA/Ciel et Espace; *Les Passagers du Soleil*, éd. Infogrammes; *Redshift 2* (encyclopédie d'astronomie), éd. Alsyd; *Encyclopédie de l'espace et de l'Univers*, éd. Larousse; *Cosmos*, éd. Montparnasse Multimédia.
... et aussi : *Agence spatiale européenne* (informations scientifiques, photos), 8-10, rue Mario-Nikis, 75015 Paris. Tél. Relations publiques : 01 53 69 72 77.
... et bien sûr les nombreux sites Web dédiés à l'astronomie (NASA, CNES...).

Planétariums :
• Planétarium de Cappelle-la-Grande : Palais de l'Univers, rue du Planétarium, 59180 Cappelle-la-Grande. Tél. 03 28 60 14 51/50 95.
• Planétarium de Cholet : Maison des Sciences, 27, rue Devair, 49300 Cholet. Tél. 02 41 62 23 07 sur rendez-vous.
• Planétarium de Nantes : rue Léhuédé, Butte Sainte-Anne, 44000 Nantes. Tél. 02 40 73 99 23.
• Planétarium du collège Valéry à Nice : Club des Pléiades, 128, avenue Saint-Lambert, 06013 Nice. Tél. 04 93 84 96 28.
• Planétarium de Nîmes : avenue du Mont-Duplan, 30000 Nîmes. Tél. 04 66 67 60 94.
• Planétariums à Paris : Palais de la Découverte, avenue Franklin-Roosevelt, 75008 Paris. Tél. 01 43 59 16 65; Cité des Sciences et de l'Industrie, 26, av. Corentin-Cariou, 75019 Paris. Tél. 01 40 05 70 24; Musée de l'Air et de l'Espace du Bourget,

aéroport du Bourget, BP73, 93350 Le Bourget. Tél. 01 48 35 99 99, poste 422.
• Planétarium à Poitiers : Laserium, 1, place Catherine, 86000 Poitiers. Tél. 05 49 50 33 00.
• à Reims : Ancien collège des Jésuites, 1, pl. Museux, 51100 Reims. Tél. 03 26 85 51 50.
• Planétarium de Saint-Étienne : Espace Fauriel, 28, rue P.-et-D.-Ponchardier, 42100 Saint-Étienne. Tél. 04 77 33 43 01.
• Planétarium de Strasbourg : rue de l'Observatoire, 67000 Strasbourg. Tél. 03 88 36 12 50.

NOTE À PROPOS DES ILLUSTRATIONS

À la différence des ouvrages actuels d'astronomie, notre petit guide ne contient aucune photographie originale mais exclusivement des dessins d'objets célestes. Ces dessins de l'auteur, photoréalistes, ont été naturellement élaborés sur la base de photographies ; la plupart du temps, à partir de plusieurs images d'un même objet prises par des observatoires différents, avec différents instruments, temps d'exposition, etc.
Les dessins qui en résultent sont donc une synthèse : un même dessin permet ainsi de voir à la fois les détails très brillants et très pâles d'un même objet. Cette technique de dessin a permis aussi de préparer des « portraits » individuels d'objets célestes pour l'impression – par exemple, en accentuant des parties ou des couleurs très pâles de certaines nébuleuses et galaxies. L'illustration est ainsi devenue plus claire, comme l'exige un ouvrage de vulgarisation scientifique. Ces dessins diffèrent donc des photographies réelles, qui restent une source irremplaçable d'informations objectives pour la science.

INDEX